はじめての化学工学

プロセスから学ぶ基礎

The Society of Chemical Engineers,
Japan, Higher Education Committee

化学工学会高等教育委員会 編

丸善出版

序　　文

　私たちの身の回りには多くの化学製品があり，生活に役立っている．化学者がフラスコレベルで発見した新しい化合物も，化学反応や分離・精製などからなる一連の化学プロセスを，物質や熱の収支・移動を考えながら組み立て，個々の装置を設計し，それらを環境に配慮しつつ安全に運転させて，はじめて私たちが実際に利用できる製品となる．このために必要な学問が化学工学であり，化学系の学生にとって必須の学問である．

　化学工学会高等教育委員会では，化学を学ぶ大学生にとっての化学工学の入門書のあるべき姿について，ここ数年来，熱心に議論を重ねてきた．その結果，実際の化学プロセスや最先端の話題，身近な現象をできる限り取り上げて，学習内容との関連を記述し，化学工学の学問が実際にどのように役立っているのかをできる限りわかりやすく示すことが，学生の学習意欲を向上させ，化学工学の理解につながるであろうとの結論に達した．

　本書は，このような観点に留意して編集され，大学や高専で応用化学などの化学を学ぶ学生にとって必要な化学工学のエッセンスを詰め込んだ入門書となっている．内容は収支，反応工学，流動，分離工学(蒸留，ガス吸収，膜分離)，熱移動，プロセス設計・運転管理に厳選し，化学工学の基礎に徹底した構成とし，それらを親しみやすいかたちで学習できるようになっている．また，読者の理解を助け，考える力や応用能力を養うため，多くのわかりやすい例題を設けるとともに，解答付の章末問題も多数設け，読者の自習に役立つようにした．

　JABEE(日本技術者教育認定機構)の教育プログラムへの対応も留意し，応

用化学コースでの認定に必要とされる化学工学の学習内容をすべて含むものとなっている．

近年，化学工学の手法は，地球環境，新材料，バイオ技術，エネルギーなど，多くの分野で成果を挙げており，本書は，化学系の学生だけでなく，他分野の学生や企業における現場技術者にとってもよいテキストとなろう．

本書の刊行にあたっては，丸善出版事業部の方々に大変お世話になった．ここに心よりお礼を申し上げる．

2007 年初秋

化学工学会高等教育委員会
および執筆者を代表して

入 谷 英 司

化学工学会高等教育委員会（平成 17，18 年度）

委員長	入谷英司（名古屋大学）	
副委員長	猪股　宏（東北大学）	
委員	大嶋正裕（京都大学）	大谷吉生（金沢大学）
	尾上　薫（千葉工業大学）	河越幹男（奈良工業高等専門学校）
	国眼孝雄（東京農工大学）	近藤和生（同志社大学）
	迫原修治（広島大学）	田中孝明（新潟大学）
	田谷正仁（大阪大学）	中崎清彦（静岡大学）
	深井　潤（九州大学）	三宅義和（関西大学）
	目崎令司（東京大学）	森　秀樹（名古屋工業大学）
	伊藤俊明（化学工学会人材育成センター）	

執筆者

近藤和生（同志社大学）	【1 章】
猪股　宏（東北大学）	【2 章】
楠瀬泰弘（味の素（株））	【2 章】
目崎令司（東京大学）	【3 章】
筒井俊雄（鹿児島大学）	【3 章】
入谷英司（名古屋大学）	【4 章】
大谷吉生（金沢大学）	【4 章】
脇田昌宏（日本ガイシ（株））	【4 章】
国眼孝雄（東京農工大学）	【5 章】
河越幹男（奈良工業高等専門学校）	【5 章】
迫原修治（広島大学）	【5 章】
三宅義和（関西大学）	【5 章】
森　秀樹（名古屋工業大学）	【5 章】
深井　潤（九州大学）	【6 章】
長谷部伸治（京都大学）	【7 章】

目　　次

第 1 章　化学工学の使命と魅力 …………………………………………… *1*
1.1　化学工学とは ………………………………………………………… *1*
1.2　化学工学の学問体系と化学プロセス ……………………………… *7*
1.3　化学工学の役割と使命……………………………………………… *10*
1.4　化学工学の魅力とこれから………………………………………… *15*
演習問題 ………………………………………………………………… *21*

第 2 章　物質とエネルギーの収支 ……………………………………… *23*
2.1　収支の考え方………………………………………………………… *24*
2.2　相の状態……………………………………………………………… *26*
2.3　物質収支……………………………………………………………… *29*
2.4　エネルギー収支……………………………………………………… *35*
2.5　総合的プロセスの物質収支………………………………………… *40*
演習問題 ………………………………………………………………… *45*

第 3 章　反応プロセス …………………………………………………… *47*
3.1　反応操作のかかわる化学プロセス………………………………… *47*
3.2　反応操作における化学平衡と反応速度の考え方………………… *52*
3.3　反応装置と反応操作………………………………………………… *60*
3.4　エネルギー・環境分野にかかわる反応プロセス………………… *70*
演習問題 ………………………………………………………………… *76*

目次　v

第4章　流動プロセス　79
- 4.1　流動プロセスの役割　79
- 4.2　流動プロセスの基礎　82
- 4.3　管内流動　89
- 4.4　圧力，流速および流量の測定　96
- 4.5　流体の輸送　101
- 4.6　粒子がかかわる流動プロセス　106
- 演習問題　112

第5章　物質移動と分離プロセス　115
- 5.1　分離プロセスの役割　115
- 5.2　物質移動と分離プロセス　116
- 5.3　蒸留プロセス　118
- 5.4　ガス吸収プロセス　133
- 5.5　膜分離プロセス　145
- 演習問題　155

第6章　熱移動プロセス　157
- 6.1　熱移動の形態　159
- 6.2　伝導伝熱　160
- 6.3　対流伝熱　167
- 6.4　放射伝熱　171
- 6.5　熱交換器　175
- 演習問題　179

第7章　プロセスの設計と運転管理　181
- 7.1　モデリング　182
- 7.2　プロセス設計　192
- 7.3　プロセス制御　204
- 7.4　生産管理　212

演習問題 ………………………………………………………………… *221*

付表………………………………………………………………………… *223*
演習問題解答…………………………………………………………… *229*
索引………………………………………………………………………… *239*

1

化学工学の使命と魅力

1.1 化学工学とは

　読者の皆さんは**化学工学**と聞いてどういう学問とイメージされるだろうか．多分，化学反応を応用する工学という漠然とした内容を思い浮かべるだろうが，学問的な内容についてはあまり知識がないものと想像される．

　化学工学は，**化学プロセス**を工業化しようとするときに，必要な技術が何であるかを明らかにし，それらを整理，体系化し，さらに化学工業をはじめとするプロセス工業や，自動車工業あるいは電化工業に代表される組立工業などの広範囲な工業分野に応用できるようにした学問である．

　実は我々の身の回りには，衣食住に関することはもちろん，医薬品，化粧品，農薬工業，バイオ関連工業においては化学物質そのもの，あるいはそれを素材としたものが製品となっており，電化製品，自動車工業，材料関連工業においても，そこに使われている原材料はほとんどが化学製品である．表1.1に代表的な化学工業製品を示した．これからわかるように我々の日々の暮らしが豊かになっている根底には化学工業が大きく貢献しているのである．

　さて皆さんが実験室で偶然にも安価な化学物質（原料）から，触媒を使用することによって非常に付加価値の高い新規な物質（製品）が生成することを発見したとしよう．その後の研究で，この物質が生命科学の分野で多大な貢献をもたらすことが判明し，ある企業でこの製品の大量生産に踏み切ることになった．このとき，工業的大量生産に至るまでにどういった試行錯誤があるだろうか．

　まず図1.1に示す反応について考えてみよう．原料物質が2つあり，これを

表 1.1 化学工業製品

燃料	ガソリン，軽油，灯油，ジェット燃料
ガス	都市ガス，プロパンガス
化学製品	液晶，塗料，フィルム，タイヤ，建材
合成繊維	衣服，カーテン，毛布，人工芝
プラスチック	ペットボトル，各種容器，プラモデル
食品	ビール，牛乳，インスタント食品，冷凍食品
油脂	せっけん，サラダ油，マーガリン
バイオ製品	医薬品，甘味料
金属製品	スチール缶，アルミホイール，調理器具
電子材料	超合金，超LSI，超薄膜，磁気ディスク
日用品	化粧品，ティッシュ，洗剤，シャンプー
園芸用品	防腐剤，殺虫剤，化学肥料
スポーツ用品	シューズ，ラケット，ボール，ゴルフシャフト

AおよびBとしよう．一方，付加価値の高い新規な物質Pのほかにもう1つの物質Qも同時に生成するものとする．この物質Qの生成量はできるだけ低く抑えたい．まず，実験室的にはAとBが反応して，PとQが生成するときの反応速度を測定しなければならない．第3章で述べるように，**反応速度**はこの反応が不可逆反応であれば，AとBそれぞれの濃度のある関数に比例する．可逆反応であれば生成物質である，PとQそれぞれの濃度も反応速度にかかわってくる．この濃度のある関数に比例する定数が**反応速度定数**である．反応速度定数は温度に強く依存する関数であるから，反応速度は反応成分の濃度と反応が起こっている場の温度の関数ということになる．すなわち，反応速度を表式化することが第一の課題である．

以上のことより推察されるが，反応速度は濃度と温度の条件を種々変化させて測定し，その結果を解析することにより求められる．その方法については第

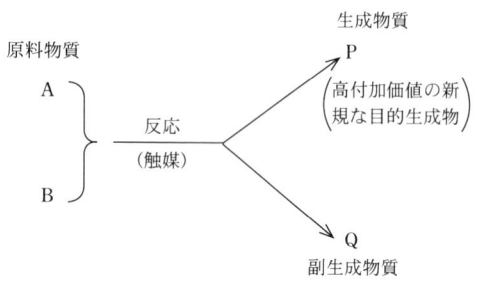

図 1.1 原料物質から新規な生成物質へ

3章に譲るとして，次の課題は工業的に用いる反応装置の選定である．

原料成分のAとBを入れて反応させる容器のことを，**反応器**という．この反応器には大きく分けて，槽状のものと管状のものとがある．それぞれ槽型反応器および管型反応器という．さらにこれらの反応器を操作する方法として，1つには予め反応器にすべての原料を仕込んで一定時間反応させる方法と，2つめは，反応器の一方の入口から原料を一定速度で供給し反応させ，反応器の出口から原料と生成物との混合物を流出させる方法がある．前者を回分法，後者を連続法という．

以上よりおわかりいただけると思うが，反応器とその操作法によりいくつかの反応装置ができあがる．たとえば，槽型反応器を回分法で操作するとき，この反応装置を**回分反応器**という．また槽型反応器および管型反応器をそれぞれ連続法で操作すると，**連続式槽型反応器**および**連続式管型反応器**となる．管型反応器を回分操作することは現実にはありえない．したがって，反応装置には，回分反応器，連続式槽型反応器，および連続式管型反応器の3種類あることになる．図1.2に反応器の形状と操作法から分類した反応装置の種類を示した．どの反応にどの反応装置を使えばよいかという課題についても第3章で詳しく説明する．

仮に上述した，AとBから新規な目的生成物Pを生成する反応が気相反応（原料成分，生成物成分ともに気体状態）としよう．さらに**触媒**を用いる反応であるから，反応装置として連続式管型反応器を使用することにしよう．気相反応に使われる触媒は，たとえばアンモニア合成の鉄触媒のように一般的に固体物質である．したがって，この固体触媒を連続式管型反応器に充塡して反応させることになる．

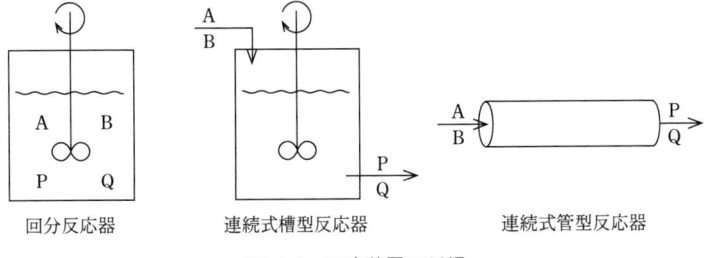

図 1.2 反応装置の種類

ここで触媒について少し説明しよう．触媒とは一般的に，反応の活性化エネルギーを低下させ，反応速度を増加させる物質のことをいう．したがって，成分 A と B，あるいはそのどちらかが少なくとも触媒物質と接触してはじめて反応が進行する．このことは気相のみでは，A と B の反応は起こりえないことを示している．いま，固体触媒を充填した連続式管型反応器を用いているから，気相中の成分 A と B(あるいはそのどちらか)が固体触媒表面まで移動していかなければならない．これが**拡散**による物質移動という現象である．触媒表面に到達した A，B 成分が触媒表面上の反応活性点と作用して反応が生じ，生成物を生じさせるのである．

反応速度は気相中の成分 A あるいは B の濃度の時間的変化を測定して得られる．もしも上述した成分 A あるいは B の物質移動速度が遅ければ，触媒表面上の成分 A あるいは B の濃度は，気相中の成分 A あるいは B の濃度より当然低くなってくる．このとき，測定できる気相中の成分 A あるいは B の濃度から計算した反応速度定数は実際の反応速度定数より小さなものとなる．この点は非常に重要な問題である．

ここで，我々が測定できる濃度から算出される反応速度には拡散(物質移動)の影響が含まれている場合があることに気付かれたと思う．反応装置の設計には真の反応速度を用いなければならない．このためには，真の反応速度が得られる反応条件を見出し，その条件下でデータをとること，あるいはそれができなければ拡散の影響が含まれている反応速度に関するデータから拡散の影響を取り除いてやらなければならない．したがって，反応装置の設計には反応のみならず，物質の移動速度や熱の移動速度が極めて重要であることがおわかりいただけたと思う．

さて，気相反応であっても，液相反応であっても反応装置内の物質の**混合**や**流れ**の状態も反応装置全体の性能に大きな影響を及ぼす．回分反応器は普通，内容物を十分撹拌しながら反応させる．そうすることにより，原料成分および生成物成分ともにその濃度は反応器内で一様に保たれる．温度についても同様である．言い換えれば，反応器内では一様の反応速度で反応が進行することになる．逆に撹拌が十分ではないと，反応器内に濃度および温度むらが生じ，一様の反応速度では反応が進行しない．前者と後者では当然，異なった結果が生

じることになる．連続式槽型反応器についても同様なことがいえる．

それでは，連続式管型反応器内の物質の流れの状態は反応器全体の性能にどのような影響を及ぼすのだろうか．流れが乱流状態であたかも槽型反応器内のような状態で，物質が反応器入口から出口に向かって流れる状態と，一方では反応器入口に入ったある流体成分が，その直後に反応器に入った流体成分によって，次々に押し出されて反応器内を流れていく状態とを考えてみよう．原料成分は反応器内を反応しながら流れていくわけだから，後者の場合，反応器内には濃度の分布が生じる(原料成分の濃度は，反応器の入口から出口にいくにつれ減少し，反対に生成物成分の濃度は増加する)から反応速度も反応器入口から出口に向かって変化することになる．このように，反応器内に反応速度の分布が生じる場合の反応器の性能は，連続式槽型反応器と全く異なることになる．したがって，反応器内の物質の流れの状態が反応器全体の性能に影響することが容易に理解されると思う．こうした流れの問題については，第4章で取り扱う．

さらに，一般的には反応には発熱あるいは吸熱が伴う．いわゆる**反応熱**である．したがって，等温で反応を操作する場合には反応器内の温度を一定に保つような工夫が必要である．このためには，反応器とその周囲との熱交換をすることになる．その逆に周囲との熱交換を全く行わない反応操作もある．発熱反応の**断熱操作**がその例である．この点に関しても第3章および第6章で詳しく説明する．

さて，首尾よく反応装置が設計できたとしよう．工業的反応装置を操作するにはまだやるべきことが残されている．大規模な装置をいきなり運転するのは非常に危険である．そのためには実験室的規模の装置から順に装置の**スケールアップ**をしていかなければならない．装置が大型化するにつれて装置内の物質の流動状態や混合状態が異なってくる．したがって，所望する反応率を得るにはスケールアップの度に反応操作条件を微妙に変化させていくことになる．したがって，最終的な工業反応装置を得るまでには何回ものフィードバック的な実験的および思考的考察が必要となる．

さらに反応装置を定常的(物質の濃度や温度が時間とともに変化しない状態)に操作するためには反応装置の制御，すなわち操作条件(温度，圧力，流量な

ど)の多少の変化に対してもそれを元の状態に戻す運転操作が必要になる．この詳細についても第7章で触れる．

　以上，反応装置について述べてきたが，その内容は化学工学のなかでも**反応工学**といわれる領域である．一方，反応装置内で反応を行う，いわゆる反応プロセスの前後のプロセスも重要である．反応プロセスの前段階のプロセスとしては，たとえば，原料となる物質が純粋なものではない場合にはそれをある程度にまで精製して，反応プロセスに送り込める状態にする工程が必要である．図1.3に**化学プロセス**の基本的な工程を示した．また，反応を気相で行わせる場合，常温で液体または固体の物質は気体状態にして反応装置に送り込む必要がある．このような場合には原料を気化させるという前処理プロセスが必要である．

　以上のように，反応装置で実際に反応を行う前工程には，蒸発，蒸留，吸収，吸着，混合などの物理的操作が必ず必要となる．ここで，これらの操作について簡単に説明しておく．蒸発とは，非揮発性物質の溶液から溶媒の気化現象により，溶媒を除去する操作であり，蒸留とは，気液平衡の差を利用して，溶液を部分蒸発させ蒸気を回収して残留液と分離する操作をいう．吸収は気相に含まれるある特定成分を溶解度の差，あるいは反応を利用して液相に移動させる操作であり，吸着とは，気相または液相中の物質が，その相と接触する他の相(液相または固相)との界面において，相の内部と異なる濃度で平衡に達する現象を利用する操作である．以上述べた操作のことを**単位操作**といい，反応操作と並ぶ非常に重要な化学工学的操作である．本書では，第4章から第6章でこれらの詳細を学ぶ．

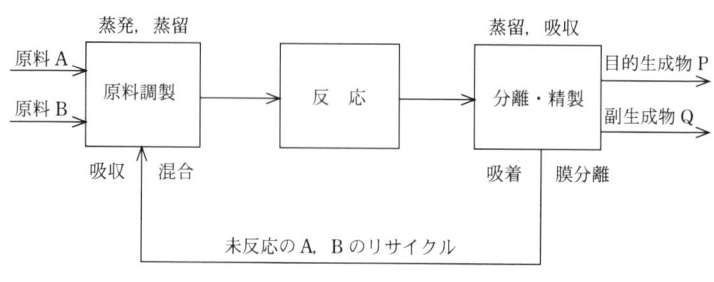

図 1.3　化学プロセスの基本的工程

一方，反応装置を出た反応混合物(原料と生成物)の処理も後工程として重要である．ここでは目的生成物のPをもう1つの生成物であるQと原料のAおよびBから分離してさらに純度を上げるために精製しなければならない．この後処理工程においても先ほどの単位操作が駆使されることになる．
　以上のように，1つの反応装置が誕生するまでには多大な努力とエネルギーが使われる．そこには化学者はもちろんのこと化学工学技術者の叡智が結集されるのである．現在の社会が物資的に豊かになっているのには化学工学の存在が大きく貢献していることが改めて思い起こされる．
　それでは，化学工学という学問体系はどのようになっているのだろうか．次節ではこのことについて述べる．

1.2　化学工学の学問体系と化学プロセス

　化学プロセスを総合的にみると，原料物質が反応によって生成物に変換されていく工程であり，その間にエネルギーの出入りを伴っている．したがって，まずプロセス内の物質とエネルギーの流れを定量的に把握する必要がある．そのための必要な計算の基礎となるのが，**物質収支**と**エネルギー収支**である．これについては第2章で学ぶ．この章では，気相，液相，固相の状態を物性定数などのデータを用いて十分理解し，反応物質の成分間の量的関係(**化学量論関係**)とその反応の反応熱などを考慮することになる．
　反応工程は化学プロセスの中心的役割を演ずる．反応工程では，前節でも述べたようにいろいろな反応装置が使用される．基本的な装置で反応速度を測定し，その結果に物質および熱の移動現象の知識を加味して，反応装置を合理的かつ経済的に設計して，それを操作することが要求される．この内容については，第3章で取り扱う．
　化学プロセスの各工程では，気体や液体の流れ，あるいは粉粒体の流れ，熱の流れと移動の工程が含まれる．化学工学の体系では，**流動プロセス**ならびに**熱移動プロセス**と呼ばれ，本書ではそれぞれ，第4章および第6章で取り扱う．
　先に述べたように，**反応プロセス**に至る前処理工程，および反応プロセス後

に，目的生成物を副生成物や原料物質から分離し，目的生成物のみを取り出すための分離操作も必要となる．そこでは，蒸留，ガス吸収，また膜を使った分離法などが用いられる．分離の基礎概念は，平衡状態での異相間の組成の差を利用するもの(蒸留，ガス吸収など)と，平衡状態に至るまでの物質移動速度の差を利用するもの(膜分離など)に分けられる．これらの原理と応用については，第5章で述べる．

最後に，化学プロセスを総括的にみて，各プロセスを構成する機器の選定や設計，操作を，最適な状態に設定制御し，かつ定常的，安全に運転操作することが最終的に重要となる．これが**プロセス設計**および**プロセス制御**という学問体系であり，第7章で詳細に取り扱う．

以上をまとめると，化学工学の学問体系は次のようになる．

1. 物質収支とエネルギー収支(第2章)
    - 収支の基本的な考え方
    - 相の状態
    - 相変化を伴う物質およびエネルギー収支
2. 反応工学(第3章)
    - 反応操作が関与する化学プロセス
    - 化学プロセスにおける化学平衡と反応速度の考え方
    - 反応装置と反応操作
    - 種々の分野における反応プロセス
3. 流動(第4章)
    - 流動プロセスの役割と基礎
    - 管内流動
    - 圧力，流速，流量の測定
    - 流体の輸送
    - 粒子がかかわる流動プロセス
4. 分離工学(第5章)
    - 物質分離の概念
    - 蒸留
    - ガス吸収

膜分離
5. 熱移動(第6章)
    熱移動の形態
    熱伝導
    対流伝熱
    放射
6. プロセスの設計と運転管理(第7章)
    プロセス設計
    プロセス制御
    生産管理

　本書では，第1章に続いて基本的に上の流れに沿って話を進めていく．

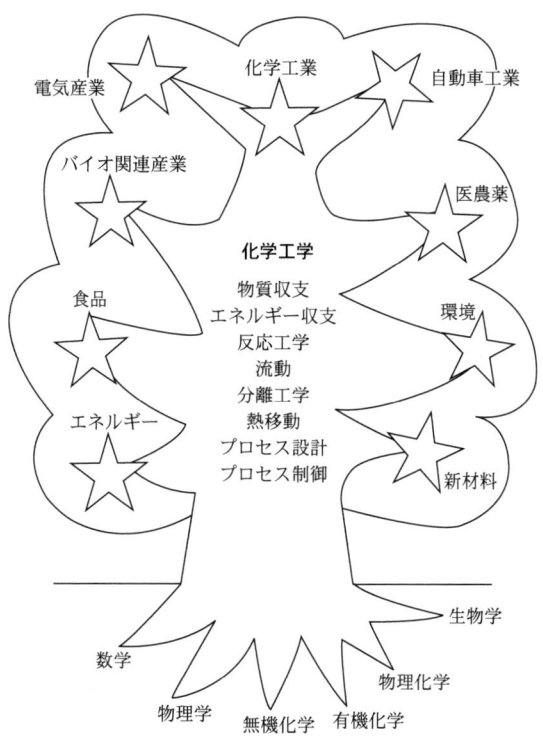

図 1.4　化学工学の応用領域

以上，化学工学の学問体系について述べてきたが，図1.4に示すように化学工学を習得するには，専門の学問以外にも多くの基礎学問が必要である．それらは，数学，物理学，無機化学，有機化学，物理化学，および生物学などである．これらを基礎学問として，化学工学の学問体系が成り立っている．化学工学の応用領域としては，化学工業はもちろんのこととして，自動車工業，電気産業，バイオ関連産業，医農薬，食品，環境，情報，エネルギー，新材料の分野まで拡がっている．

1.3 化学工学の役割と使命

この節では，これまでの化学工業の歴史を振り返って，その発展に化学工学ならびに化学工学技術者がどのような貢献をしてきたかについて述べる．

アンモニアは現在では，水素と窒素から鉄触媒を用いて高温度，高圧下で工業的に製造されており，重要な化学工業プロセスの1つである．アンモニアは，窒素肥料，硝酸，尿素製造の原料として，また液体アンモニアは冷凍機冷媒，溶剤として使用されるなど幅広い用途をもつ．アンモニア製造の歴史を遡ると，19世紀後半ドイツでLeipzig（ライプツィヒ）大学のOstwald（オストワルド）教授が，水素と窒素からアンモニアを製造する研究に取り掛かっていた．ほぼ同じ時期にKarlsruhe（カールスルーエ）大学のHaber（ハーバー）教授は大気圧下で同じく，水素と窒素からアンモニアの製造を試み，鉄を触媒にして種々の温度におけるアンモニアの平衡濃度を求めていた．また，他方では，Nernst（ネルンスト）教授は高圧下でのアンモニアの平衡濃度を求め，理論値とよく一致することを発表した．その後，NernstとHaberは協力して高圧下でのアンモニア合成の研究を推し進め，175気圧，550℃の条件で水素と窒素から約8%のアンモニアを製造することに成功している．しかしながら，この8%の収量ではとうてい工業的に成り立たないことは自明である．1908年にHaberとBadisch（バディッシュ）社は共同してさらなる研究を重ねた結果，生成したアンモニアを高圧下で冷却液化し，これを未反応ガスから分離して，未反応ガスを再び触媒層に通すという循環式の反応操作法を提案した．図1.5にその概略を示した．今でいうリサイクル反応器の原型である．この提案され

た方法は水素と窒素をほぼ100％アンモニアに変換できる画期的な方法であった．

　しかし，この方法を工業化するにはまだ多くの課題が山積みされていた．1つには高性能な触媒の開発ともう1つは高圧に耐え得る反応装置の開発である．多くの化学者が触媒の研究に従事し，その結果，鉄にアルミナと酸化カリウムを混合した触媒が最も効率がよいことが判明した．反応装置の開発には，Badisch社のBosch（ボッシュ）が自ら携わり，反応器内面は水素に耐久性のある軟鉄にし，外側は鋼鉄で約200気圧の高圧に耐えることのできる二重管式の反応装置を考え出した．これで一応の運転可能な工業装置が完成したが，当初は目的どおりの生産量が得られなかった．研究の結果，原料ガス中に存在する微量の一酸化炭素が触媒を劣化させることがその原因であることがわかったの

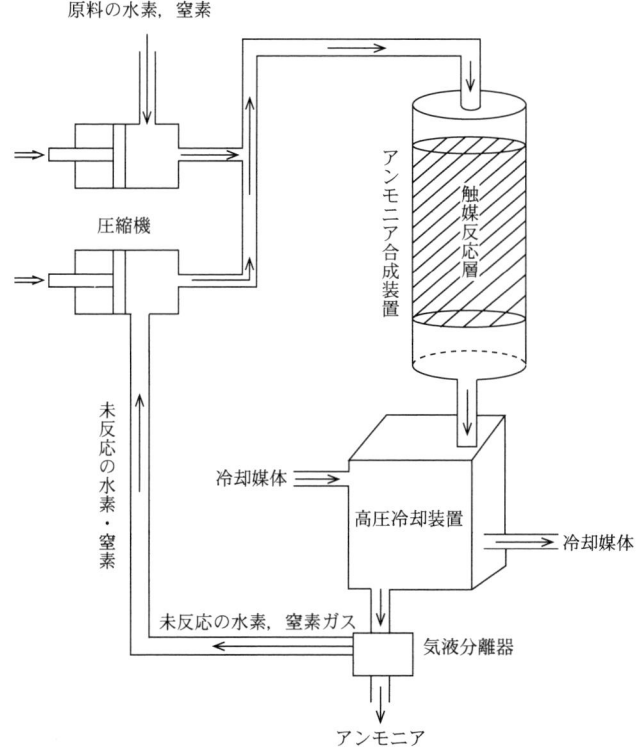

図 1.5　循環式アンモニア合成装置

である．そこで原料から一酸化炭素を除去する技術の開発が急務となった．この問題も Nernst の弟子により解決し，晴れて 1913 年にドイツのオパウという地に最初のアンモニア合成プラントが建設されたのである．なお，図 1.6 には現在行われているアンモニア合成プラントのフローシートを示した．

アンモニア合成プラントの成功には上述のように，Bosch に代表される化学工学技術者と Haber に代表される化学者の緊密な協力関係が必要であったのである．このアンモニア製造法は，**ハーバー・ボッシュ法**として知られており，その工業化は化学肥料の製造をはじめとする近代化学工業の発展の礎となった．周知のように，Haber は 1918 年に，Bosch も 1931 年にノーベル化学賞を受賞している．

さて，現在の世界の化学工業を支えているのは，紛れもなく石油である．石油は昔からその存在が知られていたが，本格的にそれが採掘され，使用されるようになったのは，1860 年頃からである．それは石油を蒸留して得た灯油をランプの燃料として利用したのが始まりと考えられている．これに伴って，米国の各地で石油の採掘が行われるようになった．ところが，1879 年に Edison（エジソン）が白熱電球を発明して以来，灯油ランプの使用が減少し，石油の需要が減少してきた．

しかし，1903 年に Ford（フォード）が自動車の生産を開始した時点から再

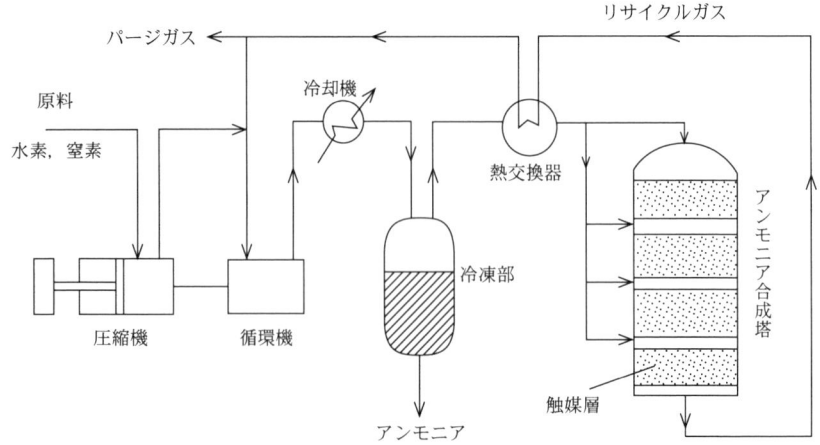

図 1.6　アンモニア合成プラントのフローシート

び，石油の需要が伸びだし，石油中のガソリン留分の需要が急激に増大し始めた．図1.7にガソリン製造プロセスのこれまでの変遷を示している．当初は石油を蒸留して，ガソリン留分を得るだけの精製法であった(図1.7(a))．しかし，1912年にStandard Oil(スタンダードオイル)社が，高沸点の石油留分を釜で熱分解して，その蒸気を冷却して，その中のガソリン留分を回収するという，新規な方法を開発し，ガソリンの供給に貢献した(図1.7(b))．ただこの方法は回分式であったため，大量の生産は望めなかった．Standard Oil社はさらに研究を進め，石油を連続分解して生成した蒸気を連続蒸留塔に送り込み，ガソリンを連続的に大量生産することに成功した(図1.7(c))．この画期的なプロセスには，現在の化学工業プロセスでも用いられている蒸留法や分解炉なども使用されており，化学工学の叡智が結集された典型的な例と考えられる．

さらに，石油の熱分解の際の副生成物の生成を抑えるための触媒の開発(1927年，シリカアルミナ触媒)，その劣化触媒の再生法の開発なども相次いで行われた．一方では，副生成物のエチレンなどを利用した有機化学工業も発

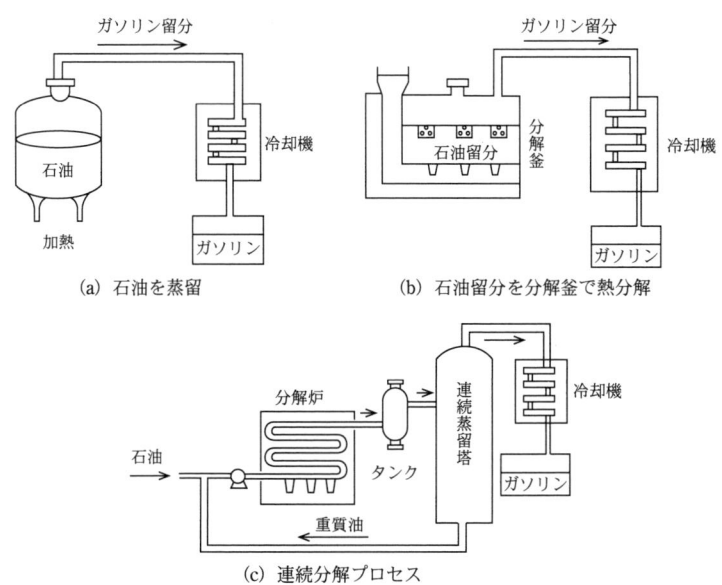

図 1.7　ガソリン製造プロセスの変遷

展し，多くの化学製品を生み出す石油化学工業の発展に寄与したのである．

　米国では，このガソリン製造プロセスの確立を契機としてMassachusetts（マサチューセッツ）工科大学をはじめとする主要な大学に，**化学工学科**が設立され始めたのである．そこで学んだ卒業生の活躍により，アメリカでの化学工学技術者の社会的地位は高く評価されている．

　また，医薬品の製造方法にも化学工学がそれらの発展に多大な貢献をしてきている．読者の皆さんは1929年にイギリスのFleming（フレミング）によって発見された，**抗生物質**のペニシリンをご存知だろう．しかし，当初は実験室で用いられるフラスコを何個も大量に使って青カビを培養していたのでその生産量には限りがあった．1940年代頃から種々の感染症の治療のためにペニシリンの大量の生産が必要となった．

　そこで，青カビの培養をフラスコ培養からタンク培養に切り替える研究が始められた．好気性の青カビを増殖させるためにはタンク内に大量の空気を吹き込まなければならない．しかしながら，空気の吹き込み方や培養液の混合の仕方などにより青カビが死滅し，ペニシリンを大量に生産することができなかった．ここで化学工学技術者の力量が大いに発揮された．化学工学技術者は，種々の実験条件下で青カビの増殖速度およびペニシリンの生産速度と酸素の消費速度との関係を定量的に測定し，それを解析した．その結果，青カビの酸素取入れ速度は，酸素が培養液中に溶解する速度とほぼ同じであることを見出したのである．このことは，青カビが培養液中から酸素を体内に取り入れる速度は非常に速いことを意味している．この発見が空気の吹き込み方法や培養液の混合方法の改良に多大な貢献をし，ペニシリンの大量生産に成功したのである．さらに，ペニシリンには溶液中では不安定ですぐに分解しやすい性質がある．そこで溶液中でのペニシリンの保存方法にも化学工学の手法が適用され，ペニシリンが安定に供給されるようになったのである．

1.4 化学工学の魅力とこれから

1992年にブラジルのリオデジャネイロで開催された，地球サミット・国連環境開発会議で初めて「持続型社会」という言葉が使われた．持続型社会とは，次世代まで人間が幸せに暮らせるように地球環境を大切に守っていく社会，という意味である．これに関連して，2000年には「循環型社会基本法」が施行されている．その後，資源有効利用促進法が制定され，パソコンなどの使用済み部品を新製品に組み込んで再使用することが義務付けられた．このような地球環境を守っていく，あるいは資源を再利用する，というプロセスには化学工学が大いに生かされることを以下に述べよう．

1.4.1 地球環境

21世紀に入り，人類はさまざまな問題と立ち向かい，それらを解決しながら生活していかなければならなくなるだろう．最大の課題は，自然環境との調和である．**地球温暖化**，森林の砂漠化，希少動植物の激減，海洋汚染など地球全体にかかわる多くの重要な問題を解決していかなければならない．化学工学はこれらの問題解決にどのような貢献ができるだろうか．

地球温暖化は，海水の膨張と南北極の氷の融解をもたらし，その結果，海面を上昇させることになる．これは河川を塩水化させ，ひいては生活用水などの確保に問題を生じさせる．農業従事者にとっては，農業用水にも重大な危機をもたらすことになる．さらに深刻なことに，沿岸生活者にとっては生活そのものが破壊されることにつながる．

また，地球温暖化とともに重大な環境問題は，森林破壊ならびに緑地の砂漠化である．実はこれらは密接に関連している．森林は光合成の結果として地球上の二酸化炭素を取り込み，酸素を放出する．森林破壊の原因には，人口増加に伴う食糧確保のための森林の農地化，酸性雨による自然破壊，木材用としての人的伐採などが考えられるが，いずれにしても，大気中の二酸化炭素を増加させ，地球温暖化を促進するのである．この約50年で地球上の森林面積が約半分になったとさえいわれている．

地球温暖化の最大要因である二酸化炭素の排出制限，あるいは大気中に放出された二酸化炭素の固定化には化学工学の技術が生かされるであろう．図1.8に示すように地球全体を1つの二酸化炭素産生工場と捉えてみよう．基本的には大気，大陸，海洋の三相間の平衡関係，物質収支，エネルギー収支を考えることにより問題解決可能である．ただし，そこには地球全体を二酸化炭素産生工場に例えるモデル化，また気温や降水量を予測する気候モデルの確立などの諸問題はあるが，コンピューターの発達とともに，化学工学の貢献が期待できるところである．

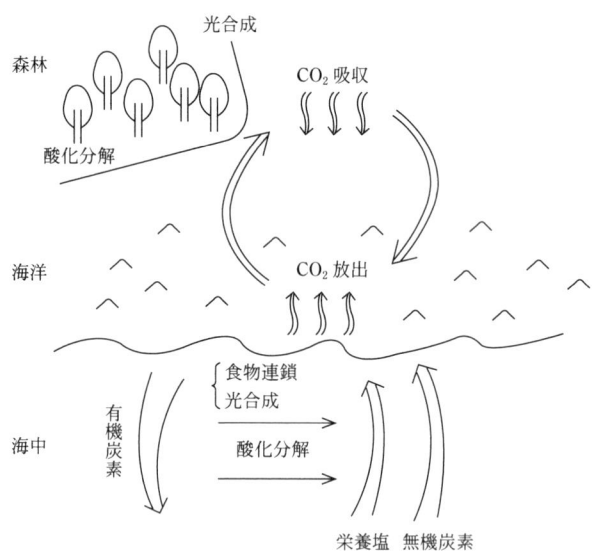

図 1.8　地球は CO_2 産生工場

1.4.2　自然環境との調和

さて，化学工学は自然環境との調和，もしくは自然に生きる動植物の機能を人類の生活に応用する，クリーンな科学技術にも貢献することができる．たとえば，昆虫の生態に注目してみよう．図1.9に示すように，卵から幼虫，蛹，成虫と完全変態する昆虫は，成長するにつれて脱皮という過程を経る．昆虫の表皮を形成する成分は，そのほとんどがキチン質という天然高分子と無機質から成る．キチンは，グルコースを基本骨格とするセルロースに似た構造をもっ

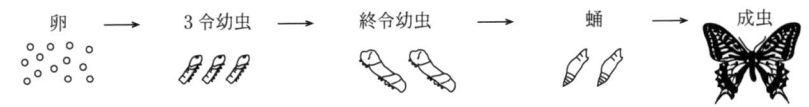

図 1.9　アゲハチョウの完全変態

ているが，その性質はかなり異なる．キチンはそのアセトアミノ基を脱アセチル化することにより，キトサンという有用物質に転換される．キチンは水に不溶な強固な構造を有しており，天然には多く存在するが，その用途は乏しく，昆虫をはじめ微生物を構成する成分として存在しているのみである．

　先ほどの昆虫の脱皮に話を戻そう．脱皮の過程では昆虫はキチンを低分子のそれに分解することにより表皮を破り，そのつど体が成長していくことになる．また同時に新しい表皮を形成しなければならない．ここでおわかりのように，昆虫は脱皮のたびにキチンを分解し，分解して生じた低分子のキチンを使って再び高分子のキチンを合成するのである．その過程では酵素という物質が重要な役割を果たしている．このように，自然界に広く存在する酵素とその機能を利用した新規な物質の生産工程の構築は，21世紀を象徴するクリーンな技術革命となるであろう．そこでは化学工学の知恵と技術が欠かせない．

　先に述べたように酸性雨の原因といわれている，酸化窒素，酸化硫黄といった有害成分の工場からの排出を抑える技術は，すでに確立されているが，ここにも化学工学が大いに貢献しているのである．大気圏にとどまらず，水圏，土壌圏についてもその環境浄化には化学工学の活躍が期待される．21世紀の抱える問題が今後さらに増える可能性は否めないが，それぞれの分野の専門家と化学工学技術者との連携により，問題は解決できるであろう．化学工学という学問は未来を切り開く魅力ある学問である．

1.4.3　新材料と化学工学

　次に材料に目を移してみよう．21世紀は新材料の時代ともいわれる．ハイテク産業を支えるには，セラミック材料，高分子材料，半導体超薄膜材料，超LSI材料，光メモリ材料，センサー材料，バイオ材料，エネルギー関連材料などの新規開発が必要不可欠である．

　セラミック材料としては，昔から使用されているレンガやセメントも含まれ

る．図1.10に，セラミックスの構造の概念図を示した．新素材として注目されているセラミックスは，原子レベルで分離精製した種々の高純度原料を配合し，高精度の成形加工を施し，十分制御された温度，圧力下で焼結された非金属無機材料をさす．この工程のなかで，成形加工ならびに焼結は化学工学の得意とする分野である．焼結現象については，粉体工学の理論が駆使され，コンピューターによるシミュレーションによってその現象がより明らかとなり，理想的な焼結プロセスに向けての知見が与えられることであろう．その結果，種々の機能(熱的，生物化学的，光学的など)を有した機能性セラミックス，バイオセラミックスを代表とする構造セラミックスが新規開発されることが期待される．

　前世紀後半において医療はめざましく進展した．病気の予防，診断，治療における進歩を支えてきたのは，基礎医学と化学工学の融合によるところが大きい．特に病気の診断，治療に活躍している合成高分子材料や無機材料は，**バイオマテリアル**と呼ばれている．たとえば合成高分子は，ディスポーザブル器具からインプラント器具，また人工臓器に至るまで医療への応用展開がなされている．図1.11に示すように，現在使用されている医用材料には，縫合糸，人工血管，人工皮膚，人工骨，人工腱，人工腎臓，人工心臓などがある．これらの素材は，縫合糸に用いられているキチン，人工皮膚に用いられている木綿な

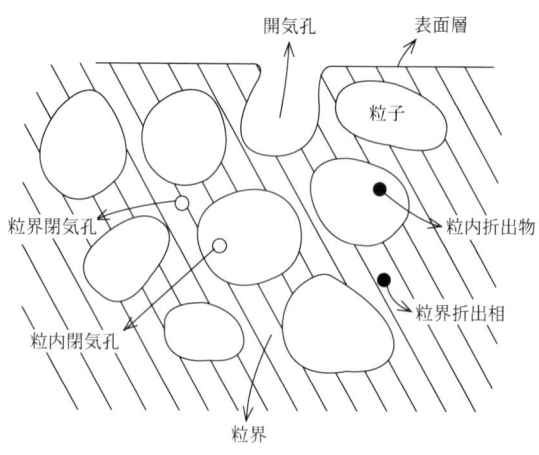

図 1.10　セラミックスの構造概念図

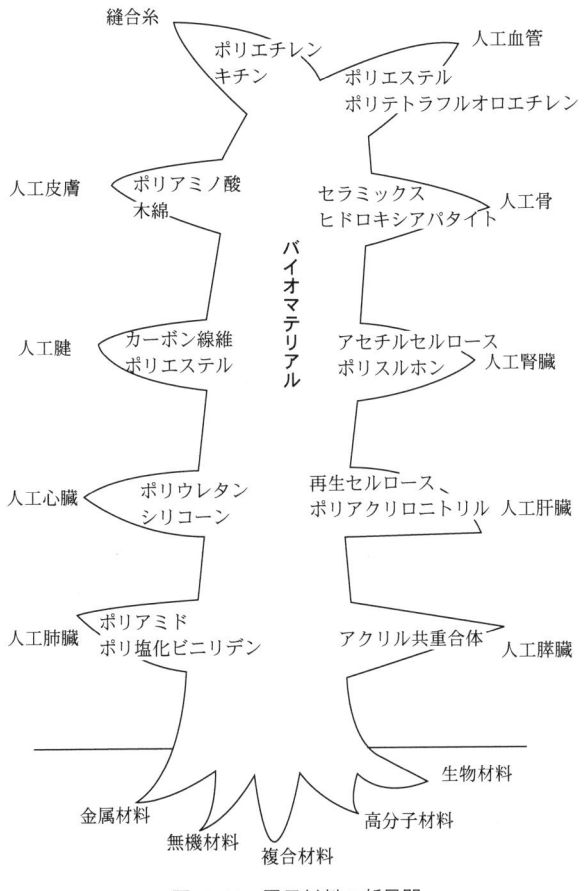

図 1.11　医用材料の新展開

どを除いて，合成高分子である．これらのインプラント材料には共通して高度な生体適合性が要求される．高分子素材の力学的性質や機能性は内部構造が支配すると考えられるが，生体適合性は主として高分子の表面構造が支配する．このため，これらを併せ考えて材料設計する必要がある．この設計過程にも化学工学の技術が導入されるのである．

また，精密な素材が要求される，エレクトロニクス関連材料の設計にも化学工学の知識と経験が生かされるであろう．

1.4.4 バイオ技術への化学工学の寄与

さて，21世紀にはバイオ技術の飛躍的な発展が期待されている．図1.12に現在行われている典型的な**バイオプロセス**の工程を示した．バイオマテリアルについては前項で述べた通りであるが，ここでは**バイオテクノロジー**について，どのような発展が期待されるか，かつその実用化の見通しなどについて考えてみよう．すでに，インシュリンなどのヒト型生理活性物質の生産，酵素やワクチンなどの有用物質生産，食糧関係では微生物タンパク質の生産，エネルギー関連ではバイオマスからのエタノール，メタンなどの生産などが実用化されている．これらに加えて，今世紀では遺伝子組換え，細胞の大量生産，細胞融合の技術などがバイオテクノロジーの中心となることが予想され，化学工学

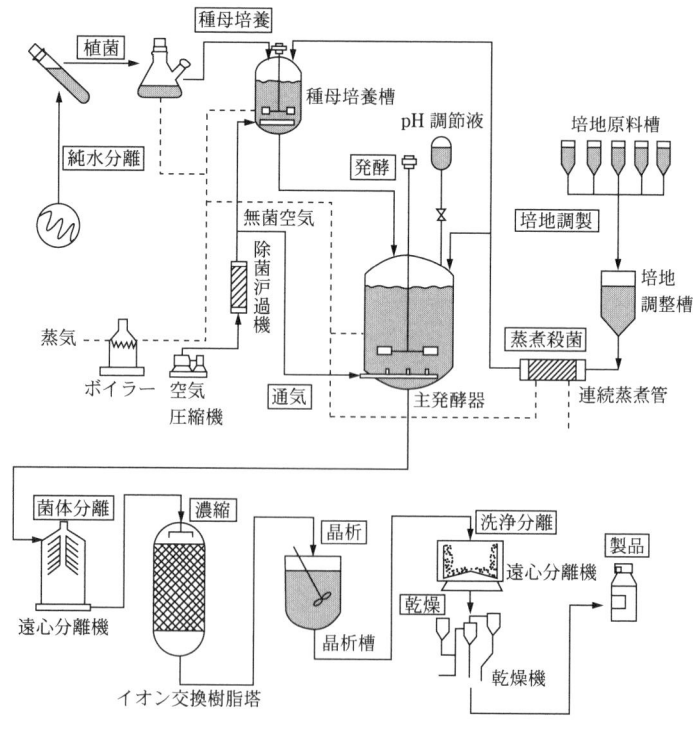

図 1.12 典型的なバイオプロセスの工程
[木下祝郎，"発酵工業"，p.83，大日本図書(1975)]

の技術を駆使してさらなる有用物質の大量生産が期待される．

　細胞の大量生産では，昆虫細胞培養がバイオテクノロジーの素材として注目されるであろう．すでに組換え体核多角体病ウイルスを使った希少タンパク（たとえば，種々の酵素，ウイルス関連タンパクなど）の製造技術が確立されている．ウイルスに組み込んだ遺伝子を発現させて目的のタンパクを製造する場合，宿主の生細胞が必要になり，このとき昆虫培養細胞が利用されることになる．しかし，用いられるウイルスと培養細胞の種類の組合せには制約があり，今後の研究で種々の系が生み出されることが期待される．ここでもバイオテクノロジーの発展に化学工学が大いに寄与するであろう．

演習問題

1.1 表1.1に挙げた化学工業製品のうち，車のタイヤ，磁気ディスク，およびインスタントコーヒーについて，その製造プロセスを調査せよ．

1.2 私達の生活を改善することで，地球温暖化対策の一助となることをいくつか想定せよ．

1.3 昆虫の生理機能を応用したバイオテクノロジーの可能性について考察せよ．

【参考文献】
1) キチン，キトサン研究会編，"最後のバイオマス　キチン，キトサン"，技報堂出版(1988)．
2) 三橋淳，"昆虫の細胞を育てる"，サイエンスハウス(1994)．
3) 橋本健治，"ケミカルエンジニアリング"，培風館(1995)．
4) 小宮山宏，"反応工学"，培風館(1995)．
5) 小原嘉明編，"昆虫生物学"，朝倉書店(1995)．
6) 小林猛，"バイオプロセスの魅力"，培風館(1996)．
7) 鈴木敏正，伊藤良一，神谷武志編，"先端材料ハンドブック"，朝倉書店(1996)．
8) 橋本健治，"改訂版反応工学"，培風館(1997)．
9) 犬飼英吉，"エネルギーと地球環境"，丸善(1997)．
10) 樽谷修編，"地球環境科学"，朝倉書店(1997)．
11) 化学工学会編，"基礎化学工学"，培風館(1999)．

2 物質とエネルギーの収支

　本書での学習の対象となる工業プロセスは，我々の生活向上を目的として自然界での現象を巧みに利用した生産プロセスである．したがって，そのプロセスを設計・運転するためには，なかで起こっている現象を理解することが必要である．ところで自然界の現象は，外部環境という束縛条件のなかで，種々の法則のもとに進行しており，それらの関係を定量的に理解することが，現象を利用するためには必須となる．

　自然現象を説明する法則は種々あるが，熱力学はそのなかでも最も重要なものであろう．紙が燃えて二酸化炭素（炭酸ガス）と水蒸気になって後に灰が残ることはあっても，二酸化炭素と水蒸気と灰が自律的に集まって紙に戻ることはない．それを熱力学では第一・第二法則をもって説明するわけである．熱力学では孤立系に対して，「エネルギーは保存する」という第一法則を示している．エネルギーが，力学的な仕事や，電気，熱などのさまざまな形をとることは理解できるし，それを踏まえればエネルギー保存則は直観的にわかるであろう．内容的には，無から有は生まれないという，至極あたりまえのことを記述しているにすぎない．この**保存則**は，エネルギーだけでなく，いろいろな対象についても当然あてはまることであり，自然現象の理解のための最も基礎的な法則と言えよう．この保存則が，いろいろな物理量の収支という概念を導きだしており，プロセス解析の非常に重要な原理になっている．

2.1 収支の考え方

　化学技術者は，種々の工業(製造)プロセスを単位操作に分け，その性能特性が個別に研究できるようにしている．これらの単位操作には，伝熱，吸収，蒸留，撹拌，抽出，濾過，粉砕，乾燥(調湿)，化学反応，プロセス制御などが含まれる．さらに，これらの単位操作のそれぞれが，どのようなプロセスでも上述したように保存則に従うわけである．

　質量保存(原子の保存則＝化学反応の場合)
　エネルギー保存(熱力学第一法則)
　運動量保存
　電荷保存

　収支の考え方は，化学プラントに限らず，我々の生活において非常に重要で，かつ身近な概念である．家計簿は，「お金」という物質の収支を「家庭あるいは個人」を単位として算定しているわけで，その様子から家計状況が判断できたり今後の対策などが図られたりする．このように，物質およびエネルギー収支を立てることは，現象を定量的に理解するための最も基本的な事項である．

　既設プラントでは，流量，温度，圧力などの操作因子を測定することによりかなりの部分の把握ができるものの，これらの測定だけですべての流れが明確になるわけではない．また，設計段階では通常出口側条件，すなわち製品サイドの要求が決まっているのみであり，その条件から入口側，すなわち原料サイドの条件を決めていかなければならない．このため規模の大小に関わりなく対象としている範囲(プラント全体でもよいし，その一部であってもよい)に対し，質量保存則またはエネルギー保存則を適用することにより，既知のものから未知の事象を推定することとなる．

　これらの収支式を用いれば，既存のプラントで流量，温度，圧力などの操作因子を測定することで，物質およびエネルギーの流入，流出が目標通りに行われているか否かの判断や，生産量を変えるにはどのような操作をすればよいのかなどの操作条件の設定ができる．また，設計段階では，通常入口や出口側条

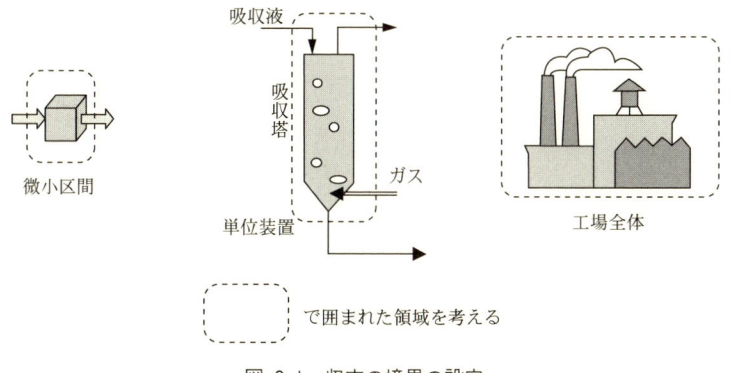

図 2.1　収支の境界の設定

件すなわち原料や製品の要求が決まっており，収支式を用いることによって，必要な分離装置や反応器の設計が行われる．

　具体的には，その目的に応じた範囲(微小区間，単位装置，プロセス，工場全体)に対して，質量保存則またはエネルギー保存則を適用し，これら収支式を求めることになる(図2.1)．日本全体や地球を対象とした収支を考える場合も当然ながら有り得る話である．

　質量にしろ，エネルギーにしろ，保存されるので形が変わることはあってもそれ自体創造されることもなければ消滅することもないわけで，式で示せば次の通りである．

　　　　入量＝出量＋蓄積量(－損失量)

あるいは

$$入量 - 出量 - 蓄積量(損失量) = 0 \tag{2.1}$$

この式を**収支式**という．この式を物質に適用し，その流れを定式化したものが物質収支であり，エネルギーの場合はエネルギー収支となる．安定した連続操作では蓄積量の時間的変化はなく(あっても無視できる程度)，ある時間内に系内に入った量と系外に放出される量は等量になるはずである．このような状態を定常状態といい，収支式は次のように簡略される．

$$入量 = 出量 \tag{2.2}$$

収支のとり方としては特に定まったものがあるわけではないが，次の手順が間違いを避けられるものと思われる．

① 収支をとる範囲(系)の明確化

収支式は系の大小にかかわりなく成立するので，工場全体を1つの系とみなすこともできる．単一機器，あるいはそのまた一部を系としてもよい．ただし，最初設定した系を計算途中で変更するようなことがあってはならない．収支式は設定された系の範囲内でのみ成立することを理解すべきである．

② 既知量，未知量の明確化

収支の系が決まったら，そこに出入りする物質あるいはエネルギーの流れを整理し，それをブロック図の形式にまとめるのがよい．この場合，系に入るものには入る方向への矢印，出るものに対しては出る方向の矢印を記し，さらに既知のものはその数値を，未知のものは記号にて図内に記す．これによって既知量，未知量およびそれらの出入関係が明確となり，"ミス"がないようにすることができる．

③ 基準の選定

収支計算は統一した基準でなされるべきであり，この基準は収支をとるのに好都合なものを選べばよい．回分操作にあっては1バッチ(操作)あたり，連続操作の場合には単位時間あたりを基準にとるのが一般的であるが，製品あるいは原料の単位重量，場合によっては単位容量，単位面積なども基準となり得る．

一方，収支計算に用いるデータの基準や単位にも注意を向けなければならない．特にエンタルピーは文献によってまちまちの基準をとっており，使用する際には必ず確認が必要である．

④ 収支式の作成

①～④に従って，各保存則に準拠して具体的な収支式を作成する．

2.2 相の状態

前節で説明したように，収支をとるときには対象とする系の決め方が重要であるが，その際に物質の相の状態を理解することも大切な要素である．たとえば，図2.2のように操作-Aによって液体の一部が気化したとすると，物質の収支は

図 2.2 相分離を伴う操作

$$\text{入量(液体)} = \text{出量(気体)} + \text{出量(液体)} \tag{2.3}$$

となるが，この気化にはエネルギー(熱)の授受が関与していることが示唆されることとなる．つまり，収支を考える場合には，その操作を介しての相状態を把握しておくことは，"ミス"を防ぐためにも重要である．

　気相-液相-固相間の相転移には，かならず転移熱が存在するし，対象とする系に複数の物質(たとえばA，B，C)が存在しており，それらが上記のように液体が気体と液体に分離した場合には，入力である液体中のA，B，Cの全量は，気体に含まれるA，B，Cの量と，液体中でのA，B，Cの量の合算になるわけで，気体量，液体量およびそれらの中でのA，B，Cそれぞれの組成(％など)の情報が必要になる．

2.2.1　Gibbsの相律

　系が平衡にあるときに，独立な示強性の状態変数の数を**自由度**と称し，次のGibbsの相律で与えられる．

$$F = c - \pi + 2 \tag{2.4}$$

ここで，Fは自由度，cは成分の数，πは相の数である．ある操作・現象を解析する場合，この自由度に相当する操作因子が与えられれば，その操作・現象は一義的に決定されていることになる．

2.2.2　相平衡と相図の解釈

　図2.3は，二酸化炭素の相図であるが，一般には固相，液相，気相の各領域とそれらの境界が示されている．$P\text{-}T$線図として示されているが，相境界にて密度が大きく変化していることを常に考慮しておくことが，いろいろな収支をとる場合に必須の要件である．

　混合物になると，図2.4のように2成分系でもその相図は，純成分と比較す

図 2.3　CO_2 の P-T 線図

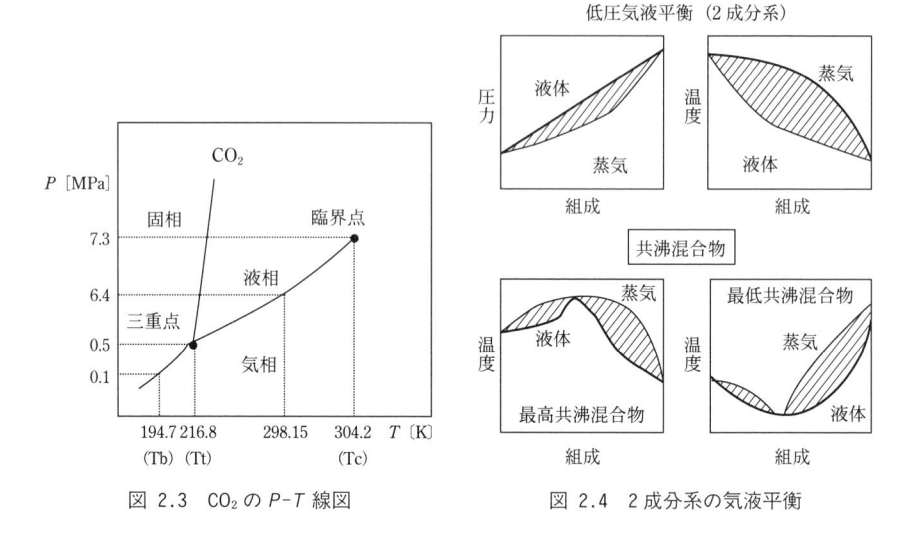

図 2.4　2 成分系の気液平衡

ると多様になってくる．共存領域が線ではなく，面として存在するようになる．また，共沸混合物のような相状態をとる混合系もあり，現象の理解のためには，その把握が必要である．

ところで，このような相状態は，熱力学のルールにより規定されており，そのルールを知ることは，相状態の理解に役立つものであり，ここでも最小限の事項だけは示しておくことにする．

相の安定・不安定性は自由エネルギーにより決められ，相が分離するということは，自由エネルギーを低下させることになる．分離した相同士は互いに平衡状態にあり，次式の相平衡の式で表現できる．

今，α 相と β 相が平衡にあるとすれば，化学ポテンシャルを用いて

$$\mu_i^{\alpha}(T, p, x_1^{\alpha}, x_2^{\alpha}\cdots, x_i^{\alpha}, \cdots, x_{c-1}^{\alpha}) = \mu_i^{\beta}(T, p, x_1^{\beta}, x_2^{\beta}\cdots, x_i^{\beta}, \cdots, x_{c-1}^{\beta})$$

(2.5)

本式に相の種類に応じた適切な式を代入することにより，各種相平衡が計算される．

[例題 2.1]

図 2.5 は，エタノール-水 2 成分系の 1 気圧における気液平衡関係を図示し

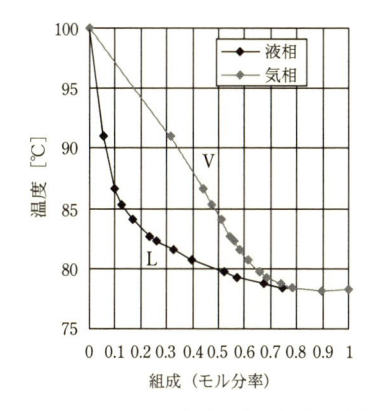

図 2.5 エタノール-水系の常圧気液平衡関係

たものである．次の問いに答えよ．
(1) 図中の組成(モル分率)は，どちらの成分か？
(2) 30 mol% エタノール水溶液を調製し，それを 85°C にした場合，気相と液相中にエタノールはどの程度含まれているか(組成はいくらか)？
(3) (2)の場合の気相と液相の存在割合(モル比)はいくらか？

[解]
(1) モル分率が 1.0 のときの温度(沸点)が 78°C であるので，エタノールが対象成分である．
(2) 図中の沸点(液相)から 12 mol%，露点(気相)から 48 mol% と読み取れる．
(3) フィード(F)が 30 mol% であったので，気相(V)と液相(L)に分かれる場合，(2)の気液組成から，フィード組成が中間値となるので，50：50＝1：1 となる．

2.3 物質収支

2.3.1 物理的操作における物質収支

　化学プロセスは化学反応を伴う操作と物理的操作(単位操作)との組合せによって構成されている．物理的操作には流動，伝熱，蒸発，蒸留，抽出，吸収，調湿，濾過，混合などの操作が含まれているが，これら操作の詳細については本

書の各章において説明する．ここでは，これらのうちのいくつかの代表的操作を取り上げ，物質収支の具体的計算の仕方について述べる．

[例題 2.2]

ベンゼン 60 mol%-トルエン 40 mol% の混合液を 100 kmol・h^{-1} で供給して連続精留を行う．留出液としてベンゼン 96.0 mol%，缶出液として 3.0 mol% ベンゼンを製品として得たい．このときの留出液量 D[kmol・h^{-1}]，缶出液量 W[kmol・h^{-1}] を求めよ．

[解]　基準：1時間の間に出入りする量

収支を示すブロック図は図 2.6 の通りであり，ここで，入出量について，まとめてみると表 2.1 のようになる．

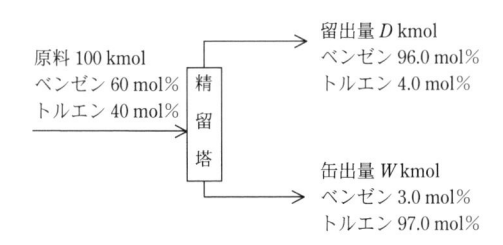

図 2.6　蒸留精製のブロック図

表 2.1　1 時間あたりの入出量

	入量[kmol・h^{-1}]	出量[kmol・h^{-1}]		蓄積量[kmol・h^{-1}]
		留出量	缶出量	
全量	100	D	W	0
ベンゼン	100×0.6	D×0.96	W×0.03	0
トルエン	100×0.4	D×0.04	W×0.97	0

全量での収支　　$100 = D + W$

ベンゼンの収支　　$100 \times 0.6 = D \times 0.96 + W \times 0.03$

未知数が D，W で，方程式が2個であるのでこれらを連立させて解くと

$60 = 0.96D + (100 - D) \times 0.03$

$57 = 0.93D$

$D = 61.3$ kmol・h^{-1}

全量 100 kmol・h^{-1} より　$W = 38.7$ kmol・h^{-1}

2.3.2 化学反応を伴う物質収支

化学反応を伴う場合には，反応物（原料）と生成物（製品）の量的な関係を扱うことになり，質量は保存されるが（ここでも無から有は生まれない！），原料の一部が生成物に転換されるため成分間での単純な物質収支は成立しないことになる．つまり，化学反応式というルールにより関係付けられる反応物と生成物の物質収支と化学反応式を合せて考慮することが必要になる．

簡単な例で考えてみよう．水素の燃焼反応を取り上げる．水素は酸素と反応して水を生成する．化学反応式で書けば，次のようになる．

$$2\,H_2 + O_2 \longrightarrow 2\,H_2O$$
$$2\,\text{mol}\quad 1\,\text{mol} \qquad 2\,\text{mol} \tag{2.6}$$
$$4\,\text{g}\quad 32\,\text{g} \qquad 36\,\text{g}$$

水素 2 mol と酸素 1 mol が反応して，2 mol の水を生成することを示しているが，質量を考えると，4 g の水素が 32 g の酸素と反応して 36 g の水が生成することになり，質量保存は成立していることがわかる．ブロック図を作成してみると，図 2.7 のようになり，水素と酸素が消費され，水が新たに生成される．

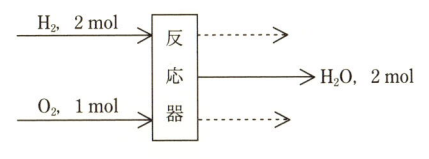

図 2.7 水素燃焼反応のブロック図

しかし，反応は必ずしも化学量論比率にて反応器に供給されるとは限らず，また多くの反応では転化率 100 % ではなく未反応物があったり，可逆反応のように反応が平衡状態になる場合もある．そのような場合には，鍵となる成分の反応量や転化率に着目した収支をとるとよい．

窒素と水素からのアンモニア合成の例を考えてみよう．アンモニアは，植物の成長に不可欠な窒素源として重要であり，空気中の窒素からのアンモニアの直接人工合成を発見した Haber は「空気からパンを作った人」と称えられている．さて，この合成反応は，高温高圧ほど生成物収率が増大するが，平衡反

応となり反応が完全に進行しないことがわかっている．

$$3\,H_2 + N_2 \longrightarrow 2\,NH_3 \tag{2.7}$$
$$3\,mol \quad 1\,mol \qquad 2\,mol$$

ここでは，図2.8のように水素，窒素を等モル供給し，しかも反応器内での水素の転化率が50％とする場合を想定してみる．

反応にて，水素3 molのうちの50％，すなわち1.5 molが消費されるわけなので，反応式の量論係数から窒素はその1/3の0.5 molが消費される．その結果，アンモニアは消費窒素の2倍，1 molが生成される．この反応でのトータルでのモル数変化は，－1 molということになる．これらの反応での消費量を各物質（成分）について収支をとれば，トータルでのモル数についても収支式をたてることができる．したがって，この場合の収支は

$$（入量）＝（出量）－（反応量）＋（蓄積量） \tag{2.8}$$

ただし，（反応量）＝（反応生成量）－（反応消費量）

ということになる．なお，各物質を構成する原子それぞれについて収支をとれば反応前後でも収支が成立することを利用することもできる．

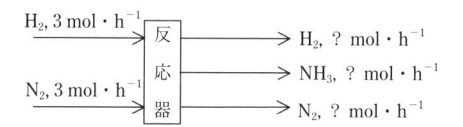

図 2.8 アンモニア合成反応のブロック図

表 2.2 1時間あたりの物質収支

	入量[mol·h^{-1}]	反応量[mol·h^{-1}]	出量[mol·h^{-1}]	蓄積量[mol·h^{-1}]
水素	3	-3×0.5	$3-3\times0.5=1.5$	0
窒素	3	$-1/3\times(3\times0.5)$	$3-1/3\times(3\times0.5)=2.5$	0
アンモニア	0	$2/3\times(3\times0.5)$	$2/3\times(3\times0.5)=1$	0
トータル	6	-1	5	

[例題 2.3]

ニトロセルロースは，セルロースと硝酸の反応（式(2.9)）によって製造される．

$$(C_6H_7O_2)_n(OH)_{3n} + x\,HNO_3 \longrightarrow$$
$$(C_6H_7O_2)_n(OH)_{3n-x}(ONO_2)_x + x\,H_2O \tag{2.9}$$

混酸（組成は，硫酸50 wt％，硝酸20 wt％，水30 wt％）とセルロースが反応

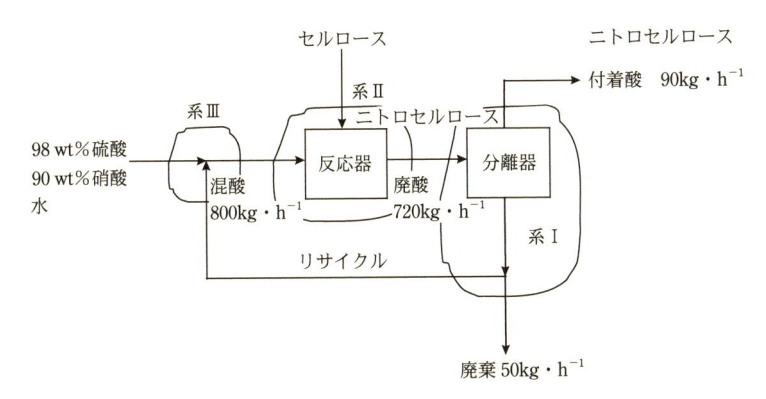

図 2.9 セルロースのニトロ化反応のブロック図

器に供給され，反応後，分離器に送られニトロセルロースと廃酸に分離される．廃酸は，一部は系外へ廃棄し，残りはリサイクルのため反応器に戻される．今，混酸を $800\,\mathrm{kg \cdot h^{-1}}$ で反応器に供給したところ廃酸の量が $720\,\mathrm{kg \cdot h^{-1}}$ となった．このうち $90\,\mathrm{kg \cdot h^{-1}}$ は，ニトロセルロースに伴って系外へ（付着酸として）排出され，$50\,\mathrm{kg \cdot h^{-1}}$ は廃棄される．残りは反応器に戻されているとした場合，次の問いに答えよ．ただし，図 2.9 はニトロセルロース製造の簡略化フローシートである．

(1) 廃酸の組成を求めよ．
(2) 新しく加えなければならない 98% wt 硫酸，90 wt% 硝酸，水の量を求めよ．

[解]
(1) 反応式より，ニトロ化反応によって硝酸が 1 mol 消費するごとに，1 mol の水が生成する．また硫酸は物質収支上，反応には寄与しない．なお，反応はモル単位で流量が質量単位で与えられているので，硝酸および水の分子量（それぞれ 63 と 18）を用いて換算する．収支は 1 時間あたりを基準とする．

まず，条件から単純な物質収支にて算出できる量を求める．分離器周囲を対象とした系 I として，廃酸について収支をとると

　　分離器への入量＝出量（付着酸）＋廃棄量＋リサイクル量
　　　　720　　　＝　　90　　＋　50　＋　？

となり，リサイクル量＝$580\,\mathrm{kg \cdot h^{-1}}$ となる．

次に，未知量の反応器出口の硝酸の量を A [kg・h^{-1}]，水の量を B [kg・h^{-1}]，反応により消費された硝酸の量を X [kg・h^{-1}]，新たに供給する 98 wt% 硫酸，90 wt% 硝酸，水の量をそれぞれ C，D，E [kg・h^{-1}] とする．

反応器周囲の系Ⅱで収支式を立ててみよう．硝酸が X [kg・h^{-1}] だけ反応により消費されたとき，反応式(2.9)より等モルの水が生成するので，分子量比を用いると生成する水の量は，$X(18/63)$ [kg・h^{-1}] である．したがって，各収支式は，

$\quad$ 硝酸 $\quad (800 \times 0.2) = A + X$

$\quad$ 水 $\quad (800 \times 0.3) = B - X \times (18/63)$

$\quad$ 全体 $\quad 800 = 720 + X - X \times (18/63)$

となる．これらを解いて $A = 48$ kg・h^{-1}，$B = 272$ kg・h^{-1}，$X = 112$ kg・h^{-1} となる．

これらを用いて廃酸の組成を算出すると，硫酸は反応に関与しないため廃酸中に $800 \times 0.5 = 400$ kg・h^{-1} 含まれ，次のようになる．

$\quad$ 硫酸 $\quad 400/720 = 0.55 = 55$ wt%

$\quad$ 硝酸 $\quad 48/720 = 0.07 = 7$ wt%

$\quad$ 水 $\quad 272/720 = 0.38 = 38$ wt%

(2) 次に，新たに供給される混酸の成分を求める．混合点まわり(系Ⅲ)での物質収支を考えよう．題意から定常操作であり，混合点では反応が関与しないため，(蓄積量)＝(反応量)＝0 となり，

$\quad$ (流入量)＝(流出量)

という収支式を考えればよい．ここで，混合する硫酸および硝酸中に含まれる水分を考慮すると，収支式は上で算出したリサイクル廃酸量を用いて，

$\quad$ 硫酸 $\quad (C \times 0.98 + 580 \times 0.55) = (800 \times 0.50)$

$\quad$ 硝酸 $\quad (D \times 0.90 + 580 \times 0.07) = (800 \times 0.20)$

$\quad$ 水 $\quad (E + C \times 0.02 + D \times 0.10 + 580 \times 0.38) = (800 \times 0.30)$

となる．これらを解くと，
98 wt% 硫酸：82.7 kg・h^{-1}，90 wt% 硝酸：132.7 kg・h^{-1}，水：4.7 kg・h^{-1}

なお，反応物が中間生成物を経て生成物に転換されるような反応系の場合，分子種ごとの物質収支は意味をなさないことがあるが，このような際には元素

ごとの収支をとるのが効果的となる．

2.4 エネルギー収支

物質収支式が質量保存の法則に基づいているのに対して，エネルギー収支は，エネルギー保存の法則，すなわち式(2.10)の熱力学の第一法則に基づく．

$$\Delta U = Q + W \tag{2.10}$$

流体が系に流入，流出するときに，その流れを維持するために必然的に $-\Delta(pV)$ の流動仕事が系に加えられる．したがって，系に加える仕事を $W = -\Delta(pV) + W_0$ とすれば，$-W_0$ が流れ系で得られる正味の仕事となる．式(2.10)を流れ系での正味の仕事 W_0 で書きかえると，

$$\Delta H = \Delta(U + pV) = Q + W_0 \tag{2.11}$$

が得られる．本式は流れ系の第一法則と呼ばれる．

したがって，流れ系では，図2.10のようにエンタルピー $H \equiv U + pV$ を使って

(流入エンタルピー)＋(投入熱量)
　　＝(流出エンタルピー)＋(系エンタルピー変化)＋(系外への仕事)

と表せる．これをエネルギー収支と呼ぶ．機械的な有効仕事 W_e が関与しないときを特に**熱収支**と呼ぶのが慣例である．

次に，例題にて，この熱収支(エネルギー収支)を，地球を例として考えてみよう．地球を1つの系と考えると，物質は移動せずエネルギーのみの授受を考えればよい閉鎖系である．この地球へは太陽エネルギーが $342\,\mathrm{W \cdot m^{-2}}$ の密度で降り注いでおり，その熱量(エネルギー)の値のみを単純に考えると，地球上

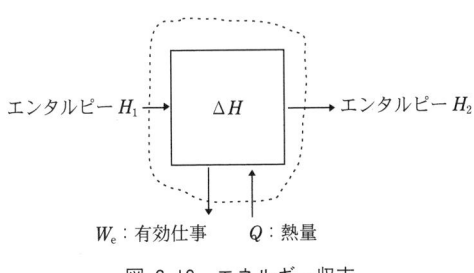

図 2.10 エネルギー収支

の気温は常に上昇していくことになる．しかし，実際には地表温度，気温ともに 20～30℃ 程度で一定に保たれている．つまり，地球上ではエネルギー収支で熱の蓄積量がないとみなせることになる．そこで，地球を系としてエネルギー収支を考えてみよう．NASA のレポート (http://www.gsfc.nasa.gov) の数値を基にして，エネルギー収支を示したものが図 2.11 である．

太陽からの地球大気圏への入射エネルギーは，$342\ \mathrm{W \cdot m^{-2}}$ であるが，大気圏中でのダスト，雲などで反射(一部地表面から)されるものが $107\ \mathrm{W \cdot m^{-2}}$ (30%)にものぼる．また，透過した太陽エネルギーのうち，大気圏成分に吸収されるものが $67\ \mathrm{W \cdot m^{-2}}$ (20%)で，残りの $168\ \mathrm{W \cdot m^{-2}}$ (50%)が地表面に到達する．この地表面で吸収されたエネルギーが，赤外線となって放射されたり，空気の流れ(風)や水分の蒸発・降雨などの現象により散逸される．このような大気圏での運動などを誘起し，最終的には大気圏から放射熱として宇宙空間に $235\ \mathrm{W \cdot m^{-2}}$ (70%)放射され，収支のバランスがとれている．これが，地表面での温度保持のメカニズムになっているのであるが，これも上述したようなエ

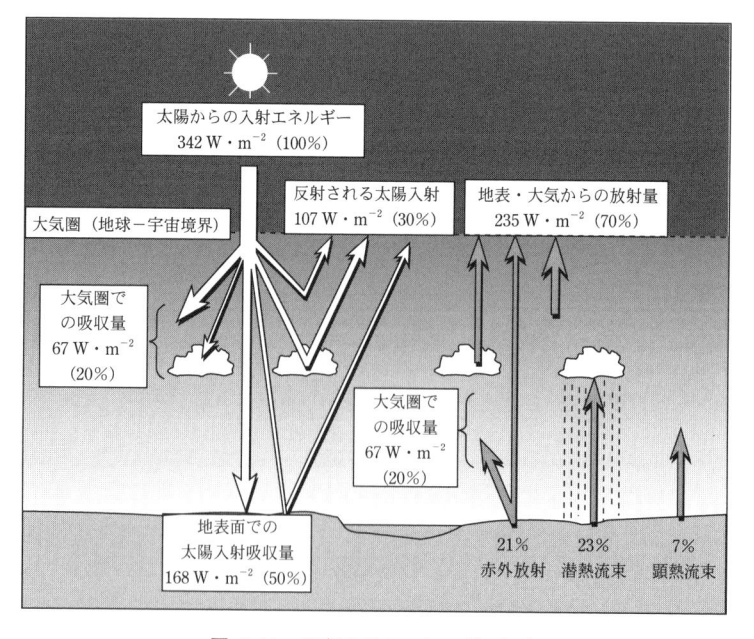

図 2.11 地表面でのエネルギー収支

[データ出展：NASA, http://okfirst.ocs.ou.edu/train/meteorology/EnergyBudget2.html]

ネルギー収支をとることで，現象の理解がしやすくなる．

では，次に簡単な反応を例題として，エネルギー収支(熱収支)のとり方について練習してみよう．

[例題 2.4]

図 2.12 のようにメタンと理論量の 1.2 倍(空気比 1.2)の空気を断熱壁に囲まれた反応器で完全燃焼させたとき，出口ガス温度 $T[\mathrm{K}]$ を求めよ．ただし，メタンは $1500 \mathrm{~mol \cdot h^{-1}}$ (=標準状態で $34 \mathrm{~m^3 \cdot h^{-1}}$) で供給されるとする．供給される空気は，酸素と窒素からなり，それぞれ 20 vol%，80 vol% である．またメタン，空気ともに 298 K (25°C) 一定で供給されるとしてよい．

[解]

メタンの燃焼の反応式は，次式で表される．

$$\mathrm{CH_4} + 2\,\mathrm{O_2} \longleftrightarrow \mathrm{CO_2} + 2\,\mathrm{H_2O}$$

したがって，理論酸素量は，メタンの 2 倍の $3000 \mathrm{~mol \cdot h^{-1}}$ であるから，供給される酸素量は，

$$3000 \times 1.2 = 3600 \mathrm{~mol \cdot h^{-1}}$$

であり，窒素は，

$$3600 \times (0.8/0.2) = 14400 \mathrm{~mol \cdot h^{-1}} \text{である．}$$

本反応系に関係する物質すべてについて，反応器周りの物質収支を考えると，表 2.3 のようになる．

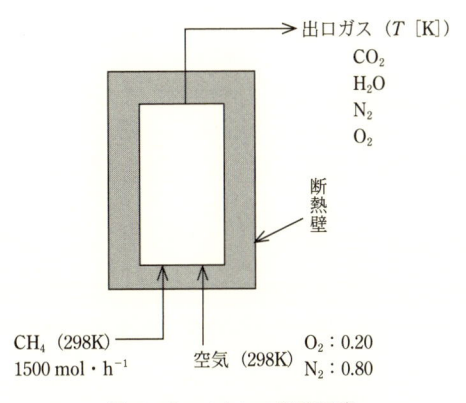

図 2.12 メタンの燃焼反応

表 2.3　反応器周りの物質量

物質	入口[mol・h^{-1}]	出口[mol・h^{-1}]
メタン(CH_4)	1 500	0
酸素(O_2)	3 600	600
窒素(N_2)	14 400	14 400
二酸化炭素(CO_2)	0	1 500
水(H_2O)	0	3 000

表 2.4　298 K(25℃)での標準モル生成エンタルピー

物質	$\Delta H°$[kJ・mol^{-1}]
メタン	−74.9
二酸化炭素	−393.8
水	−242.0

次に，エンタルピー収支を考える．

温度 T[K]における物質のモル生成エンタルピー ΔH[kJ・mol^{-1}]は，定圧下では熱容量を用いて次のように表される．

$$\Delta H = \Delta H° + \int_{298}^{T} c_p(T) \, dT$$

ここで，$\Delta H°$ は，298 K(25℃)における標準生成エンタルピーである．各物質の値を表2.4にまとめておく．定義により，単一元素からなる酸素，窒素の標準生成エンタルピーは0であるので掲載していない．

また，温度 T[K]における定圧熱容量 c_p[J・K^{-1}・mol^{-1}]は，次式のような温度に関する2次関数(経験式)で整理されている．式中のパラメータ a, b, c は物質固有であり，"化学工学便覧(丸善)"や種々のハンドブックなどにまとめられている．

$$c_p(T) = a + bT + cT^2$$

本反応系に含まれる物質の値を表2.5にまとめた．

表 2.5　a, b, c の値

物質	a	b[K^{-1}]	c[K^{-2}]
メタン	14.146	75.5×10^{-3}	−17.991×10^{-6}
酸素	25.594	13.25×10^{-3}	−4.205×10^{-6}
窒素	27.016	5.81×10^{-3}	−0.289×10^{-6}
二酸化炭素	26.748	42.26×10^{-3}	−14.247×10^{-6}
水	30.204	9.93×10^{-3}	1.117×10^{-6}

2.4 エネルギー収支

以上より，エンタルピー収支をとってみる．
反応器入口での $\Delta H [\text{kJ}\cdot\text{h}^{-1}]$ は，

$$\Delta H_{入口}=\Delta H_{メタン}+\Delta H_{酸素}+\Delta H_{窒素}$$
$$=1\,500\times(-74.9)+3\,600\times(0)+14\,400\times(0)$$
$$=-1.124\times 10^5 \text{ kJ}\cdot\text{h}^{-1}$$

また，反応器出口での $\Delta H[\text{kJ}\cdot\text{h}^{-1}]$ は，$\Delta H=\Delta H^0+\int_{298}^{T}c_p(T)\mathrm{d}T$ より

$$\Delta H_{出口}=\Delta H_{二酸化炭素}+\Delta H_{水}+\Delta H_{酸素}+\Delta H_{窒素}$$
$$=\left(1\,500\times\left((-393.8)+\frac{1}{1\,000}\int_{298}^{T}c_{p\,二酸化炭素}\,\mathrm{d}T\right)\right)$$
$$+\left(3\,000\times\left((-242.0)+\frac{1}{1\,000}\int_{298}^{T}c_{p\,水}\,\mathrm{d}T\right)\right)$$
$$+\left(600\times\left((0)+\frac{1}{1\,000}\int_{298}^{T}c_{p\,酸素}\,\mathrm{d}T\right)\right)$$
$$+\left(14\,400\times\left((0)+\frac{1}{1\,000}\int_{298}^{T}c_{p\,窒素}\,\mathrm{d}T\right)\right)$$

（注）上式中の $\frac{1}{1\,000}$ は，単位を kJ に変換するためのものである．

これらから，エンタルピー収支 $\Delta H_{入口}=\Delta H_{出口}$ をとれば，

$$-1.124\times 10^5=\left(1\,500\times\left((-393.8)+\frac{1}{1\,000}\left[26.748\,T+\frac{42.26\times 10^{-3}}{2}T^2\right.\right.\right.$$
$$\left.\left.\left.-\frac{14.247\times 10^{-6}}{3}T^3\right]_{298}^{T}\right)\right)$$
$$+\left(3\,000\times\left((-242.0)+\frac{1}{1\,000}\left[30.204\,T+\frac{9.93\times 10^{-3}}{2}T^2\right.\right.\right.$$
$$\left.\left.\left.+\frac{1.117\times 10^{-6}}{3}T^3\right]_{298}^{T}\right)\right)$$
$$+\left(600\times\left((0)+\frac{1}{1\,000}\left[25.594\,T+\frac{13.25\times 10^{-3}}{2}T^2\right.\right.\right.$$
$$\left.\left.\left.-\frac{4.205\times 10^{-6}}{3}T^3\right]_{298}^{T}\right)\right)$$
$$+\left(14\,400\times\left((0)+\frac{1}{1\,000}\left[27.016\,T+\frac{5.81\times 10^{-3}}{2}T^2\right.\right.\right.$$
$$\left.\left.\left.-\frac{0.289\times 10^{-6}}{3}T^3\right]_{298}^{T}\right)\right)$$

整理すると，$AT^3+BT^2+CT+D=0$ となり，T に関しての代数方程式が得られる．ここで，それぞれの係数の値は，$A=-8.23\times10^{-6}$，$B=92.4\times10^{-3}$，$C=535.1$，$D=-1.37\times10^6$ であり，3次方程式であるので，解析的に解くことも可能である．

$$T \cong 2.00\times10^3 \text{ K}$$

しかし，一般に工学においては，収支式などの代数方程式は複雑なため解析的に解けることは少なく，そのような場合は数値的に解くことになる．

2.5 総合的プロセスの物質収支

2.5.1 グルタミン酸ナトリウム製造工程

本章の最後に，総合的プロセスについて収支式を使った解析を行い，その有効性について考えてみたい．

ここでは，L-グルタミン酸ナトリウムの製造プロセスを取り上げてみる．L-グルタミン酸ナトリウムは，1908年に東大の池田菊苗博士により昆布のうま味成分として発見され，翌1909年に鈴木三郎助・忠治兄弟の手により調味料として製品化された．うま味という概念の発見から，生産技術の確立，商品化までのすべてが日本で行われ，世界に広められたという点において，世界に誇り得る日本のオリジナル商品の1つである．L-グルタミン酸ナトリウム(製品としては一水和物)の一般的性質を以下に示す．

  構造式 L-[$^-$OOC CH NH$_3^+$CH$_2$CH$_2$COO$^-$]Na$^+$H$_2$O
  結晶系 斜方晶系
  比旋光度 $[\alpha]_D^{20}=+24.8°\sim+25.3°$ (2.4 NHCl，$c=10$)
  水溶液のpH 7.0(25℃，濃度3%)

L-グルタミン酸ナトリウムは，当初，小麦グルテン，脱脂大豆などを原料とした抽出法により生産されていた．しかし，1956年に，ブドウ糖とアンモニアを原料とした直接発酵法による製法が開発されて以来，副生物が比較的少なく，工程もシンプルな発酵法へと製法が転換した．発酵法によるL-グルタミン酸ナトリウム製造方法は，微生物を利用して原料をL-グルタミン酸アンモニウムに転換する発酵工程と，発酵液からL-グルタミン酸を単離し，L-グ

ルタミン酸ナトリウムに転換する単離精製工程に分かれる．本節では化学量論の見地から，発酵工程と単離精製工程それぞれを見てみよう．

a. 発酵工程

(ⅰ) プロセスの概要

発酵原料のなかで，アミノ酸の炭素骨格をつくる炭素源には，製糖工場の副生物である廃糖蜜中のグルコースが用いられることが多い．ほかにトウモロコシ，タピオカなどのデンプンをグルコース，スクロースなどに分解して用いることもある．また，アミノ基をつくる窒素源には尿素，アンモニア，硫化アンモニウムなどが用いられる．さらに，L-グルタミン酸アンモニウムには直接転換されないものの，微生物の生育を支えるために必要な栄養素として，リン酸カリウムや硫酸マグネシウムなどの無機塩類やビタミン類も添加される．

発酵は，発酵槽といわれる大型の専用タンクに空気を送りながら，回分方式で行われる．原料を混合した発酵培地を蒸気で殺菌し，*Brevibacterium* 属，*Corynebacterium* 属などに属する所定のL-グルタミン酸生産菌を添加することにより発酵を開始する．はじめに小スケールで菌を増殖させ，最終的に大型タンクでL-グルタミン酸アンモニウムを生成させる．発酵中は，pHが低下するので，窒素源であるアンモニアなどの添加方法を工夫することで，pHを制御することが普通である（電荷収支が関係する）．また，発酵は発熱反応であるため，冷却水を用いて発酵液の温度調節（冷却水量は熱収支が関係する）が行われる．数十時間の発酵の後，L-グルタミン酸ナトリウム一水和物の前駆体であるL-グルタミン酸アンモニウムを著量含んだ発酵液が得られる．

(ⅱ) 物質収支の考え方

発酵のような生物反応は一般に極めて複雑であり，正確な物質収支をとることは極めて難しい．L-グルタミン酸発酵においても，式(2.12)に示すように，原料にはグルコース，酸素，窒素のほかにさまざまな微量の有機物や無機物が必要であるし，L-グルタミン酸アンモニウムと同時に，菌や二酸化炭素だけでなく代謝物が生成することも多い．

$$\text{グルコース}+\text{酸素}+\text{窒素}+\text{微量栄養物} \longrightarrow$$
$$\text{L-グルタミン酸アンモニウム}+\text{菌}+\text{二酸化炭素}+\text{代謝物} \quad (2.12)$$

そこで，ここでは，1 kgのL-グルタミン酸アンモニウムを得るのに必要な

最小限の炭素，酸素，窒素，水素の各量を求めてみることにする．

二酸化炭素や代謝物が全く発生せず，原料がすべて L-グルタミン酸アンモニウム合成に使われていると仮定すると，式(2.12)は，式(2.13)のように書き換えることができる．

$$5C + 4O + 12H + 2N \longrightarrow C_5H_{12}O_4N_2(\text{L-グルタミン酸アンモニウム}) \tag{2.13}$$

これより，1 kg の L-グルタミン酸アンモニウムを得るのに必要な炭素量は，

$$1\,\text{kg} \times \text{炭素の分子量} \div \text{L-グルタミン酸アンモニウムの分子量}$$
$$= 1 \times 12.01 \times 5 \div 164.16$$
$$= 0.37\,\text{kg}$$

となる．同様に計算すると，酸素：0.39 kg，窒素：0.17 kg，水素：0.07 kg が得られる．

工業的には，製造コストを下げるため，より少ない原料で生産することが必要となる．そのために，最新のバイオテクノロジーを駆使した菌の生産能力の向上や培養プロセスの最適化，酸素の利用効率を上げるための生産設備の導入などの努力が続けられている．

b. 単離精製工程

（ⅰ） プロセスの概要

発酵液には，L-グルタミン酸アンモニウムのほかにさまざまな物質が含まれる．これら不純物には，菌や代謝物のほかに，発酵の栄養残渣も含まれる．単離精製工程は，発酵液から L-グルタミン酸を単離する粗製工程と，L-グルタミン酸を水酸化ナトリウムで溶解して，製品である L-グルタミン酸ナトリウム一水和物を取得する精製工程に大別できる．

粗製工程では，塩酸を用いて発酵液の pH を L-グルタミン酸の等電点である 3.2 に調整し，低溶解度の L-グルタミン酸結晶を析出させる．結晶には α 型と β 型があるが，工業的に扱いやすい α 型を取得することが多い．析出した結晶は，遠心分離機で分別されたのち，精製工程に送られる．一方，結晶を除いた後の母液には，相当量の L-グルタミン酸が含まれるので，L-グルタミン酸の回収が行われる．

精製工程では，L-グルタミン酸を水酸化ナトリウムで中和し，L-グルタミ

ン酸ナトリウム溶液としたのち,活性炭などを用いて脱色する.次いで,濃縮してL-グルタミン酸ナトリウム一水和物の結晶を析出させ,分離,乾燥を経て製品が得られる.

(ⅱ) 物質収支の考え方

このような単離精製工程では,おもに2つの反応が行われている.第一は,粗製工程において,L-グルタミン酸アンモニウムを塩酸により晶析する工程で,式(2.14)で表すことができる.

$$\mathrm{GluNH_4 + HCl \longrightarrow GluH + NH_4Cl} \qquad (2.14)$$

第二は,精製工程において,L-グルタミン酸を水酸化ナトリウムで中和する工程で,式(2.15)で与えられる.

$$\mathrm{GluH + NaOH \longrightarrow GluNaH_2O} \qquad (2.15)$$

両式を合せると,式(2.16)を得る.

$$\mathrm{GluNH_4 + HCl + NaOH \longrightarrow GluNaH_2O + NH_4Cl} \qquad (2.16)$$

これより,1 molのL-グルタミン酸ナトリウム一水和物を取得するのに,1 molのL-グルタミン酸アンモニウムを含む発酵液と,副原料として1 molずつの塩酸と水酸化ナトリウムが必要であり,副生物として1 molの塩化アンモニウムが発生することがわかる.製品量を1 kgとすると,必要な原料は,L-グルタミン酸アンモニウム0.88 kg,塩酸0.19 kg,水酸化ナトリウム0.21 kg,発生する塩化アンモニウムは0.29 kgとなる.製品以外の物質量が無視できないことが理解できるであろう.

なお,実際には副原料として,塩酸や水酸化ナトリウムのほかに結晶の洗浄水や活性炭なども使用されている.また,塩化アンモニウムだけでなく,菌体の残渣や使用後の活性炭などが副生物として発生する.これらも含めて,総合的な物質収支をとることも可能である.

以上,調味料として広く用いられているL-グルタミン酸ナトリウム一水和物の製造工程における物質収支を説明した.図2.13には,1 kgの製品を得る場合の発酵工程と単離精製工程を併せた物質収支を示した.ここでは割愛したが,エネルギーに関する収支を求めることも大事である.発酵産業におけるおもなエネルギーは蒸気と電力であり,蒸気は,殺菌,濃縮,晶析,乾燥の各操作において,また電力は,撹拌機,冷凍機,分離機などでおもに使用される.

```
                    主原料
                 炭素 0.32 kg
                 酸素 0.34 kg
                 窒素 0.15 kg
                 水素 0.06 kg
                      ↓
                  ┌────────┐
                  │ 発酵工程 │
                  └────────┘
                      ↓
                  発酵ブロス
           L-グルタミン酸アンモニウム 0.88 kg

   副原料                              副生物
 塩酸 0.19 kg ──→ ┌────────┐ ──→  塩化アンモニウム 0.29 kg
                  │ 粗製工程 │
                  └────────┘
                      ↓
                粗 L-グルタミン酸
              L-グルタミン酸 0.79 kg

   副原料
   水酸化ナトリウム 0.21 kg ──→ ┌────────┐
                                │ 精製工程 │
                                └────────┘
                                    ↓
                                   製品
                        L-グルタミン酸ナトリウム一水和物 1 kg
```

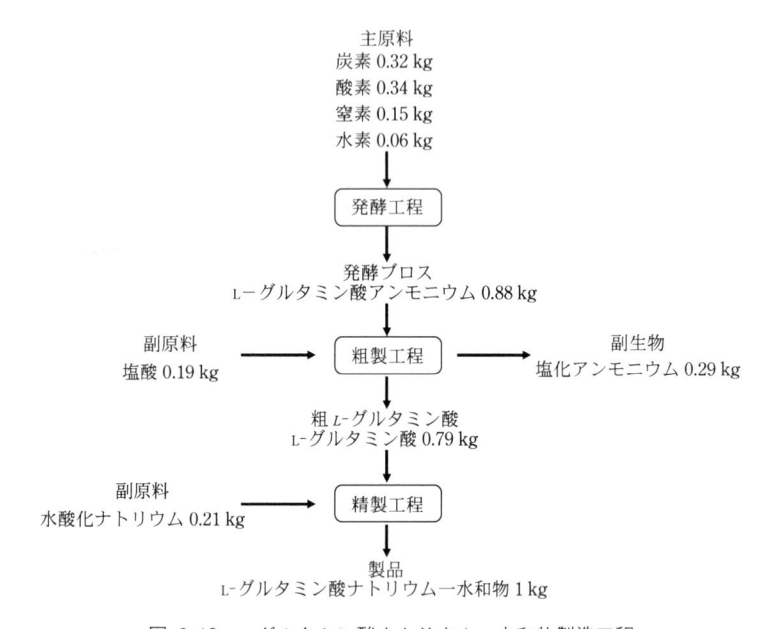

図 2.13 L-グルタミン酸ナトリウム一水和物製造工程における物質収支の例

注) 発酵工程では，菌の増殖や二酸化炭素を含む代謝物の発生を無視し，必要元素の理論量のみを示した．

環境問題の高まりに伴い，省エネルギーへの取組みが発酵産業においても進められているが，正確なエネルギー収支に基づいたプロセス解析はこれからという段階と言えそうだ．

原材料，エネルギー，副生物，廃棄物など生産に関係するすべての物質の流れを把握することにより，機器の選定，工場設計，生産における改善活動が可能となる．物質収支を把握することは，製造現場において，最も基本的かつ重要な作業であり，その基礎は知識としてしっかりと身につけたいものである．

演習問題

2.1 物質には三重点，臨界点という物質に固有な状態が存在するが，これらは，Gibbs 自由度から考えると自由度はゼロになる点である．なぜか，理由を考えよ．

2.2 水は，氷-水-水蒸気のように固体，液体，気体状態をとる．大気圧下で蒸発熱が $2257\,\mathrm{kJ\cdot kg^{-1}}$，融解熱が $334\,\mathrm{kJ\cdot kg^{-1}}$ であったとすると，昇華熱はいくらになるか求めよ．

2.3 鍾乳洞などの要因である炭酸カルシウムの水への溶解度は，飽和溶液 $1\,\mathrm{dm^3}$ 中に含まれる炭酸カルシウムの量で表すと

温度 [°C]	0	10	20	25	30
溶解度×100 [g·dm^{-3}]	1.34	1.11	0.91	0.82	0.72

である．10°C で 3 g の炭酸カルシウムを完全に溶かすために必要な水の量を求めよ．ただし，溶解による体積変化は無視できるものとする．また室温が上昇して，20°C になったとき，固体結晶の生成量はいくらか？

2.4 ベンゼン 40 mol%-トルエン 60 mol% の混合液を $100\,\mathrm{kmol\cdot h^{-1}}$ で供給し連続精留を行う．軽質成分について，塔頂からの留出液として 98 mol%，塔底からの缶出液として 3 mol% の液を製品として得たい．標準沸点 T_b は，ベンゼン$=353.2\,\mathrm{K}$，トルエン$=383.8\,\mathrm{K}$ である．
（1）軽質成分はどちらの物質か？
（2）留出液量 $D\,[\mathrm{kmol\cdot h^{-1}}]$，缶出液量 $W\,[\mathrm{kmol\cdot h^{-1}}]$ を求めよ．

2.5 アセトンを 2% 含む空気（30°C，$1\,\mathrm{atm}=1.013\times10^5\,\mathrm{Pa}$）を充填塔（吸収塔）に送入して水と向流接触させ，アセトンの 98%（mol）を回収したい．流入空気量（モル流量）$G_1=100\,\mathrm{kmol\cdot h^{-1}}$，水中へのアセトンの溶解度は水中のアセトンのモル分率 $x_\mathrm{A}=0.011$ であるとき，必要となる水供給量を求めよ．

2.6 物質 A と B を 500 K で反応させ物質 C を合成する反応（次式）について以下の問いに答えよ．

$$\mathrm{A}+3\,\mathrm{B}\longleftrightarrow 2\,\mathrm{C}$$

なお本反応系は気相反応で，気体は理想気体と近似できるものとする．反応器は容積 $0.1\,\mathrm{m^3}$（100 L）の槽型反応器とし回分操作で反応をさせるものとする．反応器への導入量は A が 40 mol，B が 10 mol であった．
（1）反応物を投入した時点での容器内圧力はいくらか？

(2) 時間経過とともに圧力が減少するが,ある時間でほぼ一定(反応の平衡到達)となった.このとき,物質Bの平衡転化率が0.6であったとすると,物質Aの転化率はいくらか? また,平衡に到達したときの反応器内圧力 P,生成混合ガスの組成を算出せよ.

3 反応プロセス

3.1 反応操作のかかわる化学プロセス
3.1.1 反応操作を検討する場合の取組み

反応操作とは，化学反応を「うまく操り」，目的とする生成物をつくることであり，化学プロセスには不可欠な操作である．それでは「うまく操る」とはどのような内容を表すのであろうか．工業反応操作では対象とする化学反応を操作して，環境を保全しながら採算的に受け入れられるコストで安全に所定の品質の生産物を安定して，また継続して生産することを求められることが多い．このため化学反応の速度や達成度を左右する主要な操作因子（多くの場合，反応物の濃度，温度，圧力や反応時間など）をこの目的が達成できる範囲内に精密に制御し，これを保つことが「うまく操る」ことにほかならない．

化学反応は簡単にいえば1種または2種以上の物質がもつ化学結合が切断や生成され，原料とは異なる物質が生成する過程である．化学結合の切断や新たな生成は，関連する分子の近接や衝突と分子の励起によって起こると考えられる．この点は，化学反応を起こさせる基本的な因子や反応機構を究明する反応速度論の領域の研究結果からも裏づけられている．反応操作では，反応に関与する物質のマクロやミクロレベルでの混合という過程がまず必要である．また，反応物を励起するには，熱，光，放射線，電磁波などの外部エネルギーの投入や触媒の使用が必要であり，すでに数多くの反応操作で実用化されている．反応操作を構築する際に基礎となるのは，反応速度に影響を及ぼす主要な操作因子（反応物の濃度，温度，圧力，反応時間など）を特定し，これらを用い

て反応速度式を決定し，さらに反応操作にかかわる装置の設計やシミュレーションを実施することである．さらに，反応の促進を妨害する不純物や後述する化学平衡の観点から生成物を反応系外に迅速に除去する分離精製操作も重要である．装置の設計段階では，経済性，操作の安全性，環境保全などの面を考慮し，反応物の混合などの前処理，外部エネルギーの投入で代表される反応の制御，生成物の分離という3操作を組み合せた取組みが必要である．

　反応系には気体，液体，固体系やこれらの混合系，高分子の重合などで見られる極めて粘度が高い流体系，大きな発熱や吸熱を伴う系など多種多様な特徴がある．本章3節で記述されているさまざまな形式の反応装置は，個々の反応系に対して上記の3操作を最適化して得られた芸術的な作品で，単なる思い付きで設計されたものではないことを強調したい．粉体や粒体触媒と気体反応物との接触性を増すためには，気体で触媒を流動させて接触反応を行う流動層反応装置が有効である．高分子重合反応の進行に伴い粘度が著しく上昇する反応系への対応としては，図3.1に示す2軸スクリュー押出機型重合装置などが開発されている．この装置は2本のスクリューの回転下で重合を行うものであり，単軸(スクリューが1本)のものに比べ混練性能が高く，最近では各種プラスチックの混練，PETボトルや木質廃材のリサイクル，廃棄プラスチックの脱塩素にも活用されている．反応装置を設計するうえでの課題は，反応器の解析方法がそれぞれの様式により異なることである．先端化学素材やそれらを用いた誘導物，材料などに対しても，複雑で高度な反応操作の構築が今後ますます必要となることが予想される．これらの反応操作に備え，関連する知識と情報を蓄積することが化学技術者の使命であるといえる．

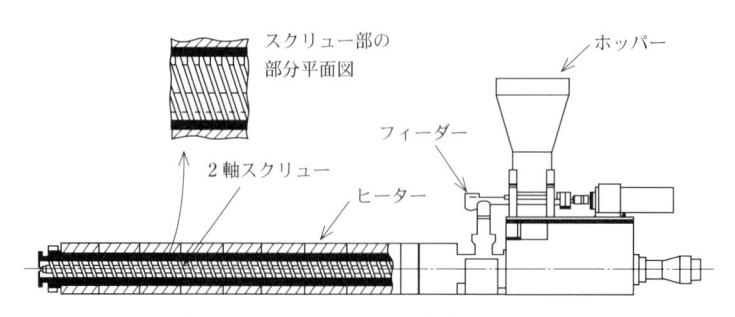

図 3.1　2軸スクリュー押出機型重合装置

3.1.2 触媒反応

触媒は，化学反応系に少量加えることにより特定の反応の反応速度を著しく高め，また副反応を抑制して選択性を著しく向上させる作用を有し，自身は反応の前後で化学的にはほとんど変化しない物質と一般に定義されている．特に工業反応操作における触媒は，短時間で目的とする反応収率を高めることに役立ち，さらに温度や圧力などで過酷な反応条件の使用の回避につながり，反応操作の経済性を向上させるためには不可欠の物質である．生物反応や生体反応にかかわる酵素なども触媒の一種と考えられる．触媒の作動機構については多岐にわたる反応系に対して膨大な基礎研究結果が発表され，その結果の多くは工業反応触媒の開発や実用化に役立っているが，その本質は反応物の活性化に寄与することである．窒素と水素を原料とした高温高圧($400〜650°C$，$100〜1000$ 気圧)，鉄系触媒の存在下での**アンモニア合成**や，天然ガスを出発原料とした**メタノール合成**(反応温度 $400°C$ 付近，圧力 $200〜300$ 気圧)では，直径が数メートルもあり空を見上げるような高さの固体触媒を充填した反応塔が日夜連続で稼動されている．一方，環境汚染防止対策の切り札として登場した自動車排ガス処理用触媒装置の反応器はふところに収まる程度の大きさである．反応器内では常温から $1000\ °C$ 近傍にわたる広い温度範囲，絶えず変動する自動車のエンジン回転数に起因する排気量の変化に対応しながら，激しい振動下で，排ガス中に含まれる有害な一酸化炭素，窒素酸化物や未燃焼の炭化水素を無害物質に転換する接触反応の促進に役立っている．

工業用触媒の重要な特性としては，特定の反応を加速する活性，ほかの副反応には関与しない選択性，さらにはコストに影響を及ぼす寿命があげられ，いずれの反応系に対してもこれらの特性をどのようにして同時に高めるかが課題である．

3.1.3 これからの課題

反応操作の分野で取り組まなければならない課題は，① 既存製品の製造過程におけるさらなる効率化と ② 先端製品に対して経済的に成り立つ操作法の開発である．これらを実例を用いて説明する．まず既存製品に対しては，安価

で永続して安定的に供給される原料への転換，エネルギー消費の削減，回収や再利用，環境負荷の低減の検討，高効率触媒の開発などが共通の課題である．

原料転換の歴史は第1章でも述べたアンモニア合成に見ることができる．アンモニアの用途は窒素肥料の窒素源として使用される肥料用と硝酸，カプロラクタム，アクリロニトリル，メラミン樹脂などの工業製品の原料用に大別される．アンモニアは20世紀の前半は水の電気分解による水素と空気の深冷分離による窒素を原料とし，高温高圧下で鉄系の触媒を用いて合成していた．しかし，この製法は電力が安価に得られる立地のみでの利用に限られるため，石炭やコークスを出発原料として水素を製造する方法に転換された．この方法もプラント建設費が高く，熱エネルギーを大量に消費するという経済性の面で長続きはせず，現在はナフサや重質油などの液体原料を用いる方法と天然ガス，ナフサ分解ガスやコークス炉ガスなどの気体原料を使用する方法がおもに用いられている．ここで天然ガスの場合を例にとれば，主成分のメタンを改質して水素と一酸化炭素を得ている．

原料転換の例は，自動車や航空機などの燃料でも見られる．現在主として使用されている石化原料は枯渇に対する危惧，各種の要因による価格の高騰，燃焼廃ガスの地球環境汚染に及ぼす影響などの観点から，代替燃料を求める活動が世界規模で活発となった．その成果の1つとして，砂糖きびやとうもろこしなどの**バイオマス**からエタノールを得て，これをガソリンに混入使用することが実現した．バイオマス利用の基本は澱粉のエタノール発酵である．今後は，熱や接触法を活用して格段にダイナミックなエタノール転換プロセスに変えることなどに，反応操作にかかわる技術者や研究者の出番があると考えられる．

次に，先端製品に関連して**ナノ材料**(1ナノメートルは10億分の1メートル)の開発に関する課題を取りあげる．ナノ材料は21世紀において人類の繁栄と福祉に役立つ先端材料としての期待が高まり，その開発は世界レベルで急速に展開されている．しかし，現在開発中の多種多様のナノ関連製品の大多数はラボスケールで極めて少量生産されているが，工業生産に移行する場合のスケールアップ技術の検討が今後の課題である．ナノ系の先端製品として脚光をあび，実用化段階にかなり近いものの1つとして**カーボンナノチューブ**(**CNT**)がある．CNTは卓越した機械的特性，電気的特性や伝熱性をもつため

複合材として広範な用途が期待されている．たとえば高分子材料に混ぜて自動車用などの鋼板に替わるボデー材料として使用すれば，軽量化による燃料の画期的な節減が可能となり，大気汚染防止，地球温暖化の軽減などさまざまな懸案事項が一気に解決される夢のような材料である．しかし，これらの実現には反応操作にかかわる難題は多く，これまで蓄積された技術だけでは容易には乗り切れそうにない．CNTは**化学蒸着法**でエチレン，アセチレン，ベンゼンなどの炭化水素やアルコール類を鉄，ニッケル，コバルトなどの触媒を用いて600〜800℃程度で基盤上に蒸着させる方法が量産法の主流である．図3.2にCNTの結晶成長過程を示す．左側の図はCNTの結晶成長が触媒上で始まった初期の状況を示すもので，これに周辺より炭素が十分に供給され，触媒の活性が高レベルに保たれ，さらに反応系の温度がCNTの成長に適切であるなど，成長環境が整っている場合は右図に示すようにCNTの結晶が次第に成長する．CNTは現状では極めて高価格であるため，単独で用いるよりはむしろ金属，セラミックスや高分子材料などの母材に少量(10 wt%以下)混合した**複合材料**として使用することが期待されている．複合材料として所望の物性を発現させるためには，結晶中に格子欠陥が少なくアスペクト比(縦横比)が大きい高度に配向したCNTの合成が必要である．CNTの場合は，直径数ナノメートル，長さ1ミクロンかそれ以下でアスペクト比は1000近傍になることもある．

CNT製造は異相系の反応操作に関連するが，生成物の結晶欠陥，形状や配向まで考慮しなければならない操作はこれまで例を見ない．さらに，複合材を作成するときには，母材とのなじみ(相溶性，接着性など)をよくするため，ナノスケールの表面での化学的処理が必要である．また，母材中にCNTを混ぜる場合は，CNTをナノレベルで分散させ，表面処理されたCNT表面と母材を構成する高分子鎖との接着反応を同時に促進させる操作が必要である．この

図 3.2 カーボンナノチューブの結晶成長

ような界面反応に関連する操作は，現在では高分子加工分野で多用されている図3.1に示したスクリュー形式の混練機で高せん断をかけて混合している例が多い．しかし，目的とする物性の発現に必須の結晶構造が高せん断により破壊されてしまう懸念があり，高粘度物質中でのナノ物質の必要な形態を保持したままでの均一分散や界面反応を同時に行う反応操作の検討が求められている．最先端製品の開発には，このような未踏の技術開発を含む課題が多い．

3.2 反応操作における化学平衡と反応速度の考え方
3.2.1 化学平衡とは

反応系内において，反応に関与する物質が全部は反応せず残留したまま反応が停止したようになる状態を「**化学平衡**に到達している」という．平衡状態では，化学反応の正反応と逆反応の反応速度が等しくなり，反応系があたかも静止しているかのようにみえるが，実際には正逆の化学反応はともに進行している．この状態を化学反応が**動的平衡**にあるともいう．蒸発，溶解，融解などの相変化を伴う平衡や，金属状態図の温度依存性にみられる結晶形の変化に関連した平衡も化学平衡として同様に取り扱われる場合もあるが，本節では化学反応がかかわる平衡について説明する．

前節で述べた触媒反応では，反応物質が固体触媒表面に吸着される過程が触媒作用に必須であることが提案されている．固体触媒による接触反応の速度式は3.2.3項で詳しく説明するように，吸着速度と脱離速度を考慮に入れて導いた **Langmuir-Hinshelwood**（ラングミュアー－ヒンシェルウッド）の速度式が反応器の解析や設計に用いられる場合が多い．当然のことながら，正工程である吸着と逆工程である脱離が同時に進行しており，反応装置内においても吸着および脱離速度を考慮した平衡状態は存在すると考えられる．ここで，吸着と脱離は化学反応が介在しないとの見方もあるが，化学吸着という用語がしばしば用いられること，吸着された反応物が励起されているという考えがあることを考慮し，触媒による吸着と脱離工程での平衡は化学反応にかかわる平衡として取り扱うこととする．

3.2.2 均一系液相および気相での化学平衡と反応速度式

均一な液体および気体中での化学平衡の関係式は**質量作用の法則**から導くことができる．1863年に提出されたこの法則は「化学反応速度は反応する物質の濃度(正確には活量)に正比例する」という内容を表す．式(3.1)に示す液体系での可逆反応に対して反応物A，Bおよび生成物C，Dのモル濃度(たとえばmol・L^{-1})をそれぞれC_A，C_B，C_C，C_Dとする．

$$aA + bB \rightleftarrows cC + dD \tag{3.1}$$

AとBとの正反応とCとDとの逆反応を質量作用の法則に基づいて表せば，正逆の反応速度r_+，r_-はそれぞれ式(3.2)，(3.3)となる．k_1，k_2は反応速度定数である．

$$\text{正反応速度} \quad r_+ = k_1 C_A{}^a C_B{}^b \tag{3.2}$$

$$\text{逆反応速度} \quad r_- = k_2 C_C{}^c C_D{}^d \tag{3.3}$$

平衡状態では正逆の反応速度は等しいので，式(3.4)〜(3.6)が得られる．

$$r_+ = r_- \tag{3.4}$$

$$k_1 C_A{}^a C_B{}^b = k_2 C_C{}^c C_D{}^d \tag{3.5}$$

$$\frac{C_C{}^c C_D{}^d}{C_A{}^a C_B{}^b} = \frac{k_1}{k_2} = K_c \tag{3.6}$$

式(3.6)におけるC_A，C_B，C_C，C_Dは平衡状態で反応系内に存在するA，B，CおよびDのモル濃度であり，K_cを濃度で表された平衡定数という．平衡定数は対象としている反応系で，AとBとを反応させても，逆にCとDとを反応させても同じ値が得られること，またA，B，CおよびDの初濃度を大幅に変えて反応させても反応系の温度が変わらない限り同一の値となる．

これまでの例は均一系液相反応の場合であったが，均一系気相反応に対しても反応物および生成物の分圧を用いて平衡定数K_pの関係式を得ることができる．

$$K_p = \frac{p_C{}^c p_D{}^d}{p_A{}^a p_B{}^b} \tag{3.7}$$

K_pは分圧の単位を用いて示されたもので，式(3.8)を用いるとK_cとの関係は式(3.9)で表される．

$$C = \frac{n}{V} = \frac{p}{RT} \quad (n:モル数) \tag{3.8}$$

$$K_c = \left(\frac{1}{RT}\right)^{(c+d)-(a+b)} \frac{p_C{}^c p_D{}^d}{p_A{}^a p_B{}^b}$$

$$= \left(\frac{1}{RT}\right)^{(c+d)-(a+b)} K_p \tag{3.9}$$

温度と圧力を指定すれば,その反応条件のもとに反応がどこまで進むことが可能か,すなわち反応物の転化率は最高どこまで到達することが可能かを推算することができる.もし対象としている原料成分の転化率が低い場合は平衡に達する前に生成物を迅速に系外に抜き出し,目的としている生成物を分離後,未反応物を循環再供給することや,また平衡転化率が向上する平衡定数を与える温度条件を選ぶ必要がある.

ここで触媒作用との関連について簡単に述べる.触媒は化学反応の平衡点に到達するまでの反応速度を上げる効果はあるが,平衡状態を変えることはできない.したがって適切な触媒を使用すれば短時間で収率を上げることはできるが,これは反応速度論で支配される領域である.一方,3.2.4項で示すように化学平衡は熱力学の領域にある現象である.

[例題 3.1]

反応 $N_2 + 3H_2 \rightleftarrows 2NH_3$ に対する 400°C での濃度基準の平衡定数 K_c は 0.500 $L^2 \cdot mol^{-2}$ である.K_p の値を求めよ.

[解]

式(3.9)に $R = 0.08205$ L・atm・K^{-1}・mol^{-1},$T = 673.1$ K,a = 1,b = 3,c = 2,d = 0 を代入し,以下を得る.

$$K_p = \{(0.08205)(673.1)\}^{(2-1-3)}(0.500) = 1.64 \times 10^{-4} \text{ atm}^{-2}$$

3.2.3 固体触媒反応系の化学平衡と反応速度式

簡単な触媒反応系として気体 A が気体 B に変換される場合を考える.この系ではまず反応物 A が触媒の活性座に吸着し,次に A は吸着状態で B に変わり,最終段階では生成物 B は脱離する.これらの過程の速度は正逆速度を入れて以下の式で表すことができる.

$$r_A = k_A p_A C_L - k_A' C_A \tag{3.10}$$

$$r_{SR} = k_{SR} C_A - k_{SR}' C_B \tag{3.11}$$

$$r_B = k_B C_B - k_B' p_B C_L \tag{3.12}$$

$$C_A + C_B + C_L = C_T \tag{3.13}$$

ここでの C_A, C_B, C_L はそれぞれ A, B が吸着された触媒表面の活性座濃度と吸着物質で占有されていない空活性座の濃度を表す．また C_T は反応開始前に触媒表面に存在する全活性座の濃度である．k_A, k_A' は A の吸着，脱離速度定数，k_B, k_B' は B の脱離，吸着速度定数，k_{SR}, k_{SR}' は A と B との正逆の表面反応速度定数である．ここで触媒表面反応が**律速段階**であると仮定する．律速段階とはその段階の速度がほかの反応段階と比較して遅く，系の反応速度が支配される反応段階を表す．定常状態では図 3.3 に示す速度関係が成り立つ．図から明らかなように正味の反応速度は各段階の正逆反応速度や吸着・脱離速度の差である．表面反応が律速段階の場合は，正逆の速度はほかの 2 段階の正逆速度と比較してともに極端に遅い．このため A と B の吸着・脱離過程は準平衡にあり，吸着速度と脱離速度はほぼ等しいと見なされる．したがって近似的に，

$$r_A = 0, \quad r_B = 0 \tag{3.14}$$

となり，この関係と式 (3.10)～(3.13) とを組み合せると式 (3.15) が得られる．

$$r_{SR} = \frac{k_{SR} C_T \left(K_A p_A - \dfrac{K_B p_B}{K} \right)}{1 + K_A p_A + K_B p_B} \tag{3.15}$$

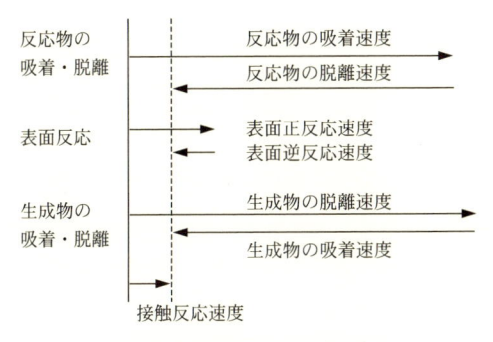

図 3.3 接触反応での速度関係図

ここで $K = k_{SR}/k_{SR}'$, $K_A = k_A/k_A'$, $K_B = k_B'/k_B$ である. 律速段階が異なる場合の触媒反応式は化学工学便覧[1]などにまとめられている.

3.2.4 化学平衡定数の熱力学からの推算

式(3.1)で与えられる気体反応に対し，熱力学に基づいて**Gibbs(ギブス)の標準自由エネルギー変化** ΔG_T^0 と K_p との間に次式で示す関係が得られている．

$$\Delta G_T^0 = -RT \ln K_p \tag{3.16}$$

$$\Delta G_T^0 = c\Delta G_{fT}^0(C) + d\Delta G_{fT}^0(D) - a\Delta G_{fT}^0(A) - b\Delta G_{fT}^0(B) \tag{3.17}$$

$\Delta G_{fT}^0(C)$ は 1 mol の C が生成する際のギブスの標準自由エネルギー変化であり，T は反応系の絶対温度である．さらに ΔG_T^0 は反応の標準エンタルピー変化 ΔH_T^0 および標準エントロピー変化 ΔS_T^0 と式(3.18)の関係がある.

$$\Delta G_T^0 = \Delta H_T^0 - T\Delta S_T^0 \tag{3.18}$$

ΔH_T^0, ΔS_T^0 はそれぞれ式(3.19)，(3.20)に示すように，反応に関与する物質の標準生成熱 ΔH_{fT}^0 と標準絶対エントロピー S_T^0 で与えられる.

$$\Delta H_T^0 = c\Delta H_{fT}^0(C) + d\Delta H_{fT}^0(D) - a\Delta H_{fT}^0(A) - b\Delta H_{fT}^0(B) \tag{3.19}$$

$$\Delta S_T^0 = cS_T^0(C) + dS_T^0(D) - aS_T^0(A) - bS_T^0(B) \tag{3.20}$$

したがって，反応温度 T での反応物と生成物に対するこれらの数値がわかれば，式(3.18)より ΔG_T^0 の値を，さらに式(3.16)を用いて K_p の値を求めることができる．その詳細は化学工学便覧[1]や Benson の成書[2]に示されている.

多くの元素や化合物に対して温度 T での S_T^0 は統計力学的手法で得られた基準温度での S^0 と比熱の温度関数から正確に計算されている．一方，基準温度での標準生成熱 ΔH_f^0 は実験による測定以外では得られないが，この値があれば比熱の温度関数を加味して反応温度 T での ΔH_{fT}^0 を算出することができる．これらの熱化学定数の推算法は急速に進歩し，分子内の結合種類や状態に基づく経験的な加成則を用いて高精度の推算値を得ることができるようになった．詳しくは Benson の成書[2]を参照されたい.

ここで注目すべきことは，ΔG_T^0 の値が，対象としている反応が進む可能性があるかどうかを判定する指標となることである．$\Delta G_T^0 < 0$ では反応の進行は有望であり，$41.8\,\text{kJ}\cdot\text{mol}^{-1} > \Delta G_T^0 > 0$ では疑わしく，さらに $\Delta G_T^0 > 41.8$

kJ・mol^{-1} では反応は進まない．この指標は対象となっている系の研究や開発に取り組むべきかどうかを決定する際の一指針を与える．

[例題 3.2]

以下の反応式の 25°C に対する K_p の値を求めよ．
$$CO(g) + H_2O(g) = CO_2(g) + H_2(g)$$
ここで，25°C では $\Delta G_{fT}^0(CO_2) = -394.383$ kJ・mol^{-1}，$\Delta G_{fT}^0(H_2) = 0$ kJ・mol^{-1}，$\Delta G_{fT}^0(CO) = -137.268$ kJ・mol^{-1}，$\Delta G_{fT}^0(H_2O) = -228.596$ kJ・mol^{-1}

[解]
$$\Delta G_T^0 = (-394.383 + 0) - (-137.268 - 228.596) = -28.519 \text{ kJ・mol}^{-1}$$
$$\Delta G_T^0 = -RT \ln K_p = -(8.3136)(298.1) \ln K_p = -28.519 \times 10^3$$
$$K_p = \frac{p_{CO_2} p_{H_2}}{p_{CO} p_{H_2O}} = 0.99 \times 10^5$$

[例題 3.3]

分解反応 $N_2O_4 = 2NO_2$ の 25°C，1 atm での K_p は 0.141 atm である．N_2O_4 の平衡転化率を求めよ．

[解]
平衡転化率を X とすると
$$p_{N_2O_4} = \frac{1-X}{1+X} P$$
$$p_{NO_2} = \frac{2X}{1+X} P$$
$$K_p = \frac{\left(\frac{2X}{1+X} P\right)^2}{\left(\frac{1-X}{1+X}\right) P} = \frac{4X^2 P}{1-X^2} = 0.141 \text{ atm}$$
$P = 1$ atm であるから $X = 0.185$

3.2.5 反応速度と温度

反応速度定数の反応温度に対する依存性は **Arrhenius**(アレニウス)の式で

表すことができる．

$$k = k_0 e^{-\frac{E}{RT}} \tag{3.21}$$

ここで R は気体定数，k_0 は**頻度因子**，E は**活性化エネルギー**である．頻度因子は反応が起こる際の分子の衝突頻度に関係ある定数で，活性化エネルギーは分子が反応を起こすのに必要な励起状態に達するため必要なエネルギーに関係する定数とされている．簡易な反応系に対しては理論的裏付けもあり，これらの系に対して k_0 と E の実験値も整理されている．たとえば，気体の分子内での結合が切断されて起きる単分子反応では頻度因子は $10^{13}\,\mathrm{s}^{-1}$ 近傍で活性化エネルギーは $41.8〜418\,\mathrm{kJ\cdot mol^{-1}}$ となる反応が多い．$E = 105\,\mathrm{kJ\cdot mol^{-1}}$ の場合，反応温度を $T = 300\,\mathrm{K}$ から $T = 310\,\mathrm{K}$ に $10\,\mathrm{K}$ 上げたとする．ほかの反応条件が変わらない限り反応速度定数 k は式(3.21)を用いて計算することができ，約4倍となる．

3.2.6　反応速度の算出法

　反応系の反応速度は主として実験的に求められる．簡単な例として，単一の反応物が反応により時間的に減少し，反応速度が式(3.22)で表現できる一次反応と仮定する．

$$r = -\frac{\mathrm{d}C}{\mathrm{d}t} = kC \tag{3.22}$$

実験では反応温度を一定にして反応物の濃度 C の時間的減少を測定し，時間を横軸に濃度を縦軸としてプロットし連続曲線でつなぐ．この相関曲線の勾配が任意の時間とそれに対応する濃度での反応速度である．さらに r と C の関係より反応速度定数 k を求めることができる．一次反応の仮定が正しければ，任意の時間で得られた k の値はほぼ一定となる．この方法は図を用いて微分を行うもので，発生する誤差がかなり大きい場合がある．そこで式(3.22)を積分形として式(3.23)に変換し，これを使用する手法もある．

$$-\int_{C_1}^{C_2} \frac{\mathrm{d}C}{C} = k \int_{t_1}^{t_2} \mathrm{d}t \tag{3.23}$$

これより

$$k = \frac{1}{t_2 - t_1} \ln \frac{C_1}{C_2} \tag{3.24}$$

t_1 を反応開始時間とし C_1 を反応物の初期濃度 C_0 で置換すると，反応時間 t とその時間での反応物濃度 C との間には式(3.25)の関係が成立する．

$$k = \frac{1}{t} \ln \frac{C_0}{C} \tag{3.25}$$

この式を用いて k の値を算出し，式(3.22)を用いて反応速度を求めることができる．

反応速度の値そのものはさまざまな反応系の速度を比較するときには役に立つが，むしろ重要なのは k の値であり，これを使用して各種の濃度や温度条件での反応達成率などのシミュレーションができる．

3.2.7 反応速度定数の決定法

これまで記載した反応速度式をさまざまな反応条件(濃度，分圧，反応温度など)での反応速度や転化率の推定，反応器の設計や反応装置の最適操作条件の決定に使用するには，式中に含まれる反応速度定数の値を得なければならない．これまでに示した反応速度式そのものは理論的な根拠のもとに導かれたものではあるが，理論式ではなくむしろ実験式である．したがって，反応速度定数も実験的に決定される実験定数であり，理論的に求められる場合は少ない．たとえば，式(3.26)の反応速度式で k の値を求める場合は，反応温度を一定にして C_A と C_B を変えて反応速度 r を測定する．

$$r = k C_A C_B \tag{3.26}$$

また，既述のように k は反応温度により大幅に変わることが予想されるので，その依存性を定量化することも必要となる．反応温度を一定にしてさまざまな濃度条件下で k の値を求め，さらに異なる温度で得られた k の値を用いて k_0 と E の値を算出することになる．よく使用されている簡単な方法は，式(3.21)の両辺の自然対数をとり式(3.27)の形とし，$\ln k$ と $1/T$ との関係をプロットする．

$$\ln k = \ln k_0 - \frac{E}{RT} \tag{3.27}$$

直線関係を示す場合は，その直線の切片の値から k_0 の値が，勾配 $(-E/R)$ か

ら E の値が得られる．

3.3 反応装置と反応操作
3.3.1 反応操作の形式と特徴
a. 回分反応操作と連続反応操作

反応装置の操作方法として，**回分反応操作**と**連続反応操作**がある．回分反応操作は，装置に原料をすべて仕込んでから反応を開始し，反応が完結した時点で生成物を排出させる方式である．連続反応操作は，装置に原料を連続的に供給し，生成物も連続的に排出させる方式である．図 3.4(a) と (b) は，液相反応を撹拌して行う場合の回分反応操作と連続反応操作を示している．

回分反応操作では，原料や触媒の供給，温度や圧力などの反応条件の設定，反応の進行に応じた条件制御，反応終了操作，生成物の排出など，一連の操作を順番に行う．このため，反応装置内の状態は時間経過に従い変化する．

連続反応操作では，一定の流量で原料の供給と生成物の排出を行い，反応装置内の状態は一定の条件に保たれる．反応流体が連続して反応装置を通過しているので，流通反応操作ともいう．

大量生産を行う工業反応プロセスとしては，常に一定の条件すなわち定常状態で操作でき，制御が単純な連続反応操作が用いられることが多い．一方，回分反応操作は，反応の進行に応じた精密な条件制御が必要なデリケートな反応や，原料組成や反応条件を製造ロットごとに変化させる多品種少量生産を行う場合などに用いられる．

b. 回分反応操作における反応の進行

図 3.4(a) の回分反応操作では，温度が一定の場合，反応速度式がわかって

(a) 回分反応操作　　(b) 連続反応操作(完全混合)　　(c) 連続反応操作(押し出し流れ)

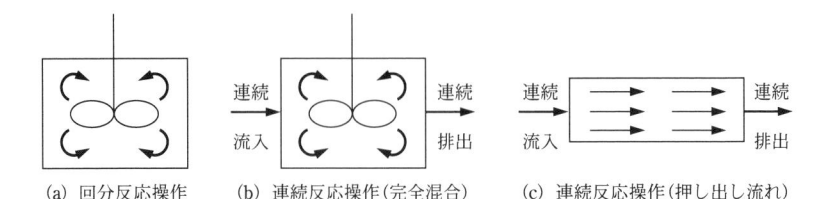

図 3.4　回分反応装置と連続反応装置

いれば反応の進行は経過時間で決まる．このことを，2章で学んだ物質収支と，3章2節で学んだ反応速度式を使って考えてみよう．

1次反応のとき，単位体積あたりの反応速度は原料成分の濃度 C に比例する．原料成分の物質収支は，反応装置体積を V とすると，流入＝0，流出＝0，反応による消失＝kCV，蓄積＝$-\mathrm{d}(CV)/\mathrm{d}t$ だから，

$$-\frac{\mathrm{d}C}{\mathrm{d}t}=kC \tag{3.28}$$

で表される．この式を変数分離して $t=0$ から $t=t$ まで，$C=C_0$ から $C=C$ まで積分すると，式(3.25)を変形した式が得られる．

$$\ln\frac{C}{C_0}=-kt \tag{3.29}$$

$$\frac{C}{C_0}=e^{-kt} \tag{3.30}$$

したがって，転化率 X は

$$X=\frac{C_0-C}{C_0}=1-\frac{C}{C_0}=1-e^{-kt} \tag{3.31}$$

である．以上より，転化率は反応速度定数 k と時間 t で表されることがわかる．

[例題3.4]

温度が一定に保たれた回分反応装置で1次反応を行う．反応速度定数 k が $2.0\,\mathrm{h}^{-1}$ のとき，反応を開始してから30分後，1時間後，2時間後の転化率を求めよ．

[解]

式(3.31)より，30分後では $kt=1.0$ だから $X=0.632$ であり，転化率は63.2％となる．同様にして，1時間後は86.5％，2時間後は98.2％と求まる．

c. 連続反応操作における反応の進行（押し出し流れと完全混合）

連続反応操作では，反応の進行は何によって決まるのだろうか．図3.4(b)のように撹拌されている場合，供給される原料成分は装置内の流体，すなわち反応途中の成分と直ちに混合され，反応は混合濃度で進行することになる．また，図3.4(c)のような円管状の装置などで流れ方向に流体混合が生じない場

合，原料成分は装置内を流れながら供給濃度から反応を開始する．このように，連続反応操作では装置内の流れや混合現象によって反応の条件が変化するので，この問題を考えるために2つの典型的な場合について考えることとする．

図3.4(c)に示すような流れが一様で流れ方向の流体混合が全くない場合(**押し出し流れ**，あるいはピストン流，Plug Flowとも呼ぶ)と，図3.4(b)に示すような流体混合が激しく装置内の濃度が均一となる場合(**完全混合**と呼ぶ)を考える．1次反応の進行について検討すると以下のようになる．

・押し出し流れ

押し出し流れでは流速が一様で流体混合がないので，ある時刻に流入した原料に着目すると，それは入口から出口まで流れる間，回分反応操作と同様に反応が進行すると考えてよい．ただし，経過時間に相当するのは，**滞留時間** τ である．したがって，温度が一定のとき転化率 X は

$$X = 1 - e^{-k\tau} \tag{3.32}$$

となり，反応速度定数 k と滞留時間 τ によって反応の進行が決まる．

・完全混合

完全混合では装置内の濃度は一様となるので，原料成分の物質収支は，反応装置体積を V，原料および生成物の体積流量を F とすると，流入 $= C_0 F$，流出 $= CF$，反応による消失 $= kCV$，蓄積 $= 0$ だから，

$$(C_0 - C)F = kCV \tag{3.33}$$

である．完全混合での τ は**平均滞留時間**と呼び

$$\tau = \frac{V}{F} \tag{3.34}$$

で表されるので，これを代入して整理すると

$$\frac{C}{C_0} = \frac{1}{1+k\tau} \tag{3.35}$$

が得られる．したがって転化率 X は

$$X = 1 - \frac{C}{C_0} = \frac{k\tau}{1+k\tau} \tag{3.36}$$

となる．この場合も，反応の進行を決めているのは反応速度定数 k と平均滞留時間 τ である．

ただし，注意しなければいけないのは，押し出し流れと完全混合では転化率を表す式が異なることである．同じ滞留時間であっても，押し出し流れと完全混合では転化率の値が違うのである．同じ反応速度定数の場合の転化率と滞留時間の関係を図3.5に示す．

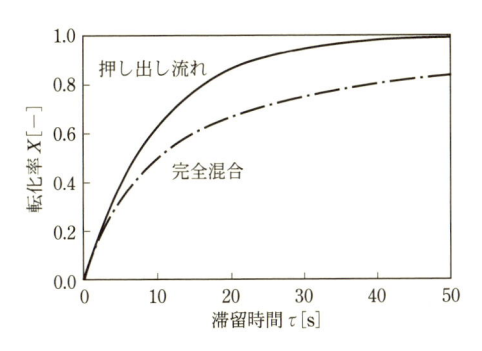

図 3.5 転化率と滞留時間の関係

[例題 3.5]

温度が一定に保たれた連続反応装置で反応速度定数 $k = 0.05\,\mathrm{s}^{-1}$ の1次反応を行う．転化率を20%，70%，90% とするのに必要な滞留時間 τ を求めよ．ただし，装置内の反応物の流れは押し出し流れとする．

[解]

式(3.32)より，$\tau = -\dfrac{1}{k}\ln(1-X)$

転化率20%のとき $X = 0.2$ より，$\tau = 4.5\,\mathrm{s}$ となる．このように，転化率20，70，90% となる滞留時間はそれぞれ 4.5，24.1，46.1 s と求まる．

[例題 3.6]

装置内が完全混合の場合，先の例題と同じ反応で同じ転化率を得るのに必要な平均滞留時間 τ を求めよ．

[解]

式(3.36)より，$\tau = \dfrac{1}{k} \cdot \dfrac{X}{1-X}$

転化率20％のとき $X=0.2$ より，$\tau = 5.0\,\text{s}$ となる．このように，転化率20，70，90％となる平均滞留時間はそれぞれ5.0，46.7，180.0 s と求まる．

d. 押し出し流れと完全混合の反応装置特性

押し出し流れと完全混合では，反応流体の装置内滞留時間分布が大きく異なる．押し出し流れではすべての反応流体の滞留時間は，回分反応操作と同様，一定である．これに対し，完全混合では，反応装置に入った瞬間に供給原料は装置内の流体と混合されるため，流体の一部は供給直後に排出される．また排出される確率は滞留時間によらず一定であるため，平均滞留時間よりもずっと長く装置内にとどまる流体も存在する．このため，完全混合での流体の装置内滞留時間は広い分布となる．完全混合装置の**滞留時間分布関数** $f(t)$ は次式で表される．

$$f(t) = \dfrac{1}{\tau} e^{-t/\tau} \tag{3.37}$$

一方，完全混合装置では流体は乱流状態であるため，装置内の熱の伝達速度が極めて大きく，装置内の温度の均一化や反応熱の除去などが容易となるなど，反応装置としての優れた特性を有する．押し出し流れ装置では一般に層流であるため，熱の伝達速度は小さく，反応熱などにより装置内に温度分布が生じやすい．

また，完全混合装置を複数直列につなぐと，その個数が増えるにつれ，滞留時間分布は狭くなる．これを **CSTR** (Continuous Stirred Tank Reactor) という．10段以上のCSTRでは，押し出し流れとほぼ同様な滞留時間分布となる．

[例題3.7]

完全混合反応装置において平均滞留時間が1分のとき，流出物のうち滞留時間が0〜0.1分のものの割合を示せ．また，滞留時間が0〜1分および，0〜2分のものの割合はいくらか．

[解]

式(3.37)より，滞留時間分布関数は $f(t) = (1/\tau)e^{-t/\tau} = e^{-t}$ 滞留時間 0～0.1 分の割合は $\int_0^{0.1} f(t)\,dt = \int_0^{0.1} e^{-t}\,dt = [-e^{-t}]_0^{0.1} = 0.095$．このように，滞留時間 0～0.1 分，0～1 分，0～2 分の割合はそれぞれ 0.095，0.632，0.865 と求まる．

3.3.2 反応装置の種類

a. 均相反応装置

反応流体が液体または気体の均相流体の場合や，気液二相流や，微細な固体触媒を懸濁した液体(スラリー)など均相流体と類似な場合には，均相反応装置として，一般に管型反応装置(図3.6)や槽型反応装置(図3.7)が用いられる．

管型反応装置は連続反応操作に用いられ，一般に押し出し流れに近い流れ特性を示す．したがって滞留時間分布は狭く，温度分布が生じやすい．エチレンプラント(ナフサの熱分解によりエチレンやプロピレンなどを製造するプロセス)が典型的な使用例であり，高温の炉の中に設置されている．

槽型反応装置としては撹拌槽型反応器が多く，回分反応操作あるいは連続反応操作に使用できる．一般に強く混合した操作が行われ，反応流体は完全混合状態にある．重合反応や，固体触媒を用いない多くの液相有機合成反応に使用されている．液体中にガスを吹き込む気泡塔は槽型反応装置の一種であり，重

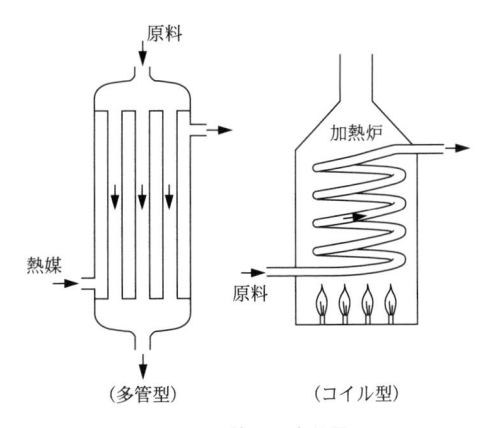

図 3.6　管型反応装置

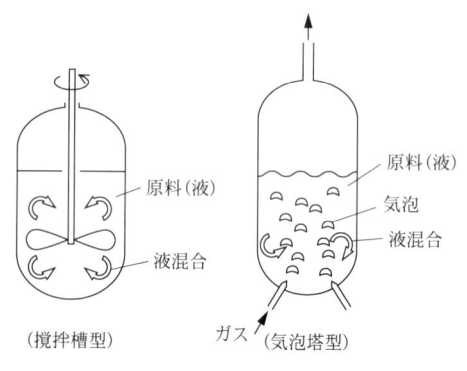

図 3.7　槽型反応装置

質油の熱分解や微生物反応などに用いられている．

b. 固体触媒反応装置

固体触媒を充填し反応流体を通じて連続反応操作を行う反応装置として，固定層，移動層，流動層装置があり，それぞれ異なる反応装置特性を有している．

固定層(図3.8)では粒径1～3mm程度の粒状あるいはペレット状の固体触媒を充填し，この粒子層に反応流体を流す方式で，流れは押し出し流れに近く，温度分布は生じやすい．石油の水素化脱硫や固体触媒を用いる多くの有機合成反応で使用されている．触媒の再生や交換は装置を止めて行う．

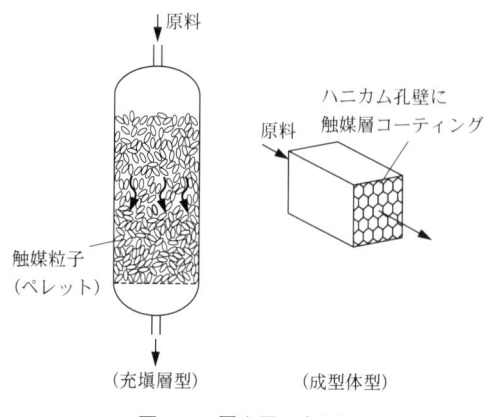

図 3.8　固定層反応装置

移動層(図 3.9)は固定層の変形であり,球状の触媒粒子を装置下部から連続的に抜き出せるようにしたもので,固定層と同様な装置特性を示す.連続触媒再生の必要なナフサのリフォーミング(脱水素環化)などに用いられている.

流動層(図 3.10)は,微粒子の触媒層に下部からガスを通じると粒子が流動化する(液体のように振舞う)現象を利用した装置で,粒子エマルション中に多数の気泡が生成する.反応流体であるガスの大部分は気泡として押し出し流れ的に上昇しつつ,周囲の粒子エマルション相に拡散し反応が進行する.粒子エマルションは激しく混合した状態にあり,高い熱伝達性を示す.このため,完全混合に近い伝熱特性を示すが,反応流体の滞留時間分布は押し出し流れと完全混合の中間の状態になることが多い.流動化粒子は液体に類似の振舞いをすることから,触媒粒子を連続的に抜き出して再生塔に送り,再生触媒を装置に戻すこと(連続再生)が容易である.流動層は,強い発熱を伴う酸化反応や,触媒再生が必要な合成反応や石油精製プロセスなどに使用されている.

固定層の一種として,ハニカム型の成型体の壁面を触媒とする構造体触媒があり,自動車の廃ガスの浄化などに使用されている.また,流動層を高速のガス速度で操作するライザー反応器は,後述する石油の接触分解(FCCプロセス)に使用されている.

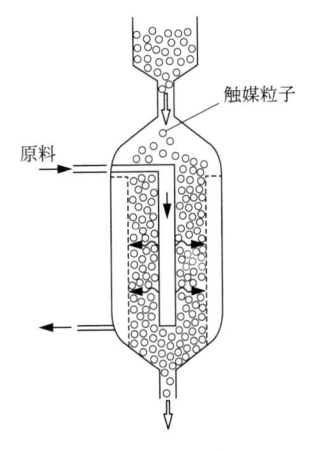

図 3.9　移動層反応装置

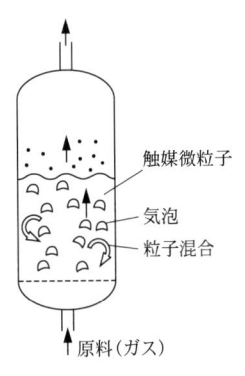

図 3.10　流動層反応装置

3.3.3 反応装置の設計

a. 反応装置の選択と検討課題

反応プロセスにおいて反応装置は心臓部である．前節に述べたように，反応装置にはそれぞれ特徴があり，反応系に適した装置の選択がプロセス開発を成功させる鍵となる．不適切な反応装置を用いた場合，種々のトラブルが発生したり，期待する反応結果が得られないなどの問題が生じやすい．

最適な反応装置を選択するためには，反応流体は均一相か不均一相か，触媒は装置充塡型か流体分散型か，100%に近い高転化率が必要か否か，副反応や触媒劣化の抑制に温度の均一性は必要か，高い選択性を得るために反応流体や触媒の滞留時間の均一性は必要か，反応熱の除去や供給がどれほど必要か，装置内の流体や触媒の混合が必要か，触媒の連続再生が必要かなど，さまざまな観点から判断する必要がある．また，これらの項目は，選択した反応装置を具体的にどのように設計するかの検討課題でもある．

このように，反応装置の選択はプロセス設計のための重要な要素であり，特に，基礎研究から工業プロセス化に進む段階で適切な判断が必要である．固体触媒を用いる反応系で，基礎研究段階では固定層を用いていても，工業化を行う際に流動層を選択する例も多い．

b. 反応装置の設計条件

反応装置を選択したら，目的の反応成績(転化率や選択率など)を得るために必要な設計条件を決める必要がある．設計条件としては，温度，圧力(全圧および各成分の分圧)，反応流体の滞留時間(回分操作なら反応時間)などの反応条件のほか，反応装置の操作条件(流速，撹拌速度，装置サイズ，流体物性，触媒物性，触媒あたりの原料供給負荷など)が重要である．

最適な設計条件を決めるうえで，反応条件や操作条件と反応成績の関係を実験結果に基づいて整理することが一般に行われる．このような経験的な整理が妥当であるか，より広い条件に対しても適用可能かどうかを判断するためには，反応速度式や反応モデルに基づいた検討を行う．**反応モデル**とは，反応装置内の流れや混合，相間および触媒粒子内外の物質移動速度などの装置特性と，触媒の活性や選択性に基づいて，反応装置における反応の進行メカニズム

を表す理論あるいは関係式である．

このようにして最適設計条件が決まれば，反応装置の大きさや形状，所要触媒充填量，装置の操作条件など反応装置の基本設計条件を決めることができる．

c. ヒートバランスの設計

反応装置の設計において，ヒートバランスの設計は重要な役割を担っている．ほとんどの反応系は発熱反応か吸熱反応であり，適切な除熱や熱供給が行われなければプロセスとして成立しない．また，反応速度や選択性は温度によって大きく影響されるため，装置内の温度分布の制御も重要となる．

反応装置からの熱の除去は，図 3.11 に示すようなさまざまな方法で行われる．たとえば完全混合型の装置であれば装置内に冷却管を設置し，スチーム発生させることが多い(図 3.11(a))．押し出し流れ型の装置の場合，伝熱係数が低いためこのような冷却管では除熱できない場合が多く，直径の細い多管リアクターとしてその外部に冷却液を流す方式(図 3.11(b))や，反応装置を数段に仕切り冷却用流体を装置内に導入するクエンチ方式などが採用される．反応装置への熱供給の方法として，流動層の場合，高温の再生触媒粒子によって供給が可能である(図 3.11(c))．

d. 触媒活性の制御

触媒の活性や選択性は常に一定とは限らず，反応に供する時間あるいは原料の累積供給量によって次第に劣化することも少なくない．連続反応操作では，このような触媒劣化に対して，反応温度を次第に上げて所定の転化率を確保する操作法もあるが，劣化触媒を連続抜き出ししながら新触媒または再生触媒を

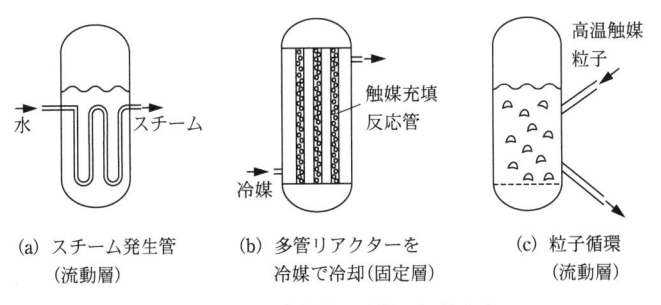

(a) スチーム発生管 (流動層)　　(b) 多管リアクターを冷媒で冷却 (固定層)　　(c) 粒子循環 (流動層)

図 3.11 反応装置の冷却・加熱方式

連続供給する方法(連続再生法)もある.

連続再生法は,流動層や移動層を反応装置に用いる場合可能となる.たとえば流動層では,一方を反応塔,他方を触媒の再生塔とする2塔式の構成とし,触媒粒子を循環させることが容易である.

3.4 エネルギー・環境分野にかかわる反応プロセス
3.4.1 FCCプロセス
a. FCCとはどのようなプロセスか

FCC(Fluid Catalytic Cracking, 流動接触分解)プロセスは,ゼオライトやシリカ・アルミナのような固体酸触媒を用いて重油や残油から主としてガソリンを製造する石油精製プロセスである.石油精製工程において,原油はLPガス,ガソリン・ナフサ,灯油,軽油,減圧軽油の各留分と残油に蒸留分離されるが,これだけではガソリンや灯油・軽油留分が不足し,重油となる減圧軽油や残油が余剰となる.このため,FCCや熱分解などの分解プロセスが必要となる.現在,主要な製油所にはFCCプロセスが設置され,世界で300基以上のFCCプロセスがガソリンを製造している.

b. FCCプロセスの成り立ち

第一次世界大戦後の米国では,自動車の普及や飛行機の開発によりガソリン需要が急速に高まったが,当時のガソリン製造法である軽油や重油の熱分解ではオクタン価が低い問題があった.これに対し,フランスのHoudryは,酸処理した鉱石を触媒に用いるとオクタン価の高いガソリンが得られること(接触分解)を発見した.

Houdryは米国に渡り,石油会社の支援を受けて固定層を用いるプロセスの開発に着手した.しかし,副反応として生成するコークによる触媒の劣化が激しく,固定層では連続プロセスとするには不適当なことが判明した.このため,触媒再生を組み合せたプロセスとするために,複数の固定層を並列に用いて反応と触媒再生を交互に行う方式や,移動層プロセスの開発を行った.

これに対し,Standard Oilなどの石油会社やエンジニアリング会社が参加した研究開発コンソーシアムは,反応装置と触媒再生装置の間で触媒を自動的

に循環できるプロセスの開発を行い，2塔流動層型のFCCプロセスを1942年に完成した．その後，高活性なゼオライト触媒の開発により短時間の接触が有利となり，反応装置は気流輸送タイプのライザー方式に変わった．

このように，接触分解プロセスの開発は，反応と触媒に適した反応装置の開発の歴史であり，その後多くの化学反応プロセス開発の基礎となった．

c. FCCではどのような触媒が使われ，どのような反応が起こるか

接触分解では固体酸触媒が用いられ，480～550℃の温度で原料油のベーパーと接触してガソリンなどを生成する．Houdryが発見した触媒は活性白土の一種であったが，その後，シリカ・アルミナなどの合成複合酸化物が使用された．現在は，シリカ・アルミナに比べ酸量が著しく多いゼオライト(Y型フォージャサイトなど)が主流である．

FCCプロセスでは流動層や気流層(ライザー)反応装置を用いるため，触媒はそれに適した，平均粒径60 μm，粒子密度600～1000 kg・m^{-3}の球状粒子とする必要がある．ゼオライトは一般に数 μmのパウダーであり，シリカ・アルミナ，アルミナ，カオリンなどのマトリックスと呼ばれる物質に分散させて触媒粒子としている．マトリックスはゼオライトよりも大きな細孔径を有し，大きな原料分子を分解する役割を担うよう触媒設計されている．

ゼオライトでは，プロトンと原料分子から生成するカルベニウムイオンを経由して，連鎖的な炭素-炭素結合の開裂による低分子化，パラフィン骨格の異性化によるイソパラフィンの生成などが進行する．このため，オクタン価の高いガソリン留分を得ることができる．原料の重油や残油は炭素原子数が20～40以上の炭化水素であり，それが逐次的に低分子化していく．このため，炭素原子数5～8程度のガソリン留分は逐次分解反応の中間生成物である．さらに分解が進むと炭素原子数1～4のガス生成物や，重合反応によるコークが生成する．このため，FCC反応ではガソリン収率を最大にするために，反応の進行度を適切に制御する必要がある．また，コークが析出した劣化触媒では酸性が失われ，オクタン価の低い n-パラフィンやメタン，エタンなどのガスの生成が増加し，コーク生成を加速する不飽和炭化水素の生成を促す．したがって，FCCプロセスの反応器では，触媒の滞留時間分布が広くならないようにして，劣化触媒の残留を防ぐ必要がある．

d. FCC のプロセス構成と反応のデザイン

図 3.12 に，典型的な FCC プロセスの構成を示す．FCC 触媒は再生塔からライザー下部に流下し，ここに噴霧される原料油のベーパーによりライザー内を上昇しつつ接触分解を行い，ライザー出口で生成物ベーパーから分離され再生塔に戻る．

前項で述べたように，FCC 反応は高速の逐次反応であり，反応物の滞留時間を 1～数 s 程度の最適な時間に制御し，また，劣化した触媒が長時間滞留しないような押し出し流れ反応器とすることが理想的である．このため，ライザー反応装置を用い，気相（ベーパー）の流速を $10～30 \mathrm{~m \cdot s^{-1}}$ と高速にすることで，気相と触媒粒子の下降流をできるだけ防ぐよう設計される．また，原料油の蒸発時間を短時間とする微細噴霧や，触媒との瞬時混合のための噴霧ジェット形成，反応終了後の生成物ベーパーと触媒粒子の高速分離などの技術要素が，選択性の高い反応を行うための重要な反応設計要素となる．

再生塔では，触媒に析出・吸着したコークの燃焼除去を行うため，空気を送入して流動化する流動層反応器となっている．流動層であるため，強度の発熱

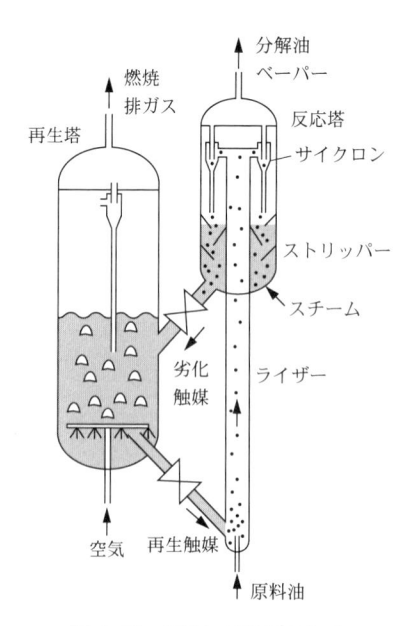

図 3.12　最近の FCC プロセス

反応であるが，粒子の温度はほぼ均一に保たれる．触媒粒子の滞留時間分布が広くなるため，ライザーに供給される触媒の一部には再生度の低いものが含まれる可能性がある．これを防ぐために，再生塔を2段方式にする設計もある．

このように，FCCプロセスは粒子濃度が希薄なライザーと濃厚な流動層とから構成される粒子循環系であり，一定の流量で粒子が循環し，それぞれの装置での温度など反応条件が一定に保たれる必要がある．このため，プロセスの圧力バランスやヒートバランスの設計が極めて重要となる．

e. FCCプロセスのヒートバランス

原料油供給量 $50\,\mathrm{t\cdot h^{-1}}$ のFCCプロセスのヒートバランスについて検討しよう．図3.12に示されるように，FCCプロセスは反応塔（ライザー）および再生塔（濃厚流動層）から成るが，それぞれにおいて定常状態では入熱＝出熱のヒートバランスが成り立っている．

なお，原料液供給温度 270°C，再生塔空気供給温度 150°C，触媒粒子循環量 $360\,\mathrm{t\cdot h^{-1}}$，コーク収率 5.0 wt%，再生塔温度 680°C であり，再生塔ではコークが完全燃焼しているとする．また，原料の蒸発潜熱 $40\,\mathrm{kJ\cdot kg^{-1}}$，接触分解反応は $419\,\mathrm{kJ\cdot kg^{-1}}$ の吸熱反応，コーク（Cとみなす）の燃焼熱（$C+O_2 \rightarrow CO_2$）は $394.1\,\mathrm{kJ\cdot kmol^{-1}}$，比熱は原料油，分解生成物およびコークが $2.72\,\mathrm{kJ\cdot kg^{-1}\cdot K^{-1}}$，触媒 $1.00\,\mathrm{kJ\cdot kg^{-1}\cdot K^{-1}}$，空気 $29.7\,\mathrm{kJ\cdot kmol^{-1}\cdot K^{-1}}$，窒素 $30.6\,\mathrm{kJ\cdot kmol^{-1}\cdot K^{-1}}$，$CO_2$ $47.3\,\mathrm{kJ\cdot kmol^{-1}\cdot K^{-1}}$ とする．

反応塔と再生塔のヒートバランスは，流入および流出する流体および触媒の 25°C（298 K）を基準とするエンタルピー h，反応熱 h_R，蒸発熱 h_V を用いて，次の例題のように計算することができる．ただし，ライザー出口温度を T_R [K] とする．

［例題 3.8］

与えられた条件を用いて反応塔のヒートバランスを計算し，ライザー出口温度を求めよ．

［解］

反応塔のヒートバランス：

入熱

再生触媒　　$h = (360 \times 10^3 \text{ kg} \cdot \text{h}^{-1})(1.00 \text{ kJ} \cdot \text{kg}^{-1} \cdot \text{K}^{-1})(953 \text{ K} - 298 \text{ K})$
　　　　　　　　　$= 235.8 \times 10^6 \text{ kJ} \cdot \text{h}^{-1}$
　　原料油　　　$h = (50 \times 10^3 \text{ kg} \cdot \text{h}^{-1})(2.72 \text{ kJ} \cdot \text{kg}^{-1} \cdot \text{K}^{-1})(543 \text{ K} - 298 \text{ K})$
　　　　　　　　　$= 33.3 \times 10^6 \text{ kJ} \cdot \text{h}^{-1}$
出熱
　　蒸発熱　　$h_V = (50 \times 10^3 \text{ kg} \cdot \text{h}^{-1})(40 \text{ kJ} \cdot \text{kg}^{-1}) = 2.0 \times 10^6 \text{ kJ} \cdot \text{h}^{-1}$
　　反応熱　　$h_R = (50 \times 10^3 \text{ kg} \cdot \text{h}^{-1})(419 \text{ kJ} \cdot \text{kg}^{-1}) = 21.0 \times 10^6 \text{ kJ} \cdot \text{h}^{-1}$
　　反応済触媒　　$h = (360 \times 10^3 \text{ kg} \cdot \text{h}^{-1})(1.00 \text{ kJ} \cdot \text{kg}^{-1} \cdot \text{K}^{-1})(T_R - 298 \text{ K})$
　　触媒上コーク　　$h = (50 \times 10^3 \text{ kg} \cdot \text{h}^{-1})(0.05)(2.72 \text{ kJ} \cdot \text{kg}^{-1} \cdot \text{K}^{-1})$
　　　　　　　　　　　$\times (T_R - 298 \text{ K})$
　　分解生成物　　$h = (50 \times 10^3 \text{ kg} \cdot \text{h}^{-1})(0.95)(2.72 \text{ kJ} \cdot \text{kg}^{-1} \cdot \text{K}^{-1})$
　　　　　　　　　　$\times (T_R - 298 \text{ K})$

入熱＝出熱より，$T_R = 794 \text{ K} (521℃)$ であることがわかる．ライザー内は流れ方向の流体混合がほとんどないので，ライザー内で吸熱反応が進行することにより流体の温度は低下していく．なお，反応熱と，流体および触媒の流量および比熱より，ライザーの入口と出口では 42℃ の温度差が生じていると考えられる．

[例題 3.9]
　同様に，再生塔のヒートバランスを計算せよ．

[解]
　再生塔のヒートバランス：再生塔で燃焼する C 量は，$50 \times 10^3 \times 0.05 = 2500$ kg・h^{-1} ＝208.3 kmol・h^{-1} だから，必要酸素量 208.3 kmol・h^{-1}，空気量 208.3/0.21 ＝ 991.9 kmol・h^{-1}，生成 CO_2 量 208.3 kmol・h^{-1} である．

入熱
　　燃焼熱　　$h_R = (208.3 \text{ kmol} \cdot \text{h}^{-1})(394.1 \text{ kJ} \cdot \text{kmol}^{-1}) = 82.1 \times 10^6 \text{ kJ} \cdot \text{h}^{-1}$
　　空気　　　$h = (991.9 \text{ kmol} \cdot \text{h}^{-1})(29.7 \text{ kJ} \cdot \text{kmol}^{-1} \cdot \text{K}^{-1})(423 \text{ K} - 298 \text{ K})$
　　　　　　　　　$= 3.7 \times 10^6 \text{ kJ} \cdot \text{h}^{-1}$
　　触媒　　　$h = (360 \times 10^3 \text{ kg} \cdot \text{h}^{-1})(1.00 \text{ kJ} \cdot \text{kg}^{-1} \cdot \text{K}^{-1})(794 \text{ K} - 298 \text{ K})$
　　　　　　　　　$= 178.6 \times 10^6 \text{ kJ} \cdot \text{h}^{-1}$

コーク　$h = (2.5 \times 10^3 \text{ kg} \cdot \text{h}^{-1})(2.72 \text{ kJ} \cdot \text{kg}^{-1} \cdot \text{K}^{-1})(794 \text{ K} - 298 \text{ K})$
　　　　$= 3.4 \times 10^6 \text{ kJ} \cdot \text{h}^{-1}$

計　$267.8 \times 10^6 \text{ kJ} \cdot \text{h}^{-1}$

出熱

N_2　$h = (783.6 \text{ kmol} \cdot \text{h}^{-1})(30.6 \text{ kJ} \cdot \text{kmol}^{-1} \cdot \text{K}^{-1})(953 \text{ K} - 298 \text{ K})$
　　　$= 15.7 \times 10^6 \text{ kJ} \cdot \text{h}^{-1}$

CO_2　$h = (208.3 \text{ kmol} \cdot \text{h}^{-1})(47.3 \text{ kJ} \cdot \text{kmol}^{-1} \cdot \text{K}^{-1})(953 \text{ K} - 298 \text{ K})$
　　　　$= 6.5 \times 10^6 \text{ kJ} \cdot \text{h}^{-1}$

触媒　$h = (360 \times 10^3 \text{ kg} \cdot \text{h}^{-1})(1.00 \text{ kJ} \cdot \text{kg}^{-1} \cdot \text{K}^{-1})(953 \text{ K} - 298 \text{ K})$
　　　　$= 235.8 \times 10^6 \text{ kJ} \cdot \text{h}^{-1}$

計　$258.0 \times 10^6 \text{ kJ} \cdot \text{h}^{-1}$

入出熱の差 $9.8 \times 10^6 \text{ kJ} \cdot \text{h}^{-1}$ は，器壁からの伝熱などによる熱損失や，ストリッピングスチームによる冷却分（本計算では省略した）などによるものである．通常，再生塔には層内の伝熱がよい濃厚流動層を用いて，温度分布を均一化して異常高温部の発生を抑制し，装置材料への悪影響を防止している．

3.4.2　バイオマス利用技術

　これまでの社会はエネルギーや物質資源としてその大部分を石油に依存してきた．しかし，石油は無限に存在するものではなく，また大気中の CO_2 濃度の増加による温暖化などの環境問題も無視し得なくなってきた．これからの化学技術は持続可能な社会の実現に向けて発展する必要があり，再生可能な資源の活用が重要性を増していくと考えられる．

　このような再生可能資源として，バイオマスの活用が期待されている．バイオマスは太陽エネルギーにより大気中の CO_2 を固定したもので，地球上のバイオマス量が維持されるならば，それをエネルギーあるいは物質資源として利用しても CO_2 の増加とはならないカーボンニュートラルな資源といわれている．

　バイオマス利用技術としては，現在，微生物を用いる技術や化学反応を用いる技術など，さまざまな方法が検討されている．その代表的なものを表3.1に示す．

表 3.1 バイオマス利用技術

	使用する菌または反応条件	代表的な原料	生成物	用途
微生物反応				
メタン発酵	メタン発酵菌	余剰汚泥	メタン, CO_2	燃料ガス
エタノール発酵	酵母菌	糖類(サトウキビ)	エタノール, CO_2	ガソリン混合
化学反応				
ガス化	600～1400℃の高温スチーム, 空気(酸素)と反応	木質バイオマス	H_2, CO, CO_2, メタン	発電燃料, メタノール合成原料
亜臨界水分解	200～300℃, 2～10 MPaの水	糖類, 多糖類	ヒドロキシメチルフルフラール, レブリン酸, 酢酸など	有用な化合物への利用研究中

化学反応ルートとしては，バイオマスのガス化によるCO, H_2含有ガスの製造やCO, H_2からのメタノール合成が検討され，ガス化には流動層や噴流層などの反応装置の使用が試みられている．バイオマスをガス化する際に副生するタールや灰分(金属および金属酸化物)をいかに扱うかが技術のポイントとなる．一方，ガス化よりもマイルドな温度で有用成分に転換する亜臨界水，超臨界水分解技術も検討され，その生成物を化学工業で使用する原料やポリマーに転換する反応技術も検討されている．

演習問題

3.1 $2A \to P$の反応を回分操作で行う．反応速度がA成分の濃度C_Aについて2次で進行する．A成分の初濃度をC_{A0}，反応速度定数をk_2とすると基礎微分方程式は以下で示される．C_Aの時間変化を表す式を求めよ．

$$-dC_A/dt = k_2 C_A^2 \quad \text{I.C.} \quad t=0 : C_A = C_{A0}.$$

3.2 原料成分Aの反応速度r_Aが濃度C_Aの0乗，1乗，2乗に比例するとき，それぞれを0次反応，1次反応，2次反応という．これらの反応速度式は，式(3.2)や式(3.22)で説明されているように，次式で表される．

$r_A = -dC_A/dt = k_0$ 　　(0次反応)
$r_A = -dC_A/dt = k_1 C_A$ 　　(1次反応)
$r_A = -dC_A/dt = k_2 C_A^2$ 　　(2次反応)

$k_0 = 0.2 \text{ mol} \cdot \text{L}^{-1} \cdot \text{min}^{-1}$, $k_1 = 0.2 \text{ min}^{-1}$, $k_2 = 0.2 \text{ L} \cdot \text{mol}^{-1} \cdot \text{min}^{-1}$である場合，初期濃度$C_{A0} = 1.0 \text{ mol} \cdot \text{L}^{-1}$のとき反応時間$t = 1, 3, 5, 7, 10$ minでのC_A

演習問題

3.3 A成分の初濃度がC_{A0}で1次反応A→Pを行う．$C_A = C_{A0}$から$C_A = 1/2 C_{A0}$に要する時間を半減期$\tau_{1/2}$で表すと，$\tau_{1/2} = \ln 2/k_1$となることを示せ．

3.4 2次反応を回分操作で行い，以下の実験結果を得た．反応速度定数k_2を求めよ．

t [min]	C_A [mol·L^{-1}]
0	3.45
30	2.34

3.5 反応速度定数の温度依存性は$k = k_0 e^{-E/RT}$で表される．温度T_I，T_II[K]におけるkをk_I，k_IIとすると，活性化エネルギーEは以下で表されることを示せ．
$$E = -R\ln(k_\mathrm{I}/k_\mathrm{II})\{T_\mathrm{I} T_\mathrm{II}/(T_\mathrm{II} - T_\mathrm{I})\}$$

3.6 以下のデータより活性化エネルギーE[kJ·mol^{-1}]を算出せよ．

温度 [°C]	k [min^{-1}]
30	0.37
70	12.8

3.7 50°Cにおける1次の反応速度定数$k_\mathrm{II} = 0.0425$ min^{-1}，活性化エネルギーが85.9 kJ·mol^{-1}であった．100°Cにおける1次の反応速度定数k_Iは50°Cに比べ何倍大きいか．

3.8 完全混合反応器で1次反応を行い，滞留時間10 sのときに転化率が60%となった．このときの反応速度定数を求め，転化率80%とするのに必要な滞留時間を求めよ．

3.9 発熱量の大きい固体触媒反応を行う場合，反応器として固定層と流動層のどちらを用いるかは重要な検討課題となる．固定層と流動層の特徴を考慮して，本反応におけるそれぞれの利点と欠点を述べよ．

3.10 FCCプロセスのヒートバランスで，触媒循環量が増大すると反応系にどのような影響が生じるか．また，コークの収率が増えるとプロセスのヒートバランスにどのような影響があるか．

【参考文献】
1) 化学工学会編，"改訂五版　化学工学便覧"，丸善(1988)．
2) Benson, S. W., "Thermochemical Kinetics", John Wiley & Sons(1968)．

4

流動プロセス

4.1 流動プロセスの役割

　水が人の生命を維持するのに不可欠な物質であることはいうまでもないが，文明の発祥の地がすべて大河のほとりの水利に恵まれたところにあり，流体を利用する技術はこれを起源として発達し，人間は古来より水の流れを利用して水車を回し，また河川に船を浮かべて物流に利用するなど，水の流れを生活にうまく活用してきた．高度な文明生活を得た今日，水や空気などの流体の性質を知り，それが流動する現象を理解して巧みに応用するための技術や学問は，化学プロセス工業はもとより，工学の種々の分野で必要とされている．

　ポンプなどの流体機械やタービンなどの熱機関の設計・開発において，流動現象の理解が必須であり，機械分野において流動はその基礎となる学問分野となっているが，化学分野においても，化学プラントは多数の配管や反応装置，蒸留塔や吸収塔などの分離装置などからなり，反応流体の運動や物質の撹拌操作など，そこでの流れの状態が化学プロセスに大きく影響し，流動プロセスが重要であることは容易に想像できよう．土木工学における河川や灌漑用水路の流れ，建築工学における高層建築の周辺の風の状態や室内空調，環境工学における大気汚染や水質汚濁などの汚染物質の流れに乗った拡散，航空工学における航空機やロケットなどの飛翔体の運動，船舶工学における船の運動や浮揚体の安定性，気象学・海洋学における大気や海洋の流れなど，流動プロセスの理解が基礎となる分野は実に多い．また，天体物理学における太陽，電離層，星雲の内部構造や周辺の流動，地球物理学における大陸の形成やマントル対流，

生体工学・医療工学における鳥の飛翔や魚の遊泳など生体周辺の流動や血液流，呼吸など生体内部の流動，スポーツ工学における水泳選手やスキージャンパーのいろいろな姿勢の人体まわりの水や空気の流動，サッカー，野球やゴルフにおけるボールまわりの流動や軌道の変化なども，流動プロセスの知識が大いに活かされている．

したがって，流動プロセスに関する事例には，枚挙にいとまがない．ここでは，それらのなかで，最近利用度が高まりつつあるビル内排水の再利用システムにおいて，流動プロセスがどのように利用され，どのような役割をもつのかを示しつつ，必要な知識を学習する．得られた知識は例示した流動プロセスに留まらず，上述の広範な分野において利用される流動プロセスにおいて汎用性がある．

水資源の確保は，現在，重要な問題となっており，21世紀は「水の世紀」ともいわれ，水問題を巡って世界で紛争が絶えないと予測されている．わが国は，水資源は比較的潤沢であると思われがちであるが，自然の水資源供給量に対して水需要量のほうがずっと大きい大都市では，これは当てはまらない．近年，ビル排水の再利用を進めるための行政の施策が進められ，ビル内の厨房排水や生活排水を処理して，再生水をそのままビル内で水洗用水，冷却塔補給水，洗車用水，散水，掃除用水，修景用水など，中水（飲料水として供することのできる上水，廃水となる下水に対して，飲料水以外に供する水ということで中水という言葉が使用される）として利用されるケースが増えつつある．

図 4.1 は Y ビルが高層ホテル棟および中層店舗棟に導入している中水道システムである．トイレ，冷房冷却水に限定された水利用であるが，今後，ビル内やその近辺の修景用水への活用も期待される．ビル内の厨房排水を集めて調整槽へ送った後，超深層ばっ気槽で，気泡を吹き込んで酸素を供給し，微生物によって有機物などを分解する．次いで，沈殿槽で微粒子を沈降除去した後，中水槽で貯められ，ポンプで中水高架水槽へ輸送され，最終的にトイレや冷房クーリングタワーで利用される．トイレ排水のみが下水道へと排出され，排水量を著しく削減するとともに汚濁負荷量も抑制できる．また，排水の循環再利用により，使用する上水量も著しく削減することができる．

このようなシステムでは，ビル内には，上水，下水のほか，中水の輸送管路

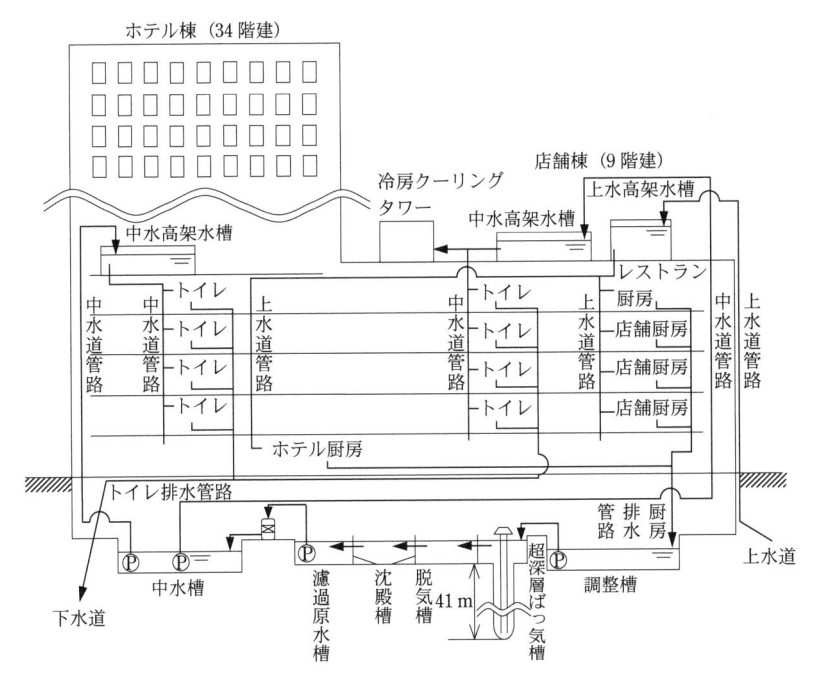

図 4.1 ビル内の中水道システム

が複雑に配置されることになる．管路内を流体が流動する場合には，流体のもつ粘性のために摩擦によるエネルギー損失が生じる．また，内径の異なる管路が連結されたり，種々の継手や弁が用いられたり，1 つの管路から流れが分かれたりして，さらに付加的な圧力損失を生じ，複雑な管路網を構成する．必要な部分に必要な量だけ送水できるよう，各部の抵抗を微妙に調整し，流れを制御する必要がある．これは人体の血管系と同じで，心臓から出た血流は曲がり，分岐，断面積変化，合流を繰り返しており，その際にも血液が流れやすいところだけを流れることは許されず，体全体に均等に必要な量だけ送られなければならないことと，よく似ている．したがって，流体を所定の量だけ流すためには，管路における損失がどの程度であるかを知り，それに相当するエネルギーをポンプなどで流体に与える必要がある．流れの損失は複雑で，特に複雑に合流・分岐がある管路網について簡単にすべてを理解することは困難であるが，本章では，そのために必要な基礎的な項目については一通り記述する．

また，水や空気のような流体が単相のみ流れている場合のほか，下水の中で水と微粒子が混在して流れる場合，排水孔などで渦巻いた流れの中心に空気を取り込み管路の中で液体と気体がともに流動する場合のように，異なる相の流体がともに流れる混相流も実際には重要であり，特に化学プラントではそのようなケースが極めて多い．図4.1の中水処理では，沈殿槽で沈降現象により粒子を分離しているが，ここでは流体中の粒子の運動挙動の把握が重要となる．また，より高純度に浄化された中水を得るために高度処理が施されることも多いが，そのなかで，砂層濾過は砂の粒子を充填した粒子充填層内に液を通過させて液中に極微量に含まれる微粒子を砂の表面に付着させ除去する．この場合には，粒子充填層内の流動を取り扱うことになる．これら，水だけでなく粒子も関与した流動問題についても，本章の最後に取り扱う．

4.2 流動プロセスの基礎

4.2.1 Newton(ニュートン)の粘性法則

水を四角い容器に入れると四角になり，丸い容器に入れると丸くなるように，液体と気体は特定の形をもたず自由に変形するので，このような物質を**流体**といい，この変形の過程を**流動**という．水のような液体は入れる容器によってその形状は変わるがその体積は変わらず，このような流体を**非圧縮性流体**といい，空気のような気体は圧力に応じて体積も変化し，このような流体を**圧縮性流体**という．

今，図4.2のように，2枚の平らな板が平行に置かれ，その間に水のような

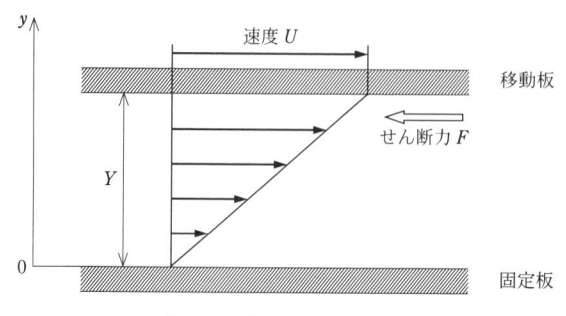

図 4.2 平行平板間の流れ

流体が入っているとしよう．下側の板を固定し，上側の板を一定速度 U [m·s^{-1}] で平行にずらす場合を考える．初め静止していた流体のうち，まず上側の平板に接する流体が引きずられて動き始め，その流れによってその下の流体も動き始め，ついには下側の板に接する速度 0 から上側の板に接する速度 U まで速度は距離 y に比例して直線的に変化する．このとき，下側の板には，板を流れと同じ方向に引きずろうとするせん断力が働き，上側の板には引き戻そうとするせん断力が働き，これらの力は同じ大きさである．板に働くせん断力 F [N] は板の面積 A [m^2]，上側の板の速度 U が大きいほど大きく，板の間隔 Y [m] が広いほど小さく，その比例定数 μ [Pa·s] は**粘度**といい，これらの関係は次式で表される．

$$\frac{F}{A} = \mu \frac{U}{Y} \tag{4.1}$$

左辺は単位面積あたりのせん断力で，**せん断応力**といい，右辺の U/Y は速度勾配を表す．このようなせん断力を発生させる流体の性質を**粘性**といい，これが流体を管内に流すときに摩擦による圧力損失を生じさせる原因となる．このような粘性は，流体分子に働く分子間力（van der Waals 力）と異なった運動量をもつ流体分子の入れ替わりによって生じる．

図 4.3 のように速度の分布が直線状でない場合には，距離 dy の微小区間では直線的であると考え，その微小区間に式 (4.1) を適用して次式を得る．

$$\tau = \mu \frac{\mathrm{d}u}{\mathrm{d}y} \tag{4.2}$$

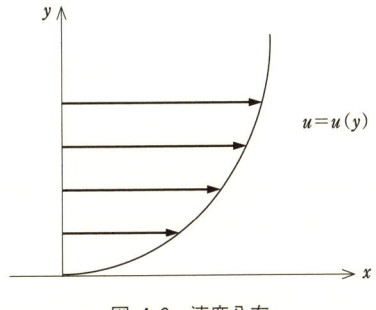

図 4.3 速度分布

τ[Pa]は壁からの距離 y の位置におけるせん断応力，u[m・s^{-1}]はその位置での速度，du/dy はその位置での速度勾配である．式(4.2)の関係を**Newtonの粘性法則**といい，この法則に従う流体を **Newton流体** という．水，油，空気など多くの流体は Newton 流体である．高分子溶液，濃い泥水などは式(4.2)に従わず，これらを総称して**非 Newton 流体**という．

4.2.2 層流と乱流

学校の廊下を大勢でゆっくり歩くとき，普通は両側の壁や隣の人から一定の距離を保って歩き，したがって全体として壁に平行に動いていくであろう．しかし，何か緊急事態が発生して走り出すと，人は混乱してぶつかったり不規則な動きになるであろう．人を流体分子に置き換えると，流体の流れにおいてもこれと似たような現象が起きる．

今，図 4.4 のように，水平な円管内を水が流動しているとする．流れに平行に置かれた細い管から赤インクを円管内に流出させると，水が円管内を低速度で流れている場合には，(a)のように，インクは直線状に糸を引くように流れる．流体が混じり合うことなく流れるこのような流れを**層流**という．ところが，流速を増大させると，(b)のように，インクは円管内で間もなく一杯に拡がって流れるようになる．すなわち，各所で渦流が発生し，流体分子は激しく混合しながら流れ，このような流れを**乱流**という．乱流では，乱れによって流体分子の運動量が壁へ余計に伝わるため，その分流体を輸送するのに余分な動力が必要となる．管路の設計や動力の推算においては，管路内の流動状態が層流であるか，乱流であるかを判別することが極めて重要となる．

流れが層流か乱流かは，流体が円管内を流れる場合には，次式で定義される**Reynolds**(レイノルズ)**数** Re という無次元数によって判定できる．

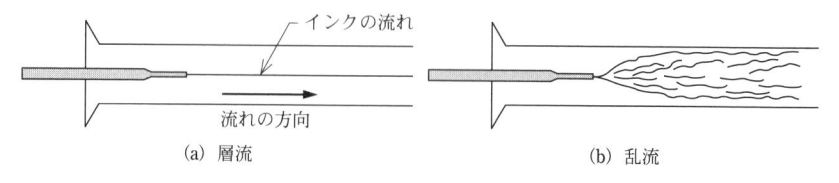

図 4.4 層流と乱流

$$Re = \frac{Du_b \rho}{\mu} \tag{4.3}$$

D [m]は円管の内径，u_b [m·s^{-1}]は円管内の流体の平均流速，ρ [kg·m^{-3}]は流体の密度である．層流から乱流へ流れが変化する Reynolds 数を**臨界 Reynolds 数** Re_c といい，およそ 2300 である．Re が 4000 以上では乱流となり，$2300 < Re < 4000$ では，流れが不安定で層流になったり乱流になったりする遷移域である．Reynolds 数は，流体の慣性力と粘性力との比を表しており，層流では粘性が，乱流では慣性が流れの状態を支配している．

[例題 4.1]

密度が 800 kg·m^{-3}，粘度が 7.2×10^{-3} Pa·s の油が内径 10 mm の円管内を流れている．層流状態を保てる最大流速と流量を求めよ．

[解]

$$2300 = \frac{(0.01) u_b (800)}{(7.2 \times 10^{-3})} \ \text{より},$$

$u_b = 2.1 \text{ m·s}^{-1}, \quad Q = \frac{\pi}{4} D^2 u_b = 1.6 \times 10^{-4} \text{ m}^3 \cdot \text{s}^{-1}$

4.2.3 連続の式

図 4.1 のビル中水道システムの配管系では，人体における血管網のようにさまざまな径の配管が接続されているが，流体が流れている管の太さが細くなると，その中を流れる流速はどのように変化するのであろうか．このことに答えてくれるのが連続の式である．連続の式とは，流体に対する質量保存の法則であり，流体が流れていても，その質量は変化しないということである．

今，図 4.5 のように断面積が変化する流路を定常状態で流体が流れている場合を考える．流れの定常状態(**定常流**)とは，流れのすべての点で，流れの状態(流速，密度，温度など)が時間とともに変化しない流れをいう．断面①から流体が入り，断面②から流出すると，質量保存の法則によれば，単位時間内に断面①に入る質量と断面②を出る質量は等しい．このことを式で表すため，断面①および②の面積，平均流速，流体密度を，それぞれ A_1，u_{b1}，ρ_1，および A_2，u_{b2}，ρ_2 とすると，次式を得る．

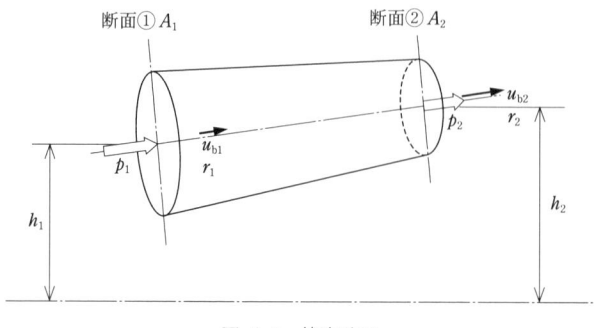

図 4.5　管内流動

$$w = A_1 u_{b1} \rho_1 = A_2 u_{b2} \rho_2 = 一定 \tag{4.4}$$

これを**連続の式**といい，$w[\mathrm{kg \cdot s^{-1}}]$は**質量流量**である．なお，水などの非圧縮性流体の場合には，密度は一定であるため，式(4.4)はさらに簡単になり，次式を得る．

$$Q = A_1 u_{b1} = A_2 u_{b2} = 一定 \tag{4.5}$$

$Q[\mathrm{m^3 \cdot s^{-1}}]$は**体積流量**である．

[**例題 4.2**]

　図4.6のように内径50 mmの円管が途中で絞られており，その内部を流体が定常状態で流れている．断面①での平均流速が$2\,\mathrm{m \cdot s^{-1}}$のとき，体積流量を求めよ．また，断面②での平均流速を$5\,\mathrm{m \cdot s^{-1}}$にするには，細管の直径をいくらにすればよいか．

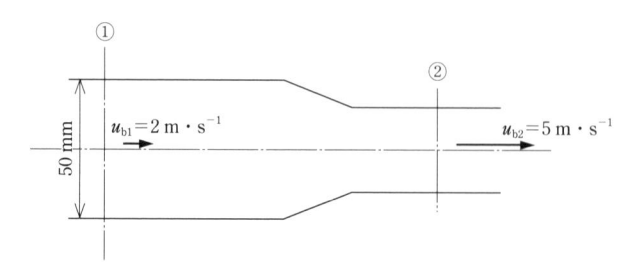

図 4.6　断面積が変化する流路

[解]

$$Q = \frac{\pi(50 \times 10^{-3})^2}{4}(2) = 3.93 \times 10^{-3} \text{ m}^3 \cdot \text{s}^{-1}$$

$$3.93 \times 10^{-3} = \frac{\pi D_2^2}{4}(5), \quad D_2 = 0.0316 \text{ m} = 31.6 \text{ mm}$$

4.2.4　Bernoulli(ベルヌーイ)の式

　図4.1のビル中水道システムでは，高低差のある位置間に管路網が張り巡らされ，高い位置にある流体は位置エネルギーが大きいため，低位置から高位置への流体輸送の方がその逆の場合より大きな動力を必要とする．このことを示すのがBernoulliの式で，流速と圧力，高さの関係を明らかにする流体に対するエネルギー保存の法則である．今，エネルギー損失がない場合について，図4.5の流路における断面①と②にエネルギー保存の法則を適用してみよう．断面①および②の圧力，基準面からの高さを，それぞれp_1[Pa]，h_1[m]，およびp_2，h_2とし，重力加速度をg[m・s^{-2}]とすると，単位時間あたり流入する流体のエネルギーは流出する流体のエネルギーに等しいから，次式が成り立つ．

$$\frac{1}{2}(\rho_1 u_{b1} A_1) u_{b1}^2 + (\rho_1 u_{b1} A_1) g h_1 + p_1 A_1 u_{b1}$$
$$= \frac{1}{2}(\rho_2 u_{b2} A_2) u_{b2}^2 + (\rho_2 u_{b2} A_2) g h_2 + p_2 A_2 u_{b2} \tag{4.6}$$

両辺の第1項は単位時間内に流入，または流出する流体の運動エネルギー，第2項は位置エネルギー，第3項は圧力エネルギー(断面①では流体が外部からなされた仕事，断面②では外部の流体を押し出すのに流体がした仕事)である．

　水のような非圧縮性流体では$\rho_1 = \rho_2 (= \rho)$であり，また，連続の式(4.4)を適用すると次式を得る．

$$\frac{u_{b1}^2}{2} + g h_1 + \frac{p_1}{\rho} = \frac{u_{b2}^2}{2} + g h_2 + \frac{p_2}{\rho} \tag{4.7}$$

これを**Bernoulliの式**という．各項は流体単位質量あたりのエネルギー[J・kg^{-1}]の次元をもち，$u_b^2/2$が**運動エネルギー**，ghが**位置エネルギー**，p/ρが**圧力エネルギー**である．

式(4.7)の両辺に ρ を掛けると，次式のように各項は圧力[Pa]の次元をもつ．

$$\frac{\rho u_{b1}^2}{2} + \rho g h_1 + p_1 = \frac{\rho u_{b2}^2}{2} + \rho g h_2 + p_2 \tag{4.8}$$

p を**静圧**，$\rho u_b^2/2$ を**動圧**といい，両者の和を**総圧（全圧）**と呼ぶ．また，式(4.7)の両辺を g で割ると，次式のように各項は長さ[m]の次元をもち，長さの次元で表したエネルギーを**ヘッド**という．

$$\frac{u_{b1}^2}{2g} + h_1 + \frac{p_1}{\rho g} = \frac{u_{b2}^2}{2g} + h_2 + \frac{p_2}{\rho g} \tag{4.9}$$

$u_b^2/(2g)$ は**速度ヘッド**，h は**位置ヘッド**，$p/(\rho g)$ は**圧力ヘッド**で，これらの合計を**全ヘッド**という．Bernoulli の式は，その単純さにもかかわらず，応用範囲は広く，流体に関する問題の多くをこの式を適用することにより解くことができる．

[**例題 4.3**]

図 4.7 のように，密度 ρ の液体の入った断面積 A_1 の水槽の下部の孔から液が流出するときの速度 u_{b2} を求めよ．ただし，孔は液面から深さ h の位置にあり，その断面積は A_2 とする．

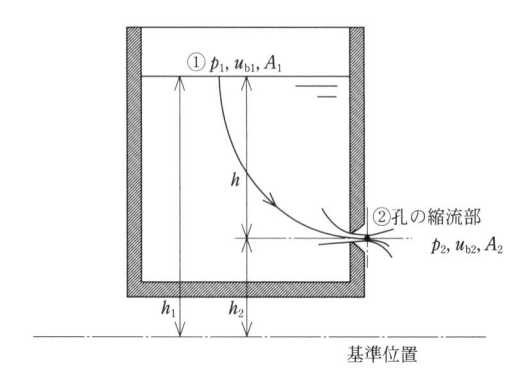

図 4.7 水槽下部の孔からの液の流出

[解]

式(4.8)の Bernoulli の式を適用する.

$$\frac{\rho u_{b1}^2}{2} + \rho g h_1 + p_1 = \frac{\rho u_{b2}^2}{2} + \rho g h_2 + p_2$$

水面および孔出口で水は大気圧の空気に接しているので,静圧は大気圧に等しく,$p_1 = p_2$ である.また,$h_1 - h_2 = h$ であり,連続の式(4.5)より $A_1 u_{b1} = A_2 u_{b2}$ であるので,上式は次式となる.

$$\frac{u_{b2}^2}{2}\left\{1 - \left(\frac{A_2}{A_1}\right)^2\right\} = gh$$

したがって $u_{b2} = \dfrac{1}{\sqrt{1 - \left(\dfrac{A_2}{A_1}\right)^2}}\sqrt{2gh}$

$A_1 \gg A_2$ の場合には,近似的に次の関係が得られる.

$$u_{b2} = \sqrt{2gh}$$

これを **Torricelli**(トリチェリー)**の定理**といい,u_{b2} は液体が高さ h だけ自由落下することによって得られた速度を表す.

4.3 管内流動

4.3.1 管内層流流動

日常生活で使用する上下水道,化学プラント内で各種流体を輸送するパイプライン,石油類を輸送するパイプライン,生体内の血管系など,流体が管内を流れる例は極めて多く,管内流動は流動プロセスの最も重要な現象である.図4.1のビル中水道システムにおいても,上水道,中水道,下水道の3系統からなるさまざまな配管系がビル内を所狭しと張り巡らされており,これに空調,ガス配管系なども加えると,まさにビル内の動脈・静脈ラインとなっている.

このような管路内を流体が流れるときには粘性によって管壁では速度がゼロになるため,管壁と流体との間に摩擦によるせん断応力が発生し,エネルギー損失が必ず生じる.このため,一様な管径の水平円管内を流体が流れる場合でも,圧力(静圧)は下流に行くほど小さくなる.今,図4.8に示すように,管径が一様な水平円管内を流体が層流で流れる場合について,せん断応力とエネル

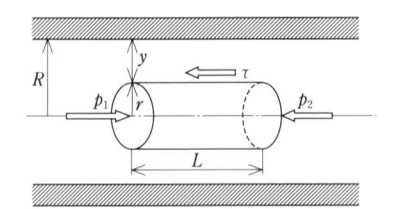

図 4.8　円管内の流体要素に作用する力

ギー損失の関係について考えてみよう．図4.8のように，内径 R の管内の流れの中に半径 r，長さ L の円柱部分について，これに作用する力の釣り合いを考える．この円柱部分の左端面に作用する圧力を p_1，右端面に作用する圧力を p_2 とし，右方向へ作用する力の符号を正にとると，作用する力は，圧力と，圧力を受ける断面積をかけ合せて，それぞれ $\pi r^2 p_1$，$-\pi r^2 p_2$ となる．一方，円筒側面に作用するせん断応力を τ とすると，この応力は左方向に作用し，作用する力は，せん断応力とその応力を受ける側面積をかけ合せて，$2\pi r L \tau$ となる．以上のことから，次式を得る．

$$\pi r^2 p_1 - \pi r^2 p_2 - 2\pi r L \tau = 0 \tag{4.10}$$

この式は，圧力差によって流体を流す力と粘性により流れに抵抗する力が釣り合うことを示している．式(4.10)を整理すると，次式を得る．

$$\tau = \frac{r(p_1 - p_2)}{2L} \tag{4.11}$$

一方，せん断応力 τ は，式(4.2)の Newton の粘性法則によって表される．管壁からの距離 y と半径 r の関係は，$y = R - r$ で表されるので，これを微分すると，$dy = -dr$ となる．したがって，この関係を式(4.2)に代入すると，次式を得る．

$$\tau = -\mu \frac{du}{dr} \tag{4.12}$$

式(4.12)を式(4.11)に代入して，τ を消去すると，次の常微分方程式が得られる．

$$-\mu \frac{du}{dr} = \frac{r(p_1 - p_2)}{2L} \tag{4.13}$$

管壁 $r = R$ で速度 $u = 0$ となることを考慮し，$r = 0$ から $r = R$ まで次のように積分する．

$$\int_0^u du = -\frac{(p_1-p_2)}{2\mu L}\int_R^r r\,dr \tag{4.14}$$

実際に積分を行い，次式を得る．

$$u = \frac{(p_1-p_2)}{4\mu L}(R^2-r^2) \tag{4.15}$$

この式から，速度分布は放物線状(回転放物面)を示し，速度は管の中心で最大となることがわかる．管中心での速度を $u_{\max}$ とすると，式(4.15)で $r=0$ とおいて次式を得る．

$$u_{\max} = \frac{(p_1-p_2)}{4\mu L}R^2 \tag{4.16}$$

式(4.16)を式(4.15)に代入し，式(4.15)から $(p_1-p_2)/(4\mu L)$ を消去すると，結局，次のように円管内の**層流速度分布**式が求められる．

$$u = u_{\max}\left\{1-\left(\frac{r}{R}\right)^2\right\} \tag{4.17}$$

図4.9(a)に式(4.17)から計算した速度分布を図示した．

次に，この速度分布から平均流速を求めてみよう．半径 r の位置で幅 dr の微小断面を考えると，この断面を流れる体積流量 dQ はこの断面積に速度 u をかけて $u\cdot 2\pi r\,dr$ で表される．速度 u に速度分布式(4.17)を代入し，dQ を半径 $r=0$ から R まで積分すると流量 Q が得られるので，これを断面積 πR^2 で割ったものが平均流速 u_b となり，次式のようになる．

$$u_b = \frac{1}{\pi R^2}\int_0^R 2\pi r u\,dr = \frac{1}{\pi R^2}\int_0^R 2\pi r u_{\max}\left\{1-\left(\frac{r}{R}\right)^2\right\}dr = \frac{1}{2}u_{\max} \tag{4.18}$$

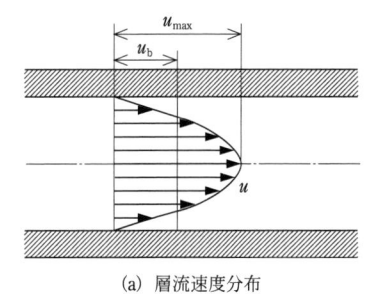

(a) 層流速度分布

(b) 乱流速度分布
(1/7乗則)

図4.9 円管内速度分布

すなわち，平均流速 u_b は最大流速 u_{max} の 1/2 に等しい．

式(4.18)に式(4.16)を代入し，p_1-p_2 を圧力損失 Δp で，また管半径 R については直径 D を用いて $D/2$ で置き換えると，次式を得る．

$$\Delta p = \frac{32\mu L u_b}{D^2} \tag{4.19}$$

これを **Hagen-Poiseuille**(ハーゲン・ポアズイユ)**式**といい，内径 D，長さ L の水平な円管内を平均流速 u_b で液体を層流で輸送するときに必要な圧力差 Δp を与える．

[例題 4.4]

比重 0.912，粘度 0.187 Pa・s の液体を内径 80 mm の水平鋼管を用いて 600 m 離れた A 地点から B 地点に輸送している．A および B における圧力が，それぞれ 490 kPa，98 kPa のとき，流量を求めよ．

[解]

層流と仮定して，式(4.19)より平均流速 u_b を求めると，

$$u_b = \frac{\Delta p D^2}{32\mu L} = \frac{(490\times 10^3 - 98\times 10^3)(80\times 10^{-3})^2}{(32)(0.187)(600)} = 0.699$$

Re を確認すると，

$$Re = \frac{(80\times 10^{-3})(0.699)(0.912\times 10^3)}{(0.187)} = 273$$

したがって，層流の仮定は正しい．

$$Q = \frac{\pi D^2}{4} u_b = \frac{\pi(80\times 10^{-3})^2(0.699)}{4} = 3.51\times 10^{-3}\ \mathrm{m^3 \cdot s^{-1}} = 3.51\ \mathrm{L \cdot s^{-1}}$$

4.3.2 管内乱流流動

水を例にとると，内径 40 mm 程度の円管では平均流速がたかだか 0.1 m・$\mathrm{s^{-1}}$ で流れは乱流となる．したがって，水道管，ガス管など身のまわりの円管内流れの多くは乱流と考えてよく，乱流における管内流動の基礎を理解し，圧力差 p とそれによって得られる流速 u_b との関係を知ることは重要である．

円管内の乱流においても，層流の場合と同様に壁面付近では速度が小さく管中心部では速度が大きいが，流体分子が激しく入り混じるため，速度の差は小

さくなり，一様な分布に近い速度分布となる．乱流の乱れた運動は非常に複雑であり，層流の場合のように速度分布の関数形を理論的に求めることはできないので，実験または理論的考察に基づき，経験的に求められている．

Prandtl-Kármán(プラントル・カルマン)**の1/7乗則**では，管壁からの距離 y における速度 u は次式で表される．

$$u = u_{\max}\left(\frac{y}{R}\right)^{1/7} = u_{\max}\left(1-\frac{r}{R}\right)^{1/7} \tag{4.20}$$

図 4.9(b)に式(4.20)から求めた速度分布を図示した．

[例題 4.5]

半径 $R=100$ mm の円管内の速度分布が次式で与えられるとする．

$$u = u_{\max}\left(\frac{y}{R}\right)^{1/n}$$

このとき，平均流速を与える半径はいくらになるか．

[解]

平均流速 u_b は，

$$u_b = \frac{1}{\pi R^2}\int_0^R 2\pi r u \, dr = \frac{1}{\pi R^2}\int_0^R 2\pi(R-y)u_{\max}\left(\frac{y}{R}\right)^{1/n}dy$$

$$= \frac{2n^2}{(n+1)(2n+1)}u_{\max}$$

したがって

$$u = \frac{(n+1)(2n+1)}{2n^2}u_b\left(\frac{y}{R}\right)^{1/n}$$

$u = u_b$ のとき $y = R\left\{\dfrac{2n^2}{(n+1)(2n+1)}\right\}^n$

ゆえに

$$r = R - y = R\left[1 - \left\{\frac{2n^2}{(n+1)(2n+1)}\right\}^n\right]$$

今，乱流における平均流速と圧力損失の関係を求めるため，式(4.11)の関係を用いて壁面 $r=R$ でのせん断応力 τ_w を求めると，次式を得る．

$$\tau_\mathrm{w} = \frac{R(p_1-p_2)}{2L} = \frac{D\Delta p}{4L} \tag{4.21}$$

また，乱流では圧力損失は平均流速のほぼ 2 乗に比例するという実験事実に基づき，τ_w は流体の単位体積あたりの平均の運動エネルギー $\rho u_\mathrm{b}^2/2$ に次式で関係づけられる．

$$\tau_\mathrm{w} = f\frac{1}{2}\rho u_\mathrm{b}^2 \tag{4.22}$$

f は**管摩擦係数**と呼ばれる無次元の係数であり，管壁との摩擦によって流体が失う運動エネルギーと流体がもっている運動エネルギーとの比を表す．式(4.22)を式(4.21)に代入すると，次式が得られる．

$$\Delta p = 4f\left(\frac{\rho u_\mathrm{b}^2}{2}\right)\left(\frac{L}{D}\right) \tag{4.23}$$

これを **Fanning（ファニング）の式** という．上式の $4f$ を λ と置いた式は Darcy-Weisbach（ダルシー・ワイスバッハ）の式といい，λ も管摩擦係数と呼ばれる．

管摩擦係数 f は Re と管壁の相対粗さを表す**相対粗度**（ε/D）の関数となる．ε は管壁の表面の凹凸の平均高さである．その関数形は，乱流では，次の Colebrook（コールブルック）の式で表される．

$$\frac{1}{\sqrt{f}} = -4\log\left\{\frac{1}{3.7}\left(\frac{\varepsilon}{D}\right) + \frac{1.255}{Re\sqrt{f}}\right\} \tag{4.24}$$

上式は陰関数であるので，Re と（ε/D）が与えられた場合の f は，f の値をあらかじめ仮定して上式に代入し，上式の左辺と右辺の値が一致するまで f の値を変化させるという試行法によって求められる．なお，黄銅管やガラス管のように壁面が滑らかな**平滑管**（$\varepsilon/D=0$）では，$Re<10^5$ の範囲で次の **Blasius（ブラジウス）の式** が用いられる．

$$f = 0.0791 Re^{-1/4} \tag{4.25}$$

層流の場合の圧力損失と平均流速の関係は，Hagen-Poiseuille 式(4.19)で表されたが，いま，Fanning の式(4.23)で書き表すことを考えてみよう．式(4.23)の Δp に式(4.19)を代入すると，次式を得る．

$$\frac{32\mu L u_\mathrm{b}}{D^2} = 4f\left(\frac{\rho u_\mathrm{b}^2}{2}\right)\left(\frac{L}{D}\right) \tag{4.26}$$

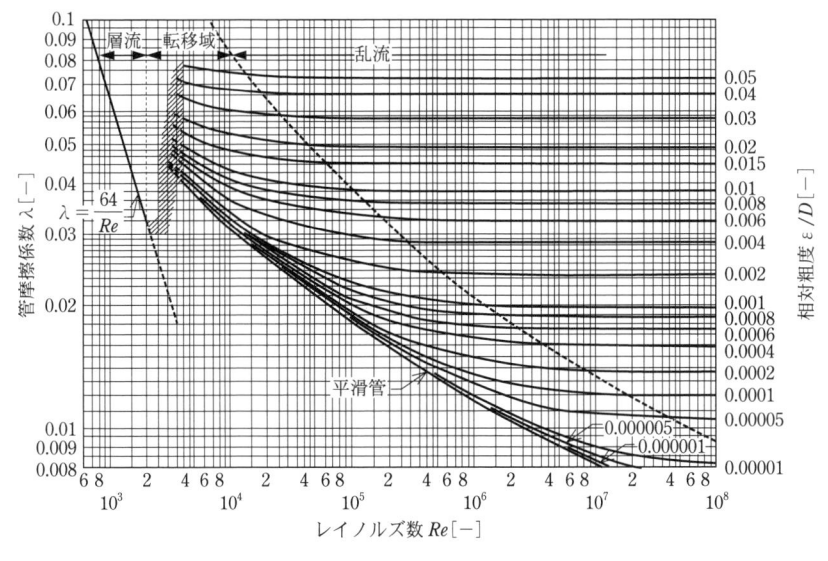

図 4.10 Moody 線図

すなわち，

$$f = \frac{16\mu}{Du_b\rho} = \frac{16}{Re} \tag{4.27}$$

したがって，層流の場合の管摩擦係数 f は式(4.27)で与えられ，管壁の粗さには依存しないことがわかる．

式(4.24)および式(4.27)の関係を図示した図4.10は **Moody(ムーディー)線図** と呼ばれるもので，Re と相対粗度 (ε/D) を与えると管摩擦係数 $\lambda(=4f)$ を知ることができる．相対粗度が増大すると管摩擦係数も大きくなり，また，Re が大きくなると，管摩擦係数は Re によってほとんど変化しなくなることがわかる．

[例題 4.6]

内径が 40 mm の滑らかな円管内に 20℃ の水を毎分 100 L 流すとき，管長 1 m あたりの圧力損失を求めよ．

[解]

平均流速 u_b は

$$u_b = \frac{Q}{\frac{\pi}{4}D^2} = \frac{100 \times 10^{-3}/60}{\frac{\pi}{4}(40 \times 10^{-3})^2} = 1.33 \text{ m} \cdot \text{s}^{-1}$$

Reynolds 数 Re は

$$Re = \frac{(40 \times 10^{-3})(1.33)(998)}{(1.0 \times 10^{-3})} = 5.31 \times 10^4$$

したがって，乱流である．

滑らかな円管なので，Blasius の式(4.25)を適用し

$$f = 0.0791 Re^{-1/4} = (0.0791)(5.31 \times 10^4)^{-1/4} = 5.21 \times 10^{-3}$$

Fanning の式(4.23)より

$$\Delta p = 4f\left(\frac{\rho u_b^2}{2}\right)\left(\frac{L}{D}\right) = (4)(5.21 \times 10^{-3})\left\{\frac{(998)(1.33)^2}{(2)}\right\}\left(\frac{1}{40 \times 10^{-3}}\right)$$
$$= 460 \text{ Pa}$$

4.4 圧力，流速および流量の測定

　管路内流動においては，流れの状態を精度よく計測することにより，流動プロセスが所定通りに進められているかを検知することができ，またその結果に基づき，制御も可能となる．流れを調べるとき，重要な量は圧力と流れの速度であり，これらを測定する必要がある．管路の流れでは，断面内の各位置の流速のような詳細な量でなく，全体として流れている流量を知るだけでよい場合もある．多くの方法があるが，以下には，代表的なものを述べる．

4.4.1 マノメータ

　密度 ρ の液体の深さ h の位置における圧力 p は，$p = \rho g h$ である．すなわち，この圧力によって高さ h の液体を支えることになる．この原理を応用して圧力を測定するのが**マノメータ**（液柱計）である．マノメータの基本形は，図4.11のように，底部がつながった2本のガラス管を鉛直に立てたもので，U字管マノメータという．これに密度 ρ_m の液体（たとえば水銀などで，封液という）を入れ，左右のガラス管上部にある密度 ρ の被測定流体（たとえば水）との圧力差 Δp を測定する．この圧力差によって液面に高さの差 Δh が生じると

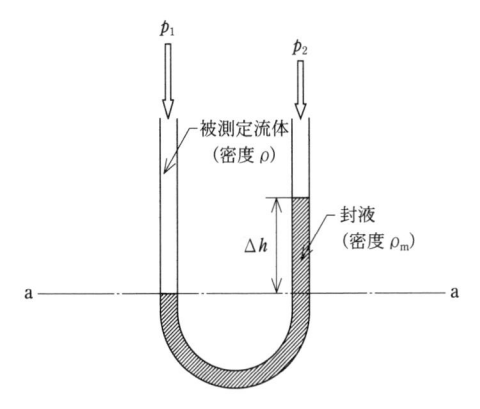

図 4.11 U字管マノメータ

する．今，a-a面を基準面にとると，そこでの左右の液柱にかかる圧力は等しいので，次式を得る．

$$p_1 + \rho g \Delta h = p_2 + \rho_m g \Delta h \tag{4.28}$$

したがって，圧力差 $\Delta p = p_1 - p_2$ は次式で表される．

$$\Delta p = (\rho_m - \rho) g \Delta h \tag{4.29}$$

すなわち，液面高さの差 Δh を測定することによって，式(4.29)より圧力差 Δp が求められる．

4.4.2 Pitot(ピトー)管

一般に流速や流量を直接に測定することは困難であるため，Bernoulli の定理を利用し，圧力や水面の高さを測定し，計算によって流速や流量を求めることができる．図4.12のように，流体中にL字形の細い管を入れ，その一端の開口部を流れの方向に向け，他端をマノメータに接続して，流速を測定する装置を **Pitot 管**という．L字形細管の先端②は流れに対する障害物となり，このよどみ点では流れが止まり，流速 $u_2=0$ となり，また，L字形細管の側面の小孔③での流速，圧力は，②と同一水平面上の上流の位置①での流速 u_1，圧力 p_1 に等しい．したがって，①と②の間で Bernoulli の式(4.8)を適用すると，$h_1 = h_2$ であるので，次式が得られる．

$$\frac{\rho u_1^2}{2} + p_1 = p_2 \tag{4.30}$$

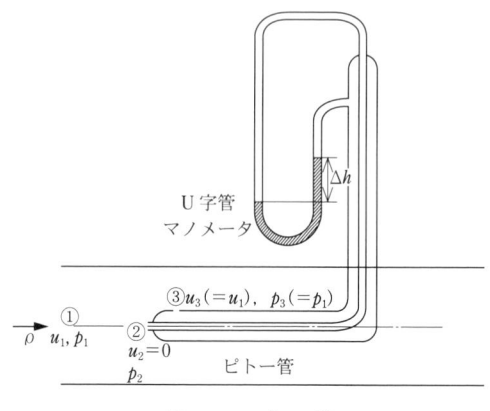

図 4.12 ピトー管

これを u_1 について解くと，次式を得る．

$$u_1 = \sqrt{\frac{2}{\rho}(p_2 - p_1)} = \sqrt{\frac{2\Delta p}{\rho}} \tag{4.31}$$

式(4.31)にマノメータの関係式(4.29)を代入すると，次式が得られる．

$$u_1 = \sqrt{2g\left(\frac{\rho_m - \rho}{\rho}\right)\Delta h} \tag{4.32}$$

したがって，マノメータの液面高さの差 Δh を測定することによって，流速が求められる．

[例題 4.7]

20℃の水が円管内を流れている．管中心に Pitot 管を挿入し，水銀を入れたマノメータに連結したところ，水銀面の高さの差が 2.4 cm であった．流れが 1/7 乗則に従うとすると，平均流速はいくらか．ただし，水銀の密度は 13.6 g・cm^{-3} とする．

[解]

管中心の流速は u_{max} であり，式(4.32)より

$$u_{max} = \sqrt{2g\left(\frac{\rho_m - \rho}{\rho}\right)\Delta h} = \sqrt{(2)(9.8)\left(\frac{13.6 - 0.998}{0.998}\right)(0.024)} = 2.44 \text{m}\cdot\text{s}^{-1}$$

流れが 1/7 乗則に従うので，平均流速 u_b は

$$u_{\mathrm{b}} = \frac{1}{\pi R^2}\int_0^R 2\pi r u\,\mathrm{d}r = \frac{1}{\pi R^2}\int_0^R 2\pi(R-y)\,u_{\max}\left(\frac{y}{R}\right)^{1/7}\mathrm{d}y = \frac{49}{60}u_{\max}$$

$$= \frac{49}{60}\times(2.44) = 1.99\ \mathrm{m\cdot s^{-1}}$$

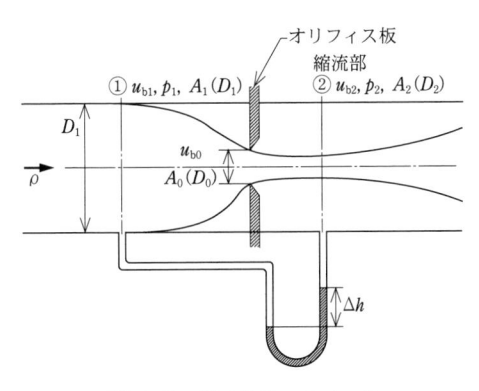

4.4.3 管オリフィスメータ

管オリフィスメータでは，図4.13のように，内径 D_1 の円管路の途中に，中心に直径 D_0 の孔を開けた円形のオリフィス板を挿入し，その前後の圧力差を測定することによって流量を求める．流れがオリフィスで絞られることによって流路断面積が減少するので，連続の式によりオリフィスを通過した直後の流体の流速は増大する．すると，Bernoulliの式により圧力の減少をもたらすので，オリフィス下流の圧力が低下する．この上流側と下流側の圧力差をマノメータで測定すると，流速が求められることになり，それに断面積をかけてやれば流量が求まる．なお，流体はオリフィスを通過した後もしばらくは流路が絞られ続け，流路断面積が最小となる位置を縮流部と呼ぶ．

今，上流での位置①(流速 $u_{\mathrm{b}1}$，圧力 p_1，断面積 A_1)と縮流部②(流速 $u_{\mathrm{b}2}$，圧力 p_2，断面積 A_2)との間にBernoulliの定理を適用すると，同一水平面上 ($h_1=h_2$)にあるので，次式を得る．

$$\frac{u_{\mathrm{b}1}^2}{2}+\frac{p_1}{\rho}=\frac{u_{\mathrm{b}2}^2}{2}+\frac{p_2}{\rho} \tag{4.33}$$

また，連続の式(4.5)によれば，$A_1 u_{\mathrm{b}1}=A_2 u_{\mathrm{b}2}$ であるので，この関係を式

図 4.13 管オリフィスメータ

(4.33)に代入し，$\Delta p = p_1 - p_2$ とおくと，次式が得られる．

$$u_{b2} = \frac{1}{\sqrt{1-\left(\frac{A_2}{A_1}\right)^2}} \sqrt{\frac{2\Delta p}{\rho}} \tag{4.34}$$

縮流部の断面積 A_2 は実際には求められないので，オリフィスの開口面積 A_0 を計算に用いるため，$A_2 = C_c A_0$ とし，またマノメータの関係式(4.29)を用いると，次式を得る．

$$u_{b0} = \frac{C_c}{\sqrt{1-m^2 C_c^2}} \sqrt{2g\left(\frac{\rho_m - \rho}{\rho}\right)\Delta h} = C_0 \sqrt{2g\left(\frac{\rho_m - \rho}{\rho}\right)\Delta h} \tag{4.35}$$

m は $m = A_0/A_1 = (D_0/D_1)^2$ で定義され，**開口比**という．C_0 は**流量係数**で，Re が大きくなると m のみの関数となる．流量 Q は，式(4.35)の流速 u_{b0} に断面積 A_0 を掛けて，次式で求められる．

$$Q = C_0 A_0 \sqrt{2g\left(\frac{\rho_m - \rho}{\rho}\right)\Delta h} \tag{4.36}$$

4.4.4　その他の圧力，流速および流量測定機器

　圧力の測定機器には，マノメータのほか，ブルドン管圧力計，ひずみゲージ式圧力センサなどが汎用的である．**ブルドン管圧力計**は，息を吹き込むと渦巻状に丸まっていた平たい紙袋がまっすぐに伸びるおもちゃがあるが，これと同じ原理を利用した圧力計である．すなわち，ブルドン管と呼ばれる中空扁平で先端が閉じて曲がった管内に圧力がかかると，断面は扁平から膨らみ円形に近づくため管が伸びようとして先端が動く．この動きを歯車などを用いて拡大して回転運動に変え，指針に指示させ，圧力を測定する．**ひずみゲージ式圧力センサ**では，周囲が固定された円形の膜（ダイヤフラムという）に圧力がかかると，膜はくぼんで半径方向に伸び，周方向に縮む．ひずみゲージを膜の半径方向と周方向にそれぞれ一対ずつ設けブリッジ型回路を構成すると，膜の変形に比例した電気信号を取り出すことができ，これから圧力が求められる．膜の役割をする薄いシリコン基板の表面にひずみゲージの働きをする電気抵抗を半導体技術によって形成すると，非常に小型の圧力センサとなり，これを**半導体圧力センサ**という．

　流速の測定機器には，Pitot 管のほかに，熱線流速計，レーザー流速計など

がよく利用される．**熱線流速計**では，電流を流して加熱した細い金属線(熱線)を流れの中におき，流速の大きさに応じて熱線が冷却されて温度が下がり電気抵抗が減少することを利用し，電気抵抗を測定して流速を求める．**レーザー流量計**では，2本のレーザー光をレンズによって流れの中で交差させたときに光の干渉によって生じる干渉縞を利用する．流れの中に微少なトレーサ粒子が干渉縞を横切って移動するとき，光を反射して明暗が繰り返されるので，その周期を測定し，干渉縞間隔を周期で割って流速を求め，流れに影響を与えずに計測できる方法である．

流量の測定機器には，管オリフィスメータのほかに，ロータメータ，電磁流量計などがよく利用される．**ロータメータ**は垂直に設置され，上方に向かってわずかに広がった目盛り付きガラス管の中にフロートを入れると，流れによってフロートが上方へ押し上げられる．フロートは，重力と流体による力とが釣り合った位置まで浮上して止まるので，フロートの位置から流量が計測できる．**電磁流量計**では，水の流れる管に垂直に磁場を加え，フレミングの左手の法則に従って生じる電位差を管断面の両側に電極を設置して測定し，電位差から流量を求める．

4.5 流体の輸送

4.5.1 機械的エネルギー収支式

式(4.7)のBernoulliの式では，Fanningの式(4.23)で示される粘性による圧力損失を考慮していない．また，実際の流体輸送では，図4.1のビル中水道システムにおいても示されているように，液体の場合には**ポンプ**，気体の場合にはブロワなどの輸送機械が用いられ，どの程度の動力が必要とされるかを推算することが重要となる．式(4.7)にこれらのことを考慮すると，次式で表される**機械的エネルギー収支式**が得られる．

$$\frac{u_{b1}^2}{2}+gh_1+\frac{p_1}{\rho}+W=\frac{u_{b2}^2}{2}+gh_2+\frac{p_2}{\rho}+\sum F \tag{4.37}$$

$W[\mathrm{J\cdot kg^{-1}}]$は輸送機械によって外部から加えられた流体単位質量あたりのエネルギー，$\sum F[\mathrm{J\cdot kg^{-1}}]$は流体単位質量あたりのエネルギー損失であり，直

線管路の場合には式(4.23)の Δp を流体密度 ρ で割って得られる．

質量流速 $w[\mathrm{kg \cdot s^{-1}}]$ を用いると，流体を輸送するときの**理論所要動力** P_w $[\mathrm{J \cdot s^{-1} = W}]$ は，$P_\mathrm{w} = wW$ で表される．ポンプなど，流体機械では，流体単位質量あたりに投入されるエネルギー $W_0[\mathrm{J \cdot kg^{-1}}]$ のうち，有効に使われるエネルギー W の割合を**効率** $\eta[-]$ といい，次式で定義される．

$$\eta = W/W_0 \tag{4.38}$$

したがって，実際の**所要動力**（**軸動力**という）$P_\mathrm{s}[\mathrm{W}]$ は次式で表すことができる．

$$P_\mathrm{s} = \frac{wW}{\eta} \tag{4.39}$$

4.5.2 管路内の諸損失

実際の管路では，直線管路以外に，管路の断面積の拡大や縮小，継手・弁などの挿入物があり，式(4.37)中の $\sum F$ は管路の全損失エネルギーであるので，式(4.23)から計算できる直管路の圧力損失エネルギーのほか，これらの諸損失も加算しなければならない．特に図4.1のビル中水道システムのように比較的短距離の管路輸送では，これらの諸損失は無視できない大きさとなる．

図4.14(a)のように，管路断面が急拡大する場合の流体単位質量あたりの圧力損失エネルギー F_e は次式で表される．

$$F_\mathrm{e} = \left(1 - \frac{A_1}{A_2}\right)^2 \frac{u_1^2}{2} = K_\mathrm{e} \frac{u_1^2}{2} \tag{4.40}$$

また，図4.14(b)のように，管路断面が急縮小する場合の流体単位質量あたり

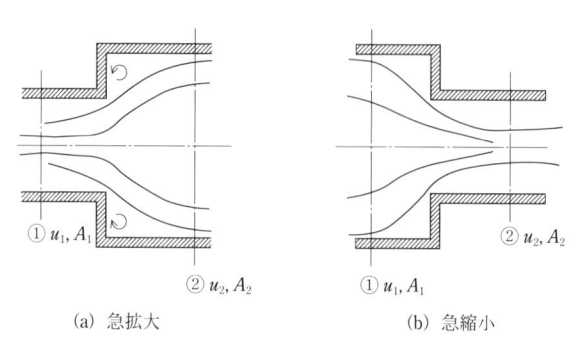

図 4.14　管路断面の急拡大と急縮小

の圧力損失エネルギー F_c は次式で表される．

$$F_c = K_c \frac{u_2^2}{2} \tag{4.41}$$

K_e，K_c は**損失係数**であり，管路の断面積比 (A_1/A_2)（急拡大の場合），(A_2/A_1)（急縮小の場合）によって図 4.15 のように変化する．

管路には，図 4.16 に示すようなさまざまな継手や弁が挿入され，これらによっても圧力損失が生じる．継手・弁などの管挿入物による流体単位質量あたりの圧力損失エネルギー F_a は，これによって生じる圧損と等しい圧損を発生

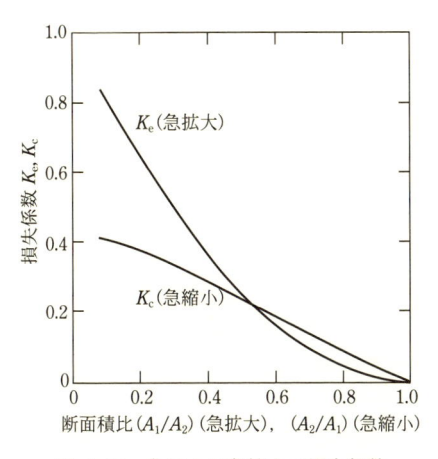

図 4.15　急拡大と急縮小の損失係数

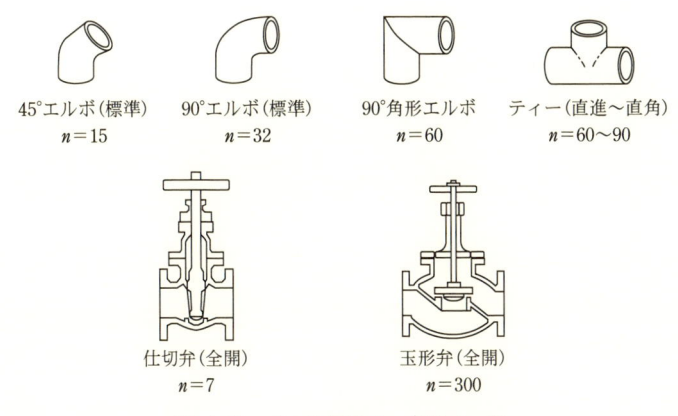

45°エルボ（標準）　$n=15$
90°エルボ（標準）　$n=32$
90°角形エルボ　$n=60$
ティー（直進〜直角）　$n=60 \sim 90$

仕切弁（全開）　$n=7$
玉形弁（全開）　$n=300$

図 4.16　おもな管断手・弁類の n 値

するときの直線管路の長さを L_e とすると，Fanning の式(4.23)中の L に代えて L_e を用いて，次式で表す．

$$F_a = 4f \frac{L_e}{D} \cdot \frac{u_b^2}{2} \tag{4.42}$$

この L_e を**相当長さ**といい，$L_e = nD$ で表される．主な管継手・弁類の n の値を図4.16に示した．

[例題4.8]

図4.1のビル中水道システムでは，処理された中水を中水道からポンプで中水高架水槽へ輸送している．今，図4.17のような管路系で $100\,\mathrm{L\cdot s^{-1}}$ の割合でポンプによって水が送られているとき，ポンプの軸動力を求めよ．ただし，ポンプ効率は0.75，ポンプ損失を除いた全管路系の損失は $0.8(u_b^2/2)\,\mathrm{J\cdot kg^{-1}}$，管の直径 D は $300\,\mathrm{mm}$，水位差 H は $20\,\mathrm{m}$ とする．

[解]

式(4.37)より

$$\frac{u_{b1}^2}{2} + gh_1 + \frac{p_1}{\rho} + W = \frac{u_{b2}^2}{2} + gh_2 + \frac{p_2}{\rho} + \sum F$$

タンクはともに大気に開放されているので，$p_1 = p_2$
また，$u_{b1} = 0$，$H = h_2 - h_1$

$$u_{b2} = \frac{Q}{\frac{\pi}{4}D^2} = \frac{(4)(100\times 10^{-3})}{\pi(0.3)^2} = 1.41\,\mathrm{m\cdot s^{-1}}$$

$$W = \frac{u_{b2}^2}{2} + gH + \sum F = \frac{u_{b2}^2}{2} + gH + 0.8\frac{u_{b2}^2}{2} = 1.8\frac{u_{b2}^2}{2} + gH$$

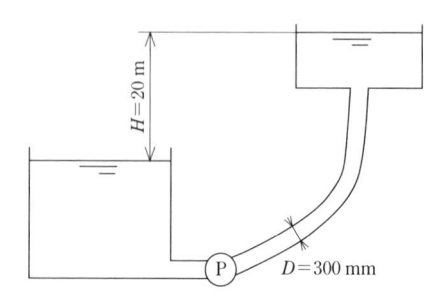

図 4.17　ポンプによる輸送

$$= \frac{(1.8)(1.41)^2}{2} + (9.8)(20) = 198 \text{ J} \cdot \text{kg}^{-1}$$

ポンプ軸動力 P_s は

$$P_s = \frac{wW}{\eta} = \frac{(10^3)(100 \times 10^{-3})(198)}{0.75} = 26\,400 \text{ W} = 26.4 \text{ kW}$$

4.5.3 非円形管の圧力損失

　エアコンや換気のための空調のダクトでは断面が長方形の管路が使われ，熱交換器には二重管路が用いられ外側の流体は環状通路を通るように，断面が非円形の管が使用されることも多い．そこで，円管で得られた結果を流用することを考えてみる．そのためには，円管固有の「直径」に相当する量を一般化する必要がある．

　今，任意断面形状の管の流体が流れている断面積を A，管断面において流体が管壁と接している部分の長さ（これを濡れ縁長という）を U とするとき，その比 (A/U) を平均水力水深 r_h といい，その4倍を**相当直径** D_e と称し，D_e は次式で定義される．

$$D_e = 4r_h = 4(A/U) \tag{4.43}$$

したがって，Re の定義式(4.3)，Fanningの式(4.23)，相対粗度 (ε/D) などに現れる直径 D を相当直径 D_e で置き換えることによって，非円形管の圧力損失を求めることができる．

　図4.18に示した代表的な非円形管の相当直径を求めてみよう．

(a)　二重管の環状路　　$D_e = \dfrac{4\left(\dfrac{\pi}{4}D_2{}^2 - \dfrac{\pi}{4}D_1{}^2\right)}{(\pi D_2 + \pi D_1)} = D_2 - D_1$

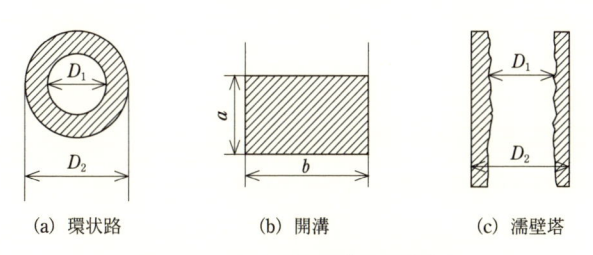

図 4.18　おもな非円形管の相当直径

(b) 開溝　$D_e = 4ab/(2a+b)$

(c) 濡壁塔　$D_e = \dfrac{4\left(\dfrac{\pi}{4}D_2{}^2 - \dfrac{\pi}{4}D_1{}^2\right)}{\pi D_1} = \dfrac{(D_2 - D_1)(D_2 + D_1)}{D_1} \approx 2(D_2 - D_1)$

　　　　　　　($\because$　$D_1 \approx D_2$ より $(D_2 + D_1)/D_1 \approx 2$)

[例題 4.9]
　同じ断面積，同じ長さをもつ円管と正方形断面の管を流れる乱流において，管摩擦損失ヘッドが等しいとき，流量比はいくらか．ただし，両管の管摩擦係数は等しいものとする．

[解]
　円管の摩擦損失ヘッド h_1 は，式(4.23)より

$$h_1 = 4f\left(\frac{u_{b1}{}^2}{2g}\right)\left(\frac{L}{D}\right) \tag{1}$$

正方形断面の場合，正方形の一辺を a とすると，相当直径 D_e は，

$$D_e = 4 \times \frac{a^2}{4a} = a$$

したがって，正方形断面の管摩擦損失ヘッド h_2 は，

$$h_2 = 4f\left(\frac{u_{b2}{}^2}{2g}\right)\left(\frac{L}{a}\right) \tag{2}$$

題意より $h_1 = h_2$　よって式(1)，(2)より　$\dfrac{u_{b2}}{u_{b1}} = \left(\dfrac{a}{D}\right)^{1/2}$

両管の面積が等しいので，$\dfrac{\pi D^2}{4} = a^2$　よって $\dfrac{a}{D} = \left(\dfrac{\pi}{4}\right)^{1/2}$

したがって，流量比は

$$\frac{Q_2}{Q_1} = \frac{A u_{b2}}{A u_{b1}} = \left(\frac{a}{D}\right)^{1/2} = \left\{\left(\frac{\pi}{4}\right)^{1/2}\right\}^{1/2} = 0.941$$

4.6　粒子がかかわる流動プロセス

4.6.1　流体中の粒子の運動

　図 4.1 の中水道システムでは，排水処理に沈殿槽が設けられ，液中から微粒

子を重力により分離除去する沈降プロセスが利用される．原理は簡単であるが，最も基本となる分離方式として工業的にも極めて重要であり，またより高度な分離となる遠心分離などの基礎ともなり，大きな遠心力を作用させるとタンパク質のような高分子物質でさえも分離できる．

沈降プロセスでは，一個の粒子が液体中を自由に**沈降**する場合が基本となる．今，直径 d_p，密度 ρ_s の一個の粒子が密度 ρ，粘度 μ の液体中を重力により沈降する場合を考えてみよう．このとき，粒子には，図 4.19 のように，下向きの沈降方向に重力 $(\pi/6)d_p^3\rho_s g$ が作用するとともに，上向きに浮力 $(\pi/6)d_p^3\rho g$ が働く．また，これらの力のほかに，流体による**抵抗力** $R[\mathrm{N}]$ が上向きに働く．これらから，下向き方向を正にとると，粒子の運動方程式は，Newton の運動の第 2 法則((力 F)＝(質量 M)×(加速度 a))により，次式で書き表せる．

$$\left(\frac{\pi d_p^3}{6}\right)\rho_s\left(\frac{du}{d\theta}\right) = \left(\frac{\pi d_p^3}{6}\right)\rho_s g - \left(\frac{\pi d_p^3}{6}\right)\rho g - R \tag{4.44}$$

$u\,[\mathrm{m \cdot s^{-1}}]$ は沈降速度，$\theta\,[\mathrm{s}]$ は沈降時間である．

抵抗力 R の関数形を予測するには，**次元解析**の手法を用いると便利である．これは，物理的に意味のある等式においては，各項の次元が等しいことを利用して，その物理現象を表す等式を導く解析方法であり，Buckingham(バッキンガム)の π 定理が利用できる．この定理は，n 個の物理量 $q_1, q_2, \cdots, q_n$ の間に

$$f(q_1, q_2, \cdots, q_n) = 0$$

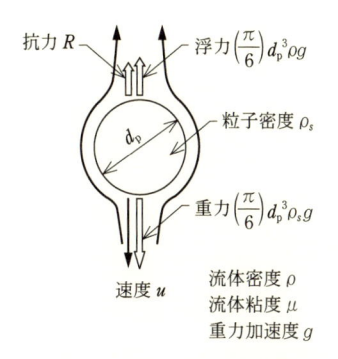

図 4.19 流体中の粒子に作用する力

の関係があり，m 個の基本的次元(力学系の場合には，長さ[L]，質量[M]，時間[T]の3つであり，$m=3$ となり，この数の繰り返し変数を物理量のなかから選び，それらは次元的に互いに独立でなければならない)で表されるならば，$(n-m)$ 個の互いに独立した無次元量 $\pi_1, \pi_2, \cdots, \pi_{n-m}$ を変数とする

$$\phi(\pi_1, \pi_2, \cdots, \pi_{n-m})=0$$

の形で置き換えることができるというものである．

今，抵抗力 R を考えると，関係する物理量は，R のほかに球の直径 d_p，沈降速度 u，流体の密度 ρ および粘度 μ の5つであり，$n=5$，$m=3$ より，$n-m=2$ となり，2個の無次元量で現象を記述できる．π パラメータは2個であり，d_p，u，ρ の3個を繰り返し変数に選ぶと，

$$\pi_1 = d_\mathrm{p}^{\alpha_1} u^{\beta_1} \rho^{\gamma_1} R, \quad \pi_2 = d_\mathrm{p}^{\alpha_2} u^{\beta_2} \rho^{\gamma_2} \mu$$

したがって，次の次元式が得られる．

$$[\mathrm{M^0 L^0 T^0}] = [\mathrm{L}]^{\alpha_1} [\mathrm{LT^{-1}}]^{\beta_1} [\mathrm{ML^{-3}}]^{\gamma_1} [\mathrm{MLT^{-2}}]$$
$$[\mathrm{M^0 L^0 T^0}] = [\mathrm{L}]^{\alpha_2} [\mathrm{LT^{-1}}]^{\beta_2} [\mathrm{ML^{-3}}]^{\gamma_2} [\mathrm{ML^{-1}T^{-1}}]$$

これより，M，L，T の指数に対する連立方程式は次のようになる．

$$0 = \gamma_1 + 1, \quad 0 = \alpha_1 + \beta_1 - 3\gamma_1 + 1, \quad 0 = -\beta_1 - 2$$
$$0 = \gamma_2 + 1, \quad 0 = \alpha_2 + \beta_2 - 3\gamma_2 - 1, \quad 0 = -\beta_2 - 1$$

これらを解いて，

$$\alpha_1 = -2, \quad \beta_1 = -2, \quad \gamma_1 = -1, \quad \alpha_2 = -1, \quad \beta_2 = -1, \quad \gamma_2 = -1$$

よって，無次元パラメータ π_1，π_2 は，

$$\pi_1 = R/(\rho u^2 d_\mathrm{p}^2), \quad \pi_2 = \mu/(\rho u d_\mathrm{p})$$

したがって，$\phi(\pi_1, \pi_2) = 0$
$\pi_1 = \phi_1(1/\pi_2)$ と置き換えると，

$$R = \rho u^2 d_\mathrm{p}^2 \phi_1(Re)$$

C_D を**抵抗係数**とし，$C_\mathrm{D} = (8/\pi) \phi_1(Re)$ とおくと，C_D は Reynolds 数の関数で，抵抗力 R は次式で表される．

$$R = C_\mathrm{D} \left(\frac{\pi d_\mathrm{p}^2}{4} \right) \left(\frac{\rho u^2}{2} \right) \tag{4.45}$$

すなわち，抵抗力 R は，単位質量あたりの運動エネルギー($\rho u^2/2$)と粒子の移動方向に垂直な面への投影面積($\pi d_\mathrm{p}^2/4$)に比例し，比例定数 C_D は抵抗係数

といい，**粒子 Reynolds 数** $Re(=d_\mathrm{p} u \rho/\mu)$ の関数となる．$Re \leqq 2$ の粘性力の影響が大きい Re が小さな Stokes (ストークス) 領域では，C_D の値を理論的に導出でき，次式で表すことができる．

$$C_\mathrm{D} = 24/Re \tag{4.46}$$

式(4.45)，(4.46)を用いると，式(4.44)は次式となる．

$$\frac{\mathrm{d}u}{\mathrm{d}\theta} = \frac{(\rho_\mathrm{s} - \rho)g}{\rho_\mathrm{s}} - \frac{18\mu u}{\rho_\mathrm{s} d_\mathrm{p}^2} \tag{4.47}$$

粒子が静止状態から沈降し始めると，初めは速度 $u=0$ であるので，右辺第二項は0となり，粒子は正の加速度 $(\mathrm{d}u/\mathrm{d}\theta)$ を受けて加速される．このため粒子の沈降速度は次第に増大するが，沈降速度 u が増大すると右辺第二項が増大するため，加速度 $(\mathrm{d}u/\mathrm{d}\theta)$ は次第に減少する．やがて，右辺第二項は第一項と等しい値となり，このとき加速度 $(\mathrm{d}u/\mathrm{d}\theta)$ は0となり，以後は等速度で沈降する．この速度を粒子の**終末沈降速度**という．終末沈降速度 u_t を求めるには，$\mathrm{d}u/\mathrm{d}\theta=0$ とおいて，式(4.47)を u について解けばよく，u_t は次式で与えられる．

$$u_\mathrm{t} = \frac{(\rho_\mathrm{s} - \rho)g d_\mathrm{p}^2}{18\mu} \tag{4.48}$$

この式は，**Stokes の沈降速度式**といい，粒子径 d_p，粒子密度 ρ_s，流体密度 ρ，流体粘度 μ がわかれば，その粒子の沈降速度 u_t を求めることができ，沈殿槽の設計の基礎となる．

[**例題 4.10**]

水深2mの回分沈降層で希薄懸濁液を処理する．懸濁液中の最小粒子が30 μm で密度が 2.6 g・cm^{-3} のとき，全粒子が沈降しきるのに要する時間を求めよ．なお，水温は 20℃ である．

[**解**]

$Re \leqq 2$ と仮定すると，式(4.48)より

$$u_\mathrm{t} = \frac{(2\,600 - 998)(9.8)(3 \times 10^{-5})^2}{(18)(1.0 \times 10^{-3})} = 7.85 \times 10^{-4}\,\mathrm{m \cdot s^{-1}}$$

$$Re = \frac{(3 \times 10^{-5})(7.85 \times 10^{-4})(998)}{(1.0 \times 10^{-3})} = 0.0235$$

$Re \leq 2$ より式(4.48)が適用できる

$2/(7.85 \times 10^{-4}) = 2\,548 \text{ s} = 42.5 \text{ min}$

4.6.2 粒状層内の流動

図4.1の中水道システムでは，排水処理の最終段に沈殿槽が設けられ，微粒子が沈降分離されるが，飲料水製造のための浄水処理では，さらに高度に水を浄化するため，砂の粒子を充塡した**粒状層**内に液を流して液中にごくわずかに含まれる微粒子を捕捉除去する．自然界でも，たとえば富士山の積雪が雪解けとともに粒状層の一種と見なせる土壌中を浸透して水が浄化され，名水として知られる柿田川の湧き水として湧き出るように，粒状層内の流動が重要な役割を担っている．

厚さ L の粒状層に圧力 Δp を作用させ，粘度 μ の液体を透過させたときの液流速 q は，実験的に次の**Darcy**(ダルシー)**式**で記述できる．

$$q = \frac{K_D}{\mu} \cdot \frac{\Delta p}{L} \tag{4.49}$$

$q[\text{m} \cdot \text{s}^{-1}]$ は**見かけ流速**で，粒状層単位断面積を単位時間あたりに透過する液体積であり，$K_D[\text{m}^2]$ は**透過率**という．

次に，透過率 K_D の中身について，考えてみよう．粒状層内の液流路が多数の毛細管の集合と考え，その毛細管内の流れに管内層流流動のHagen-Poiseulli式(4.19)を適用することによって，粒状層内の流動を記述することができ，見かけ流速 q は次式で表される．

$$q = \frac{\varepsilon^3}{T^2 K_0 S_0^2 (1-\varepsilon)^2} \cdot \frac{\Delta p}{\mu L} = \frac{\varepsilon^3}{k S_0^2 (1-\varepsilon)^2} \cdot \frac{\Delta p}{\mu L} \tag{4.50}$$

ε は**空隙率**で，粒状層の体積に対する粒状層内の空隙体積の比，T は粒状層内の液流路の屈曲の度合いを表す屈曲率で，粒状層の厚さに対する毛細管長さの比，K_0 は定数，S_0 は固体粒子の**比表面積**で，固体粒子単位体積あたりの表面積である．また，$k(\equiv T^2 K_0)$ は**Kozeny**(コゼニィ)**定数**で，通常の粒子充塡層では $k=5.0$ となる．式(4.50)は，**Kozeny-Carman**(コゼニィ・カーマン)**式**と呼ばれ，見かけ流速 q と圧損 Δp との関係を与え，粒状層内流動の設計のための基礎式となる．Kozeny-Carman式(4.50)をDarcy式(4.49)と比較す

ると，K_D は次式で表されることがわかる．

$$K_D = \frac{\varepsilon^3}{kS_0^2(1-\varepsilon)^2} \tag{4.51}$$

式(4.50)の関係を利用して比表面積 S_0 を求めることができ，直径 d_s の球形粒子の比表面積は $6/d_s$ になることから，S_0 の比表面積をもつ非球形粒子と同じ比表面積をもつ球形粒子の直径，すなわち**比表面積径** d_p は，次式で与えることができる．

$$d_p = 6/S_0 \tag{4.52}$$

[例題 4.11]

断面積 6 000 cm² の砂濾過器に密度 2 650 kg・m⁻³，比表面積径 0.35 mm の砂を 1 080 kg，厚さ 120 cm に敷き詰め，粒状層の濾層を形成し，水を透過させた．80 m・d⁻¹ の透過速度を得るには，どれ程の水頭差[mH₂O]を与えればよいか．ただし，流れは層流であり，Kozeny-Carman 式が適用できるものとする．

[解]

W を砂の質量，ρ_s を砂の密度とすると，$W = \rho_s AL(1-\varepsilon)$

$$1-\varepsilon = \frac{1\,080}{(2\,650)(0.6)(1.2)} = 0.566 \qquad \varepsilon = 0.434$$

$$q = \frac{80}{(24)(3\,600)} = 9.26 \times 10^{-4} \text{ m}\cdot\text{s}^{-1}$$

式(4.50)より

$$\Delta p = \frac{kS_0^2(1-\varepsilon)^2}{\varepsilon^3}\mu Lq$$

$$= \frac{(5)\{6/(0.35\times 10^{-3})\}^2(0.566)^2}{(0.434)^3}(10^{-3})(1.2)(9.26\times 10^{-4}) = 6\,399 \text{ Pa}$$

$\Delta p = \rho g \Delta h$ より $\Delta h = \dfrac{6\,399}{(1\,000)(9.8)} = 0.652$ m

よって水頭差は 0.652 mH₂O

演習問題

4.1 直径 25 mm の円管の中を流量 $0.04 \text{ m}^3 \cdot \text{min}^{-1}$ の水が流れている．この流れは層流か乱流かを判断せよ．ただし，水温は 20℃ とする．

4.2 図 4.20 のように，水槽の側壁に小孔（オリフィス）が設けられており，密度 ρ の液体が大気中に流出している．タンクの液面が $h_1 = 1.5$ m から $h_2 = 0.8$ m まで降下するのに要する時間を求めよ．水槽液面の内径は 500 mm，オリフィス孔径は 20 mm とする．

4.3 図 4.21 のような同心二重円管内を流れる液体の層流流動の速度分布を導け．

4.4 せん断応力 τ と速度勾配 (du/dr) との関係が $\tau = K(-du/dr)^n$ で与えられる非 Newton 流体が半径 R の水平円管内を層流流動している．このとき，平均流速 u_b と最大流速 u_{max} との関係を求めよ．

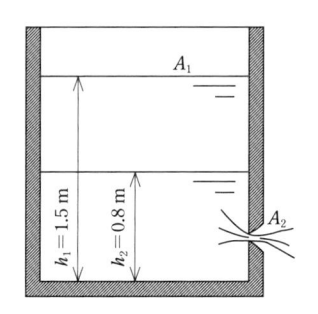

図 4.20 液の流出による容器内液面の低下

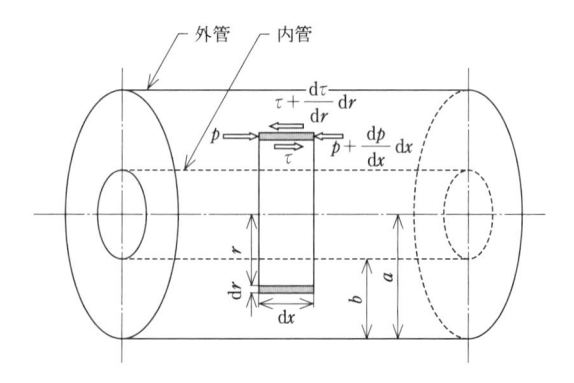

図 4.21 同心二重円管内の液体要素に作用する力

4.5 滑らかな円管で送水するとき，流量一定のもとで管内径を1.5倍にすると管摩擦損失は何倍になるか．ただし，管摩擦係数はBlasiusの式に従うものとする．

4.6 送水用鋳鉄管の内径がさびのため2.5%減少した．管の出入口における圧力差が一定のとき，流量は何%減少するか．また，内径が減少する前と同じ流量を得るためには，管の出入口の圧力差を何%増す必要があるか．ただし，管摩擦係数は一定とする．

4.7 孔径3 cmの管オリフィスメータで20℃の水の流量を測定する．U字管マノメータの封液には水銀を使用し，封液の高さの差Δhは2.3 cmであった．差圧の読みが小さく測定誤差が大きいので，封液に密度が水銀の1/4の液を使用すると，差圧の読みは何倍に変化するか．ただし，水および水銀の密度は，それぞれ0.998，13.6 g・cm^{-3}とする．

4.8 図4.22に示すような水槽から内径150 mmの鋼管によって，A点から水が1.6 m・s^{-1}の平均流速で流出している．このとき，A，B両点間の高さの差hを求めよ．ただし，管の摩擦係数fは0.006，管の入口の損失係数は0.55，曲がり管の抵抗係数は0.7とする．

4.9 20℃の水が0.3 m^3・s^{-1}の割合で内径400 mmの鋼管により300 m離れたA点からB点へ送られている．B点はA点より18 m高く，196 kPaの圧力が必要である．A点の圧力を求めよ．ただし，管の摩擦係数fは0.005とする．

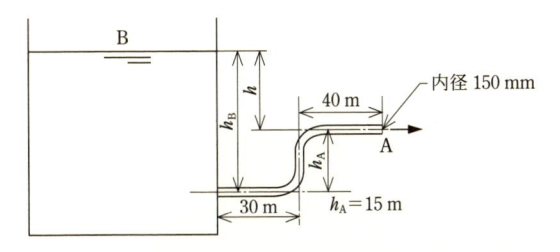

図 4.22 水槽に接続された曲がり管からの液の流出

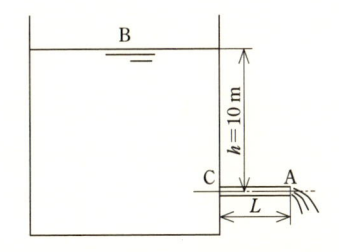

図 4.23 水槽に接続された管からの液の流出

4.10 図 4.23 のように水面 B が上下しない十分に大きな水槽があり，内径 50 mm の水平な円管を用いて管端 A から水を平均流速 2.5 m・s^{-1} で流出させている．C(A) から水槽の水面 B までの高さ h は一定で 10 m に保たれているとき，AC 間の管路の長さ L [m] を求めよ．ただし，管摩擦係数 $f = 0.0055$ とし，その他の諸損失はないものとする．なお，A および B の圧力は大気圧とする．

4.11 図 4.24 のように，断面積を 2 段に急拡大して減速する場合，中間の円管内での平均流速 u_b をどのようにすれば，急拡大による損失ヘッドは最小となるか．その場合，1 段で急拡大して減速する場合の損失ヘッドとの比を求めよ．

4.12 50℃ の水を内径が 2.5 cm の鋼管を用いて 1.8 m^3・h^{-1} の割合で輸送する．管路は水平に 40 m，その終端から垂直に上向きに 8 m であり，管路の途中には仕切弁 1 個，90°エルボ 2 個と熱交換器がある．熱交換器を流れる場合，水柱 2.5 m の圧損が起きるとすれば，使用すべきポンプの所要動力を求めよ．ただし，仕切弁，90°エルボの相当長さはそれぞれ 0.17，0.8 m，管摩擦係数 f は 0.0065，ポンプ効率は 0.70 である．

4.13 20℃ の常圧の空気（密度 1.21 kg・m^{-3}）が 2.5 m・s^{-1} の平均流速で高さ 30 cm，幅 50 cm，長さ 300 m の長方形断面の換気用れんが製通路内を送風機によって流すとき，その所要動力はいくらか．ただし，管摩擦係数 f は 0.0055 とし，送風機の効率を 0.60 とする．

4.14 密度 3.5 g・cm^{-3} の球形粒子を 20℃ の水中で沈降させると，沈降速度は 2.8×10^{-2} cm・s^{-1} という値を得た．粒子径を求めよ．

4.15 砂濾過器に砂を充填して，空隙率 $\varepsilon = 0.45$ の充填層をつくり，一定圧力下で水を透過させたところ，透過流速は目標値の 3 倍であった．そこで，透過流速が目標値となるように，同じ量の砂をより密に充填し直した．このときの空隙率を求めよ．ただし，流れは層流であり，Kozeny-Carman 式が適用できるものとする．

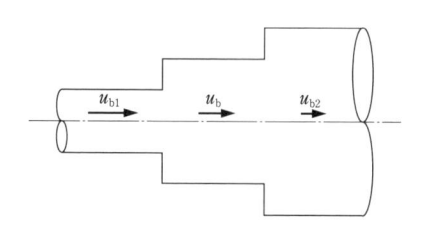

図 4.24 管路断面の 2 段階の急拡大

5

物質移動と分離プロセス

5.1 分離プロセスの役割

　製品が原料から反応や加工プロセスを経て製品化されるとき，多くの場合生成物には未反応の原料や副生成物を含むので，最終製品にするには分離精製プロセスが必要となる．たとえばビタミンC（L-アスコルビン酸）は工業的にはブドウ糖から7つの反応工程を経てつくられる．ビタミンCは医薬品のなかで最も大量に生産されている薬品の1つであって，プロセスの合理化のために連続化が取り入れられている．その製造工程を図5.1に示す．ここでは蒸留，濾過，遠心分離，乾燥，抽出などの分離プロセスを経てビタミンCがつくられる．

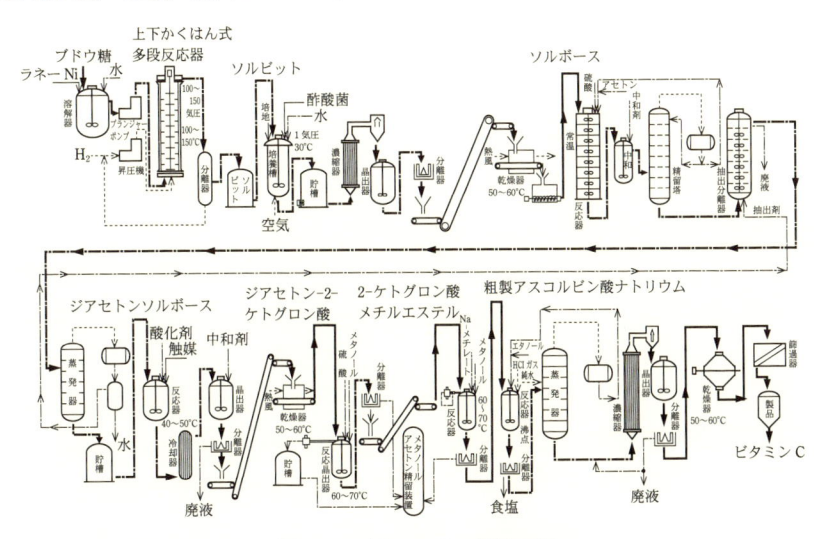

図 5.1　ビタミンCの製造工程

物質の分離・精製・濃縮プロセスは医薬品分野や化学産業に限らず食品産業，電子産業などあらゆる分野で用いられ，分離・精製・濃縮行程のない製造プロセスはないと言っても過言でない．また分離・精製技術は環境保全や新材料開発などでも重要な役割を担っている．循環型社会を構築する1つの要素に資源の再利用がある．不要な部分を捨て，利用できる部分を分別，再資源化する．ここでも各種の分離精製技術が必要となる．製造プロセスに最適な分離精製装置を導入するには種々の分離精製法を知らねばならない．分離プロセスの学問的基盤の1つが移動速度論である．本章では化学工場や食品工場などで広く用いられる蒸留，ガス吸収および膜分離の各プロセスについて分離の原理や特徴を知り，それらの分離装置の基本的な設計法について学ぶ．

5.2 物質移動と分離プロセス

熱は温度差があれば，温度の高いところから低いところに自然に移るのと同じように，物質は濃度差があれば自発過程として濃度の高いところから低いところへ拡散し，その速さは濃度勾配に比例する．成分Aの単位面積あたりの拡散速度（拡散流束）J_Aは比例定数をD_{AB}とする次式で表すことができる．

$$J_A = -D_{AB}\frac{dC_A}{dr} \tag{5.1}$$

これを**Fickの拡散式**という．比例定数D_{AB}を**拡散係数**といい，物質固有の値である．たとえば0℃の空気(B)中の水(A)の拡散係数は$0.220\,\mathrm{cm^2\cdot s^{-1}}$であり，また18℃の水(B)中の塩NaCl(A)の拡散係数は$0.0000126\,\mathrm{cm^2\cdot s^{-1}}$である．物質移動はたとえば「洗濯物を乾燥させる」という操作において布という固相に含まれる「水分(子)(A)」を「空気(B)」という気相に移動させる操作や，塩を溶かすという操作においてNaCl(A)を固液界面から水(B)中本体に向けて移動させる操作などで観察される．分離は物質の異相間の移動を利用し，分離プロセスは物質の移動を制御する方法であり，移動速度論は物質の移動現象を解明する学問である．

物質移動速度は濃度差に比例する．たとえば乾燥操作において湿った布に含まれる水が蒸発し，気相を移動する場合，単位面積あたりの水(A)の移動速度

(モル流束)N_A は次式で表すことができる.

$$N_A = k_G(p_{Ai} - p_{Ab}) \tag{5.2}$$

ここで p_{Ai} および p_{Ab} はそれぞれ布に含まれる水に接する気相界面および大気中(バルク)の水(A)の蒸気圧である.その比例係数 k_G をガス側**物質移動係数**という.物質の移動流束は液相でも同様に表すことができる.

$$N_A = k_L(C_{Ai} - C_{Ab}) \tag{5.3}$$

ここで C_{Ai} および C_{Ab} はそれぞれ NaCl 結晶と液体に接する固-液界面および液体(B)中(バルク)の NaCl(A)のモル濃度である.その比例係数 k_L を液側物質移動係数という.図5.2に物質の移動現象の例として気相系には湿った布の乾燥と液相系には結晶 NaCl の溶解現象を示す.物質移動係数は拡散係数と異なり,温度,圧力以外に流体の速度などの操作条件にも依存する.たとえば早く乾燥させたり,早く NaCl を溶かすためには温度を上げることのほか,撹拌速度(ω)を上げ,ガス側や液側の物質移動係数を大きくする.このように物質移動係数は流れや装置の構造などに影響を受けるので物性値ではないが,分離装置を設計するときなどに必要なパラメーターである.物質移動係数と拡散係数の関係は濃度の急激な変化を起こす領域の仮想的な厚み,すなわち濃度境膜厚み δ を用いて次式で表すことができる(図5.2参照).

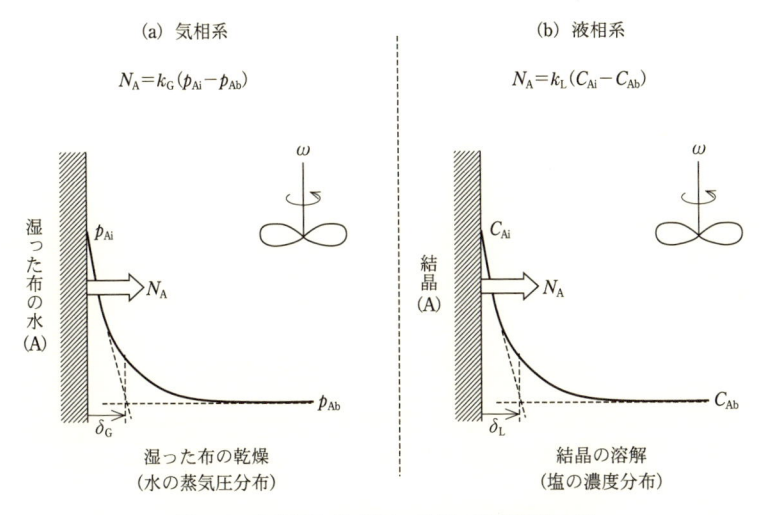

図 5.2 気相系と液相系の物質の移動現象の例

$$k = \frac{D_{AB}}{\delta} \tag{5.4}$$

撹拌速度 ω が速くなれば境膜厚み δ は小さくなり，分子拡散係数は撹拌速度に依存しないので物質移動係数 k は大きくなる．物質移動速度については5.4節ガス吸収プロセスのところで詳細に説明する．

5.3 蒸留プロセス

今再生可能な燃料・資源として「バイオエタノール」の研究が盛んに行われている．代表的なバイオエタノールはサトウキビの製糖廃液(糖廃蜜：モラシス)をアルコール発酵させてつくる．発酵した5〜10%の濃度のアルコール成分を蒸留で90%以上の濃度に濃縮し，ガソリンの代替や工業原料として利用する．ガソリンも同様にいろいろな成分を含む原油のそれぞれの沸点(蒸気圧)の差を利用して蒸留塔で精製し，揮発性の高い留分の製品をガソリンとして取り出す．蒸留は有効成分の回収や濃縮・精製などの目的で実験室や化学工場などで古くから利用され，近年の石油化学工業の発展とともに発展し，今なお広く用いられている代表的な分離方法である．図5.3に原油の蒸留による石油製品を示す．原油は蒸留塔に連続的に送られ各種石油製品に精製される．

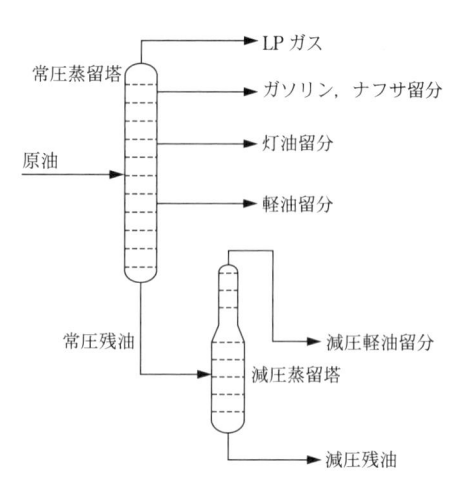

図 5.3 蒸留による原油の精製

5.3.1 いろいろな蒸留(塔)

濃度 10%(モル基準)のメタノール水溶液を 1 atm の下で加熱すると，87.7 ℃で沸騰し，(蒸)気相には 41.8%(モル基準)のメタノール水蒸気が得られる．これは同じ温度で純メタノールの蒸気圧の方が純水の蒸気圧より高く，メタノールの揮発性が高いためである．混合液から揮発性成分(低沸成分)を濃縮するには混合物を構成する各成分の蒸気圧の差を利用する．そのために溶液を加熱し，蒸発させ，低沸成分が液相より多く含んだ蒸気相を冷却し，凝縮させ，凝縮(濃縮)液を得る．この操作を**蒸留**といい，1度蒸留槽に仕込んだ溶液を蒸留し，凝縮液を蒸留槽(フラスコ)に戻すことなく蒸留する操作を**単蒸留**という．また溶液の一部を蒸発させ，気液を十分接触させ，平衡にして蒸気と溶液を1段で連続的に取り出し，分離する方法を**フラッシュ蒸留**という．

原料を連続的に蒸留塔に供給し，加熱し，できた蒸気を塔内の充填物や棚段を介し気液接触させ，凝縮させ，その凝縮熱を使って凝縮液を再び蒸発させる．このように蒸留で部分的に凝縮を起こすことを**分縮**といい分縮効果を利用して蒸留する操作を**精留**という．精留は単蒸留による濃縮より遥かに揮発性成分を濃縮することができる．工業的に使用している蒸留塔は分縮効果を利用しているので厳密には精留塔というべきであるが一般に蒸留塔と称している．連続的に精留する塔を**連続蒸留(精留)塔**，一度仕込んだ原料液だけを精留する塔を**回分蒸留(精留)塔**という．

蒸留塔内で気液が十分接触すれば気液は平衡に近づく．また蒸発するときに蒸発潜熱を必要とし，逆に凝縮するときは凝縮熱が出る．これらの蒸発熱と凝縮熱を補完すれば，蒸留塔に必要なエネルギーは少なくて済む．蒸留塔では気液の接触と相変化に伴う熱の出入りを効率よく行わせることが重要で，その方法に**段方式**(段型接触)や**充填層方式**(微分接触)がある．微分接触分離装置については次節の「ガス吸収プロセス」のところで説明する．本節では**段型連続蒸留(精留)塔**を用いて段型分離装置の基本的な設計法を学ぶ．

5.3.2 蒸気圧と気液平衡関係

a. 純物質の蒸気圧

メタノール(A)は水(B)と任意の割合で完全に溶け均一な水溶液になる．全圧 1 atm のときのメタノール水溶液のメタノールのモル分率 x および蒸気相のメタノールのモル分率 y と，沸点 t との関係を表 5.1 に示す．純物質の蒸気圧が 1 atm の温度すなわち通常沸点は化学工学便覧などを参照されたい．また純物質の任意の温度 $T[\mathrm{K}]$ における蒸気圧 $p[\mathrm{kPa}]$ は Antoine(アントワン)の式(5.5)などから推算することができる．

$$\log p = A - B/(T-C) \tag{5.5}$$

A, B, C は Antoine 定数といわれ，その値は化学工学便覧などを参照されたい．

b. 理想溶液の気液平衡関係

A，B 2 成分系の溶液を考え揮発性成分(低沸成分)を注目成分 A とし，液相のモル分率を x，気相のモル分率を y で表す．成分 A の蒸気圧 p_A が液相のモル分率 x_A に比例する溶液を**理想溶液**という．理想溶液の場合，高沸成分 B の蒸気圧 p_B についても同様に表すことができる．したがって理想溶液の p_A，および p_B は温度一定操作において次式で与えられる．

$$p_\mathrm{A} = P_\mathrm{A}^* x_\mathrm{A}, \qquad p_\mathrm{B} = P_\mathrm{B}^* x_\mathrm{B} \tag{5.6}$$

ここで P_A^*，P_B^* はそれぞれ純物質 A，B の蒸気圧で，$x_\mathrm{A} + x_\mathrm{B} = 1$ である．

全圧 P は Dalton の法則から次式で与えられる．

$$P = p_\mathrm{A} + p_\mathrm{B} = P_\mathrm{A}^* x_\mathrm{A} + P_\mathrm{B}^* x_\mathrm{B} = P_\mathrm{B}^* \{1 + (\alpha^* - 1)x\} \tag{5.7}$$

$$\text{ここで} \quad \alpha^* = P_\mathrm{A}^* / P_\mathrm{B}^* \tag{5.8}$$

α^* を理想溶液の**相対(比)揮発度**と称し，蒸留による分離のしやすさを表す．

表 5.1 メタノール-水系の気液平衡関係(全圧 1 atm)

t [℃]	100	96.4	93.5	91.2	89.3	87.7	84.4	81.7	78	75.3	73.1	71.2	69.3	67.5	66	65	64.5
x_A [mol分率]	0	0.02	0.04	0.06	0.08	0.1	0.15	0.2	0.3	0.4	0.5	0.6	0.7	0.8	0.9	0.95	1
y_A [mol分率]	0	0.13	0.23	0.30	0.36	0.42	0.52	0.58	0.67	0.73	0.78	0.83	0.87	0.92	0.96	0.98	1

相対揮発度は蒸留操作における分離係数 α_{AB} に等しく，実在溶液の相対揮発度 α は活量係数 γ を用いて次式で表せる．

$$\alpha = \alpha_{AB} = (y_A/y_B)/(x_A/x_B) = (\gamma_A/\gamma_B)\alpha^* \tag{5.9}$$

全圧 P と液相の組成 x との関係式(5.7)を**液相線**という．理想溶液の場合，液相線は p_A^* と p_B^* を結ぶ直線になる．全圧が液相線より高い場合には液体だけが存在する．一方，気相の A 成分のモル分率 y_A は Dalton の法則から得られ，液相組成 x との関係は次式になる．

$$y_A = p_A/P = p_A/(p_A+p_B) = \alpha^* x/\{1+(\alpha^*-1)x\} \tag{5.10}$$

上式を **Raoult（ラウール）の式**といい，理想溶液の気液平衡関係を表す．また全圧 P と気相の組成 y との関係を**気相線**といい，気相線は式(5.7)と式(5.10)から次式で表される．

$$P = P_A^*/\{\alpha^*+(1-\alpha^*)y\} \tag{5.11}$$

全圧が気相線より低い場合には気体だけが存在する．図5.4に $T=$ 一定のときの $P_A^*=250$ mmHg，$P_B^*=100$ mmHg，したがって $\alpha^*=2.5$ の場合の理想溶液の液相線と気相線を示す．系の圧力が液相線より高いときは液体で，気相線より低いときには蒸気になり，その間の圧力の場合には蒸気相と液相の2相が存在する．

蒸留は一般に大気圧下で行うので圧力一定の操作である．蒸留塔内は組成の

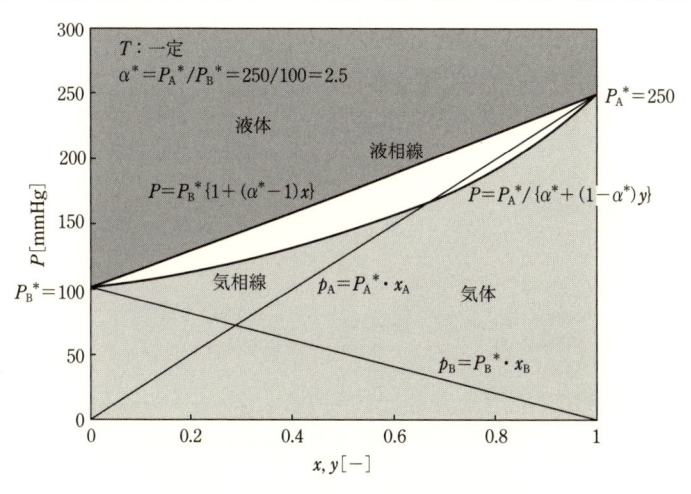

図 5.4 蒸気圧と組成の関係（温度一定）

変化に伴って沸点は変わり，α も変化する．蒸留塔を圧力一定で操作すると，塔上部は低沸成分が濃縮されるから，下部より低い温度で運転される．

c. 実在溶液の蒸気圧

実在溶液の蒸気圧は活量係数 γ を用いて次式で表せる．

$$p_A = \gamma_A x_A P_A^* \tag{5.12}$$

$$p_B = \gamma_B x_B P_B^* \tag{5.13}$$

活量係数の推算式にはMargulesの式やVan Laarの式などがある．Margulesの式は次式で与えられる．

$$\ln \gamma_A = x_B^2 \{A + 2(B-A)x_A\} \tag{5.14}$$

$$\ln \gamma_B = x_A^2 \{B + 2(A-B)x_B\} \tag{5.15}$$

$$(x_A + x_B = 1)$$

ここで A，B は系の定数でMargules定数といわれるもので，その値は化学工学便覧などを参照されたい．実在溶液の相平衡は理想溶液を活量係数で補正して求めることができる．

5.3.3 フラッシュ蒸留

原料を連続的に加熱供給し，減圧弁を介して低圧室に噴射させ，1段で蒸気と液を分離する操作を平衡フラッシュ蒸留という．フラッシュ蒸留器を図5.5に示す．原料，蒸気留分，および液留分のそれぞれのモル流速を F，V および L とし，またそれぞれの揮発性成分のモル分率を z，y，および x とすれば，混合物全体の収支と揮発性成分の収支はそれぞれ次式になる．

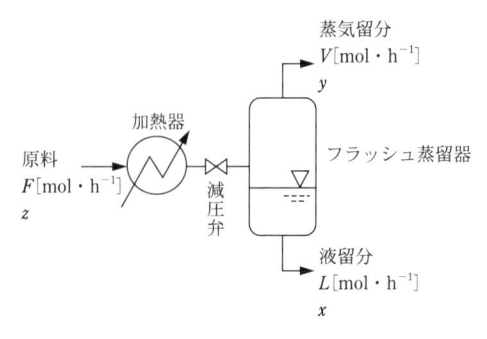

図5.5 フラッシュ蒸留器

$$F = V + L \tag{5.16}$$
$$Fz = Vy + Lx \tag{5.17}$$

上の2つの式から次式を得る．

$$L(z-x) = V(y-z) \tag{5.18}$$

上式から液留分と蒸気留分についてそれぞれの流速と原料濃度からそれぞれの濃度の差との積が等しいことがわかる．この関係を「**てこのルール**」という．

5.3.4 単蒸留

はじめにフラスコに仕込んだ揮発性の溶液を加熱蒸発させ，発生した蒸気を分縮させることなく，外部に取り出す蒸留を**単蒸留**という．単蒸留装置を図5.6に示す．単蒸留によって得られる留出液の組成は最初，揮発性成分を多く含むが，留出率が高くなると次第に最初に仕込んだ組成に近づく．最初にフラスコに仕込んだ液の量を L_0[mol]，組成を x_0，いくらか留出したときの残液量を L[mol]，その組成を x，そのとき発生する蒸気組成を y とすると，それから dL だけ微少量の蒸発が起こったときの物質収支は次式で表される．

$$Lx = (L - dL)(x - dx) + y dL \tag{5.19}$$

2次の微小量を省略し，整理すると次式を得る．

$$\frac{dL}{L} = \frac{dx}{y - x} \tag{5.20}$$

これを $(L_0 ; x_0)$ から $(L ; x)$ まで積分すると，次式を得る．

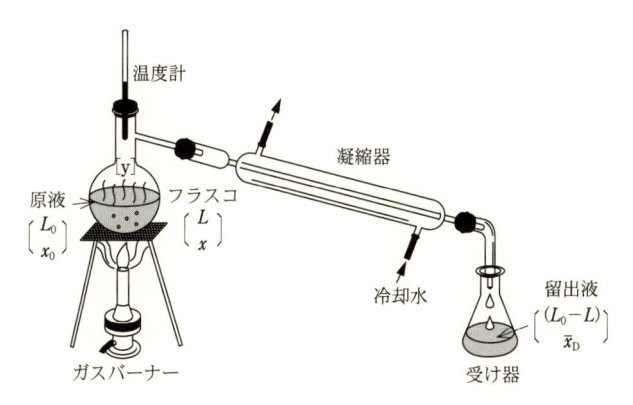

図 5.6 単蒸留装置

$$\ln\frac{L_0}{L}=\int_x^{x_0}\frac{\mathrm{d}x}{y-x} \tag{5.21}$$

上式は **Rayleigh（レーリー）の式** とよばれ，気液平衡関係がわかれば残液量とその組成の関係が求まる．この積分操作は一般に図積分が利用される．

留出した液量は (L_0-L) であり，その平均組成を $\bar{x}_\mathrm{D}$ とすれば次式を得る．

$$L_0 x_0 = Lx + (L_0-L)\bar{x}_\mathrm{D} \tag{5.22}$$

上式より $\bar{x}_\mathrm{D}$ として次式を得る．

$$\bar{x}_\mathrm{D}=\frac{L_0 x_0 - Lx}{L_0 - L} \tag{5.23}$$

溶液が比揮発度 α の理想溶液と仮定すれば，気液平衡関係は Raoult の式

$$y=\frac{\alpha x}{1+(\alpha-1)x} \tag{5.24}$$

で表されるので，Rayleigh の式は積分され次式となる．

$$\ln\frac{L_0}{L}=\frac{1}{\alpha-1}\left(\ln\frac{x_0}{x}+\alpha\ln\frac{1-x}{1-x_0}\right) \tag{5.25}$$

また留出率 β を次式で定義すると

$$\beta=(L_0-L)/L_0 \tag{5.26}$$

式(5.25)は次式となる．

$$\ln\frac{1}{1-\beta}=\frac{1}{\alpha-1}\ln\frac{x_0(1-x)}{x(1-x_0)}+\ln\frac{1-x}{1-x_0} \tag{5.27}$$

残留液組成 x は上式から x_0 と α が与えられれば，与えられた留出率 β に対して求めることができ，式(5.23)から留出液の平均組成 $\bar{x}_\mathrm{D}$ が算出できる．図 5.7 に低沸成分の仕込組成が 30 mol% の比揮発度 $\alpha=2,3,5,10$ の理想溶液（原料）を単蒸留した場合の β と x および $\bar{x}_\mathrm{D}$ の関係を示す．$\bar{x}_\mathrm{D}$ は $\beta=0$ のとき Raoult の式から算出され，揮発性成分の組成は最も高く，β が 1 に近づくと原料仕込み組成 $x_0=0.3$ に漸近する．一方残留液組成 x は β が 1 に近づくと 0 に漸近する．

[例題 5.1]

30 mol% のベンゼンと 70 mol% のトルエンの混合溶液を大気圧下で単蒸留した．原液の 40% が留出したときのフラスコ内の残留ベンゼンの組成 (x) と

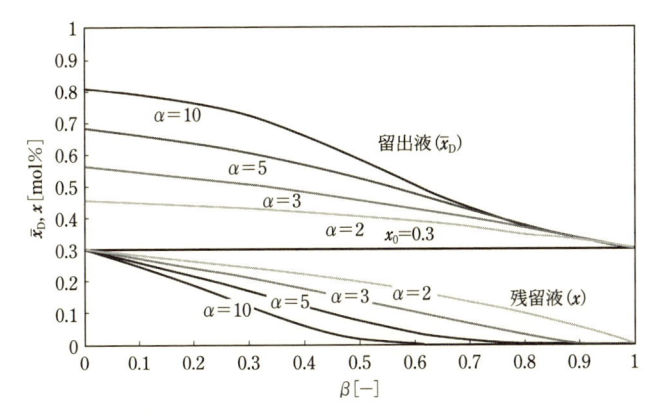

図 5.7 単蒸留による留出率(β)と留出液平均組成($\bar{x}_D$)，および残留液組成(x)の関係($x_0=0.3$の場合)

留出液の平均組成($\bar{x}_D$)を求めよ．ただしベンゼン-トルエン溶液を比揮発度が2.5の理想溶液とみなして計算せよ．

[解]

式(5.27)に $\alpha=2.5$，$\beta=0.4$ および $x_0=0.3$ を代入して，$x=0.1967$ を，これを式(5.23)に代入して $\bar{x}_D=0.4550$ を得る．また図5.7から，$\beta=0.4$，$\alpha=2.5$ の点を読み取ると $x=0.20$，$\bar{x}_D=0.45$ が得られる．

5.3.5 連続蒸留

a. 低沸成分の濃縮の原理

蒸留塔による低沸成分の濃縮の原理を説明するため，圧力一定(760 mmHg)で沸点と組成との関係の概念図を図5.8に示す．組成 x_1 の原液(点F)を組成一定で温度 T_1(点B)まで加熱すると，沸騰し始め，温度 T_C(点C)で完全に蒸気になり，さらに温度 T_S(点S)まで加熱すると過熱蒸気になる．逆に点Sから冷却して点Cで凝縮し始め，点Bで完全に溶液になる．各組成での沸騰し始める温度の軌跡を**沸騰線**といい，また凝縮し始める温度の軌跡を**凝縮線**という．

原液を温度 T_1 まで加熱し，蒸発させると，x_1 に平衡な組成 y_1 の蒸気(点P)が得られる．この蒸気を組成一定で冷却すると，蒸気は凝縮し始め，沸騰

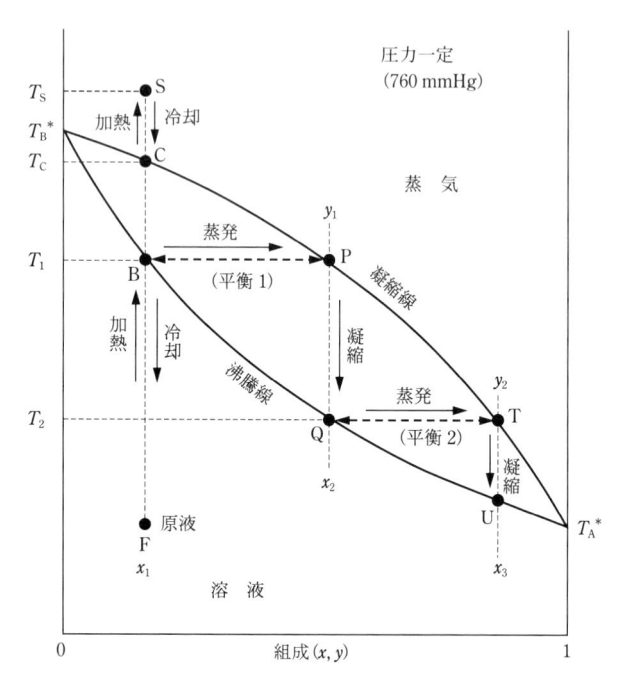

図 5.8 蒸留塔による低沸成分の濃縮の原理図

線(点 Q, 温度 T_2)で組成 x_2 の溶液になる($y_1=x_2$). ここで溶液を蒸発させれば, 溶液 x_2 に平衡な組成 y_2 の蒸気(点 T)が得られる. このように蒸発と凝縮を繰り返すことで揮発成分が次第に富んでくる.

　一般的な段型連続蒸留塔の概念図を図5.9に示す. 段型回分蒸留の場合には原料を蒸留缶(スチル)に1回仕込み, スチルより上を濃縮部と考え, 濃縮部だけから成る蒸留塔を考えれば対応できるので以下連続塔について説明する. 段型連続蒸留塔は濃度の適当な段から原料を供給し(供給速度:F [mol・s^{-1}], 濃度:z_F [モル分率]), 塔底のスチルあるいはリボイラーで加熱蒸発させ, 蒸気にして, 残りの液は缶出液として取り出される(缶出液速度:W [mol・s^{-1}], 濃度 x_W [モル分率]). 一方塔頂では濃縮された全蒸気を凝縮器(コンデンサー)で液に戻し(全縮), その一部は分縮のため, 塔内へ還され, 残りを留出液として取り出す(留出液速度:D [mol・s^{-1}], 濃度 x_D [モル分率]). この凝縮液を塔に戻すことを**還流**(還流液速度:L [mol・s^{-1}])という. 還流の

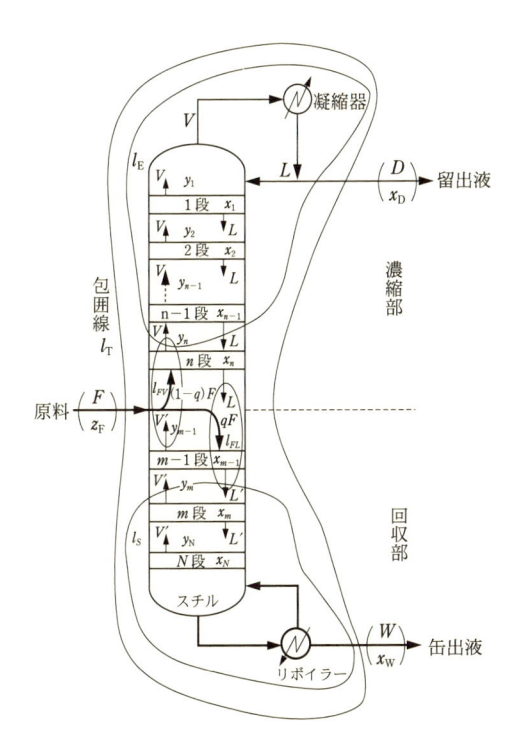

図 5.9 段型連続蒸留塔の概念図

大きさは還流比 $R[-]$ で表す.

$$R = L/D \tag{5.28}$$

還流比が大きいほど,蒸気と溶液との接触が十分に行われ,分縮効果が大きくなる.特に蒸留のスタート時や蒸留塔の性能の点検時などに,凝縮液を全部塔内へ還す**全還流**操作を行う.このとき R は無限大となり,留出液(製品)は得られない.塔内では蒸気が上昇流となり,凝縮液が下降流となって,気液は各段でキャップや皿を介して接触し,液はダウンカマーなどを通して下の段へ流れる.キャップ(泡鐘)型蒸留塔の断面図を図5.10に示す.このほかにも気液が十分接触し,圧力損失の小さい段型蒸留装置が考案されている.

b. 蒸留塔の段数

McCabe-Thiele(マッケーブ・シール)は2成分系混合溶液の蒸留塔の設計において,① 蒸発潜熱は組成によらず一定,② 各段に出入りする液のエンタ

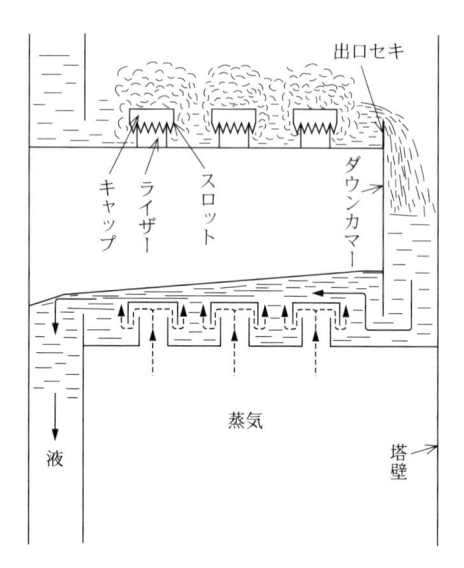

図 5.10 キャップ(泡鐘)型蒸留塔の断面図

ルピーは組成によらず一定,③塔は断熱で操作されている,④各段で気相および液相はそれぞれ完全混合,⑤各段で気液平衡が成立,の仮定を設けて,塔内の蒸気の上昇流と液の下降流はそれぞれ各段等しいとして,塔の段数の推算法を提案した.ここではこの McCabe-Thiele 法による蒸留塔の段数の算出法について述べる.

低沸成分は供給位置より上方で濃縮され,下方で回収されるので,上方を濃縮部,下方を回収部と称する.図5.9のように段数は塔頂から数え,濃縮部の任意の段を n 段,回収部のそれを m 段とし,濃縮部および回収部の上昇流量をそれぞれ V, V' [mol・s^{-1}],下降流量をそれぞれ L, L' [mol・s^{-1}] とする.また原料は液体の割合が q,蒸気の割合が $1-q$ で供給されるものとし,塔内の溶液および蒸気のA成分の組成(モル分率)をそれぞれ x, y とし,段数を添え字で表す.

塔全体の物質収支を包囲線 l_T でとれば,次の物質収支が成り立つ.

$$F = D + W \tag{5.29}$$

$$Fz_F = Dx_D + Wx_W \tag{5.30}$$

濃縮部においては n 段で溶液全体と低沸成分の物質収支を包囲線 l_E でとれば,

次式を得る．
$$V = L + D \tag{5.31}$$
$$V y_n = L x_{n-1} + D x_D \tag{5.32}$$
また還流比 R を用いて表すと，n 段目の蒸気組成 y は次式で与えられる．
$$y_n = \{R/(R+1)\} x_{n-1} + \{1/(R+1)\} x_D \tag{5.33}$$
上式は n 段の y と $n-1$ 段の x との関係を表し，濃縮部の**操作線**という．濃縮部の操作線を図 5.11 に示す．濃縮部の操作線は $x = x_D$ と対角線との交点 P を通る傾き $R/(R+1)(<1)$ の直線である．各段では M-T 法の仮定から気液平衡が成立しているので，理論段数は階段作図から求めることができる．

回収部においても濃縮部と同様に図 5.9 の包囲線 l_S で収支をとると，次の操作線を得る．
$$L' = V' + W \tag{5.34}$$
$$L' x_{m-1} = V' y_m + W x_W \tag{5.35}$$
$$y_m = (L'/V') x_{m-1} - (W/V') x_W \tag{5.36}$$
上式は $x = x_W$ と対角線との交点 Q を通る傾き $L'/V'(>1)$ の直線である．これを回収部の操作線といい，これらの関係を図 5.12 に示す．また原料供給部で下降流および上昇流について，図 5.9 でそれぞれ包囲線 l_{FL} および l_{FV} で収支を取ると，次式が成り立つ．

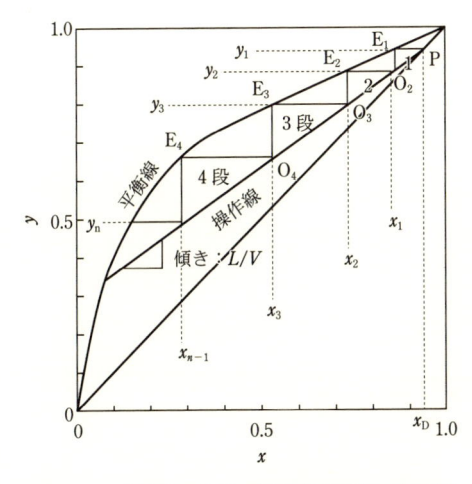

図 5.11　濃縮部の各段の濃度（平衡線と操作線）

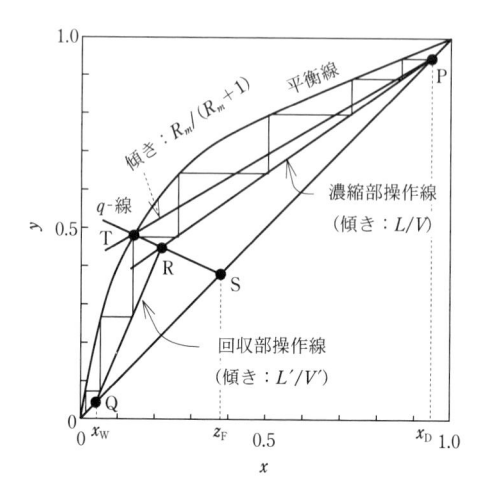

図 5.12 平衡線，操作線および q-線

$$下降流 \quad L+qF=L' \tag{5.37}$$
$$上昇流 \quad V=F(1-q)+V' \tag{5.38}$$

この関係式を使うと，濃縮部の操作線と回収部の操作線の交点 R の軌跡は上式から次式で表せる．

$$(1-q)y=-qx+z_F \tag{5.39}$$

これを **q-線** といい，$x=z_F$ と対角線の交点 S を通る傾き $-q/(1-q)$ (<0) の直線である．したがって塔全体の段数を求めるには留出液濃度と缶出液濃度の間で，濃縮部と回収部の操作線と平衡線の間の階段作図から，容易に平衡(理論)段数を求めることができる．作図から求めた段数は塔底のスチルあるいはリボイラーの1段も含まれ，これをステップ数 S という．したがって必要な理論段数 $N=S-1$ である．このような作図法で蒸留塔の段を求める方法を **McCabe-Thiele 法** という．実際の蒸留では各段で気液が必ずしも平衡でないこともある．このような考察から，平衡への到達の程度を表す割合すなわち**段効率**を用いて理論段数を補正する．

5.3.6 全還流と最小理論段数

蒸留塔を全還流で運転すると還流比 R は無限大となり，操作線は対角線 ($y=x$) になり，塔段数は最も少ない．この段数を**最小理論段数** N_m といい，

蒸留塔の段数を推算する基本になる．N_m は図解法から簡便に求めることができるが，気液平衡が Raoult の式で表せれば解析的にも容易に求めることができる．Raoult の式は次式のように変形できる．

$$\frac{y}{1-y}=\frac{ax}{1-x}=a\frac{x}{1-x} \tag{5.40}$$

全還流で操作するとき，操作線は対角線となり，第 n 段で次式が成立する．

$$x_{n-1}=y_n$$

一方平衡関係は次式が成立する

$$\frac{y_n}{1-y_n}=a\frac{x_n}{1-x_n}$$

相対揮発度 a を一定として，上の式を辺々を掛け合せば，次式を得る．

$$\frac{x_\mathrm{D}}{1-x_\mathrm{D}}=\frac{a^{(N_\mathrm{m}+1)}x_\mathrm{w}}{1-x_\mathrm{w}} \tag{5.41}$$

$$S_\mathrm{m}=N_\mathrm{m}+1=\frac{\ln\left(\dfrac{x_\mathrm{D}}{1-x_\mathrm{D}}\dfrac{1-x_\mathrm{w}}{x_\mathrm{w}}\right)}{\ln a} \tag{5.42}$$

上式を **Fenske（フェンスキー）の式** といい，N_m が x_D, x_w および a から解析的に求められる．実際の蒸留操作は大気圧下で行われ，塔内の温度は下部の方が上部より高く，a は組成と温度に依存するので，比揮発度は塔頂と塔底の幾何平均がよく用いられる．

$$a_\mathrm{av}=\sqrt{a_\mathrm{t}a_\mathrm{b}} \tag{5.43}$$

5.3.7 最小還流比

製品（留出液）をできるだけ多く得るには還流をできるだけ少なくする必要がある．図 5.12 に示すように，還流比 R を小さくすると濃縮部の操作線は P 点を軸に，傾きが少しずつ小さくなり，q-線が平衡線と交わる点 T まで可能である．この点を **ピンチ・ポイント** といい，その還流比を **最小還流比** といい R_m で表す．実際の蒸留の還流比は最小還流比の 2～3 倍程度が経済的といわれ，R_m は実操作の目安に使用される．

[例題 5.2]

比揮発度が 2.5 の 2 成分系理想溶液を段式連続蒸留塔で 1 atm の下に還流比 2 で精留している．モル分率 0.45 の原料を沸点液で 400 mol・h^{-1} の流速で供給している．塔頂より留出する液の濃度(モル分率)は 0.95, 缶出液の濃度(モル分率)は 0.05 である．McCabe-Thiele 法を使って次の問いに答えよ．

(1) a. 留出速度 D および缶出速度 W はいくらか．
  b. 塔内下降液の速度 L(濃縮部)および L'(回収部)はいくらか．
  c. 塔内上昇蒸気の速度 V(濃縮部)および V'(回収部)はいくらか．
(2) a. 気液平衡線の式を書き，それを作図せよ．
  b. 濃縮部の操作線を求め，作図せよ．
  c. q-線の式を求め，作図せよ．
  d. 回収部の操作線を求め，作図せよ．
(3) 上から 3 段目の液相および気相の組成を求めよ．

[解]

$\alpha=2.5$, $R=2$, $z_F=0.45$, $q=1$, $F=400$ mol・h^{-1}, $x_D=0.95$, $x_W=0.05$ を使って，物質収支から

(1) a. 式(5.29), (5.30)より $F=D+W$, $Fz_F=Dx_D+Wx_W$ となる．
  よって，$W=222$ mol・h^{-1}, $D=178$ mol・h^{-1}
  b. $L=R\times D=356$ mol・h^{-1}, $L'=L+qF=756$ mol・h^{-1}
  c. $V=L+D=534$ mol・h^{-1}, $V'=V-(1-q)F=534$ mol・h^{-1}
(2) a. 気液平衡線は $y=(2.5x)/(1+1.5x)$, 図は割愛する．
  b. 濃縮部の操作線 y_E は式(5.33)より
    $y_E=\{R/(R+1)\}x+\{1/(R+1)\}x_D$
    よって，$y=0.67x+0.32$, 作図は割愛する．
  c. q-線の式は式(5.39)より $(1-q)y=-qx+z_F$
    よって，$x=z_F=0.45$, 作図は割愛する．
  d. 回収部の操作線 y_S は式(5.36)より $y_S=(L'/V')x-(W/V')x_W$
    よって，$y=1.42x-0.021$, 図は割愛する．
(3) 階段作図より，上から 3 段目の平衡線の濃度は $x_3=0.70$, $y_3=0.86$．

5.4 ガス吸収プロセス

「ガス吸収」は可溶性成分を含む混合ガスを水などの適当な溶媒と接触させ，特定成分を溶解させ，分離精製する技術として化学工場などで古くから利用されている．最近ではガス吸収プロセスは温暖化ガス削減などの環境対策技術の面から火力発電所や製鉄所などから大量に発生する燃焼排ガスから二酸化炭素を回収し，利用する有力な分離プロセスとして改めて注目され，活発に研究開発が行われている．工場から出る排ガスを吸収塔により精製し，二酸化炭素を放散塔から回収するプロセスを図 5.13 に示す．

気体が液体に溶ける割合すなわち溶解度は気体の種類と吸収する液体の種類により，また温度や圧力にも依存する．吸収に用いる液体を吸収剤といい，水，酸，アルコール，塩類や有機酸などが用いられる．ガス吸収プロセスには吸収する際反応を利用する化学吸収と反応を伴わない物理吸収がある．ガス吸収の実用例を表 5.2 に示す．ガス吸収塔により注目する成分を効率よく回収するためには混合ガスと吸収剤との接触を効率よく行う必要があり，一般的には混合ガスと吸収剤を向流に流し，充填物や棚段など使って吸収させる．ガス吸収塔にも先の蒸留塔と同じように棚段やプレートを介してガスと液が間欠的に接触し，吸収する段型ガス吸収塔と充填物などを使って混合ガスと吸収剤を塔内で満遍なく絶えず接触させる**微分接触型分離装置**である充填層型ガス吸収塔

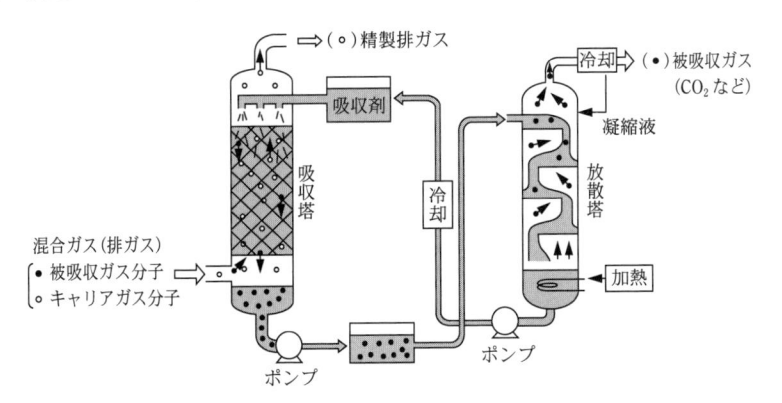

図 5.13 ガス吸収塔による混合ガスの精製と放散塔による被吸収ガスの回収

とがある．代表的な微分接触型分離装置と代表的な充填物を図5.14に示す．**段型接触分離装置**の基本的な設計法は前節の「蒸留プロセス」のところで学んだので，本節では物理吸収による充填層型ガス吸収塔の原理とその基本的な設計法について学ぶ．

表 5.2 ガス吸収の実用例

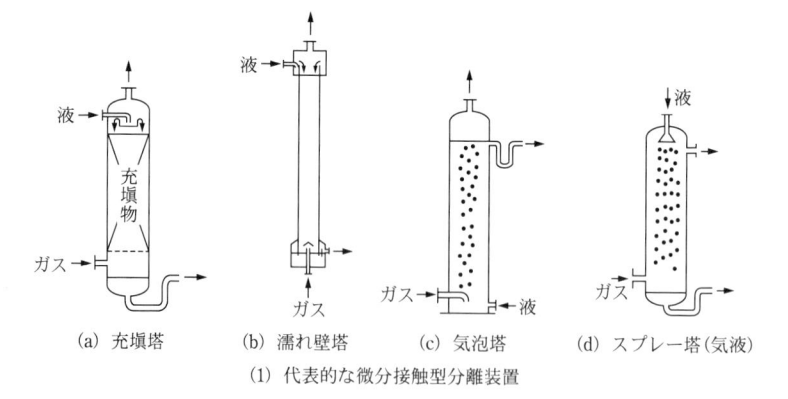

型		溶 質	吸 収 剤
物理吸収		アセトン	水
		アンモニア	水
		ホルムアルデヒド	水
		塩化水素酸	水
		ベンゼンとトルエン	炭化水素オイル
		ナフタレン	炭化水素オイル
反応吸収	不可逆	二酸化炭素	水酸化ナトリウム水溶液
		シアン化水素酸	水酸化ナトリウム水溶液
		硫化水素	水酸化ナトリウム水溶液
	可逆	塩素	水
		一酸化炭素	アンモニウム第1銅塩水溶液
		二酸化炭素と硫化水素	モノエタノールアミン(MEA)水溶液 あるいはジエタノールアミン(DEA)
		窒素酸化物	水

(a) 充填塔 (b) 濡れ壁塔 (c) 気泡塔 (d) スプレー塔(気液)

(1) 代表的な微分接触型分離装置

(a) ラシヒリング (b) ポールリング (c) テラレット®

(2) 代表的な充填物

図 5.14 微分接触型分離装置と充填物

5.4.1 溶解度に及ぼす圧力と温度の影響

ガス吸収法の分離原理は混合気体を形成するそれぞれの成分の溶解度の差である．たとえば空気中の二酸化炭素(CO_2)を水を使って除去する場合，CO_2 は水に対して空気よりも多く溶けるのでガス吸収法による分離が可能である．気体の溶解度は 100 kg の溶媒(吸収剤)に溶ける気体の質量[kg]をいい，NH_3 や SO_2 のように水によく溶けるものから，N_2 や O_2 のようにほとんど溶けないものがある．温度が一定の場合，吸収される成分 i の気体の溶解度 c_i[kg/100 kg 吸収剤]はその気体の圧力(分圧)p_i に比例し，一般的には次式で表す．

$$c_i = H \cdot p_i \tag{5.44}$$

これを **Henry(ヘンリー)の法則** といい，比例定数 H を Henry 定数という．Henry 定数 H が大きいほどその気体は溶解しやすい．Henry の法則は濃度が希薄なときには多くの実在気体に適用できる．Henry の法則は使う目的により，下記のようないろいろな表現で定義されるので注意を要する．

$$p_A = H' c_A \tag{5.45}$$

$$p_A = K x_A \tag{5.46}$$

$$y_A = m x_A \tag{5.47}$$

比例定数 H'，K および m もまた Henry 定数といい，ここで定義する H' は上式の H と逆数の関係にある．H'，K および m との関係は次式で与えられる．

$$H' = \frac{1}{H} = \frac{K}{c_M} = m \frac{P}{c_M} \tag{5.48}$$

c_M は溶液の全濃度である．ガス吸収操作の場合，溶けた気体の濃度は一般に希薄であるから，c_M を溶媒のモル濃度と見なす場合が多い．また P は全圧である．主な気体の水に対する溶解度の関係を図 5.15 に示す．図から気体の溶解度は温度が高くなれば，一般に小さくなることがわかる．ガス吸収で溶媒(吸収剤)に溶解したガスを工業的に回収するために，溶解ガスを放出させ，使用した吸収剤を再利用する(図 5.13 参照)．この操作を「放散」という．吸収と放散を組み合わせることで，排ガスを精製し，吸収したガスを回収することができる．最適な吸収塔を設計するには吸収および回収の操作条件と同時に吸収

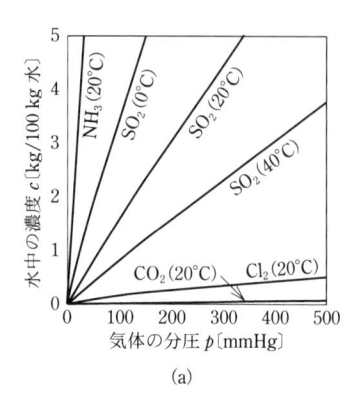

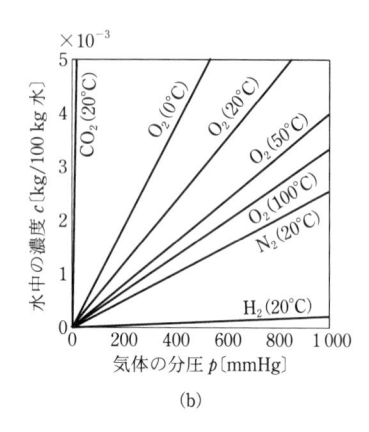

図 5.15 おもな気体の水に対する溶解度

剤の選択も重要である．すなわち吸収塔でより多くガスを吸収させるためには一般的には温度を下げ，圧力を上げる．一方回収塔では吸収したガスをできるだけ多く放散させるためには加熱や減圧をする．一般に化学吸収の場合，吸収はしやすいが放散はし難い．また吸収剤である溶媒も使用に応じて劣化する．一方物理吸収の場合には吸収はし難いが放散はしやすい．このように吸収塔の設計は回収塔も含めた装置条件や操作条件のほか，溶媒の選択も考慮したプロセス全体のバランスを考える必要がある．

5.4.2 ガス吸収の操作線

充填層型ガス吸収塔の概念図を図 5.16 に示す．塔底(B)から溶解性成分 A を含む混合ガス(モル分率 y_b)を流速 G_M で供給し，塔頂(T)からモル分率 x_t の吸収液を流速 L_M で供給する．気液は塔内で充填物を介して向流接触し，混合ガスの溶解性成分は吸収され，塔頂で濃度 y_t になる．一方吸収液は塔底で x_b まで増加する．吸収により混合ガス全体のモル流速は減り，溶液のモル流速は増えるので，物質収支をとる際には塔全域で変化しない溶解成分を除いた気体(キャリアガス)の流速 G_1 と溶媒流速 L_1 を基準にとると便利である．気相で減少した成分 A のモル数は液相で増加した成分 A のモル数に等しい．成分 A の収支を塔底 $z=0$ から任意の高さ z の間で気相と液相について物質収支をとれば次式になる．

5.4 ガス吸収プロセス

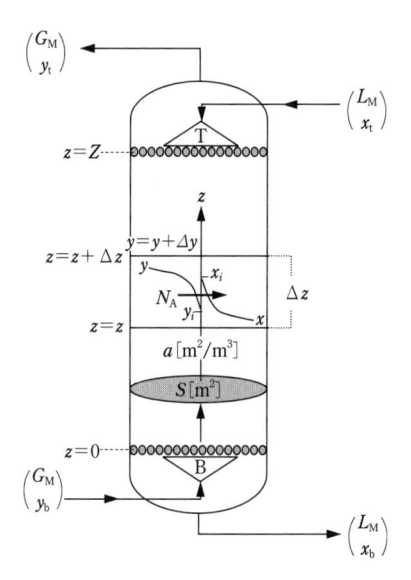

図 5.16 充填層型ガス吸収塔の概念図

$$G_\mathrm{I}\left(\frac{y}{1-y}-\frac{y_\mathrm{b}}{1-y_\mathrm{b}}\right)=L_\mathrm{I}\left(\frac{x}{1-x}-\frac{x_\mathrm{b}}{1-x_\mathrm{b}}\right) \tag{5.49}$$

上式を**ガス吸収の操作線**という．

ここで新しい濃度パラメーター Y および X を次のように定義する．

$$Y=\left(\frac{y}{1-y}\right)$$
$$X=\left(\frac{x}{1-x}\right) \tag{5.50}$$

Y および X はそれぞれ気相中，および液相中の可溶性成分以外の全成分の濃度(モル分率)に対する可溶性成分の濃度(モル分率)の割合である．これらの濃度比 Y, X を使うと，操作線は次式になる．

$$G_\mathrm{I}(Y-Y_\mathrm{b})=L_\mathrm{I}(X-X_\mathrm{b}) \tag{5.51}$$

$$Y-Y_\mathrm{b}=\left(\frac{L_\mathrm{I}}{G_\mathrm{I}}\right)(X-X_\mathrm{b}) \tag{5.52}$$

これらの濃度比 Y, X は気体濃度 p[Pa]および液体濃度 C[kg/100 kg 溶媒]とそれぞれ次の関係がある．

$$Y = \frac{p}{P-p} \tag{5.53}$$

$$X = \frac{\dfrac{C}{M_G}}{\dfrac{100}{M_L}} = \frac{CM_L}{100M_G} \tag{5.54}$$

ここで P は気体の全圧，p は可溶性成分の分圧，また M_G，M_L はそれぞれ可溶性気体および吸収剤の分子量である．

ガス吸収プロセスの操作線は横軸に液モル比 X，縦軸にガスモル比 Y をとれば，式(5.52)から塔底(B)および塔頂(T)のそれぞれのモル比濃度点 $B(X_b, Y_b)$ および点 $T(X_t, Y_t)$ を結ぶ傾き(L_I/G_I)の直線で表すことができる．この(L_I/G_I)を液ガス比ということがある．ガス吸収の操作線は蒸留の場合とは逆に，気液平衡線より上に位置する．一般的なガス吸収の操作線(式(5.52))を図5.17に示す．溶解性成分の濃度が希薄な場合($y \ll 1, x \ll 1$)には次式が成り立つ．

$$G_M = \frac{G_I}{1-y} \approx G_I, \quad L_M = \frac{L_I}{1-x} \approx L_I \tag{5.55}$$

したがって，濃度が希薄な場合のガス吸収の操作線は次式になる．

$$y - y_b = \left(\frac{L_M}{G_M}\right)(x - x_b) \tag{5.56}$$

すなわち可溶性成分の濃度が希薄の場合の操作線は厳密な場合の X，Y を x，y に置き換え，L_I，G_I を L_M，G_M と見なすことで同様に扱うことができる．

5.4.3 最小液流量とローディング速度

ガス吸収操作ではできるだけ少ない吸収剤(溶媒)で吸収ガスを処理することが必要な場合がある．液流量を少なくすると操作線の傾きは小さくなる．操作線は塔頂の濃度 T を通るので(図5.17参照)，塔底のガス濃度 $Y = Y_b$ と平衡線との交点を P とすれば，操作線の傾きは直線 TP まで小さくすることが可能で，そのとき塔底の吸収液の濃度は y_b に平衡な x_b^* になり，これ以上吸収ができなくなり，液流量は最小になる．実際に操作する液流量はこの最小流速の 1.2～2.0 倍で運転される．しかし液流量に対してガス流量が多くなると，圧

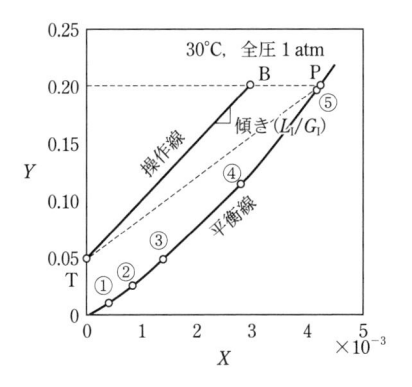

図 5.17 Y, X 表示による操作線と平衡線

力損失が大きくなり,やがて液が流下しなくなり,フラッディングが起こる.実際のガス吸収ではその圧力損失より少し小さい**ローディング速度**で運転するのがよいとされている.ローディング速度は吸収塔の直径を決めるうえで重要な因子になる.

[例題 5.3]
二酸化硫黄 SO_2 の水に対する溶解度は 30°C において表 5.3 で与えられる.

表 5.3 SO_2 の水に対する溶解度

	①	②	③	④	⑤
p[atm]	0.0107	0.0259	0.0474	0.104	0.165
C[kg/100 kg 水]	0.15	0.30	0.50	1.0	1.5

30°C の SO_2 の水に対する気液平衡関係をモル比 X, Y を用いて図示せよ.

また SO_2($p_b = 0.167$ atm)を含む空気を充填層型ガス吸収塔の塔底から供給し,フレッシュな水を塔頂から供給し,ガス吸収させた結果,塔頂出口の空気中の SO_2 の分圧が $p_t = 0.0474$ atm になった.このときの水と空気の液ガス比 L/G を 50 とすれば,塔底の水中の SO_2 の濃度 C_b はいくらか.またこの操作線を気液平衡図と同じ座標上に図示せよ.ただしガス吸収は 1 atm, 30°C で行うものとする.

[解]
上記の SO_2 の水に対する溶解度を濃度比 X, Y で表すと表 5.4 のようになる.

表 5.4　例題 5.3 の SO_2 の水に対する溶解度の濃度比

	①	②	③	④	⑤
$X[-]$	0.00042	0.00084	0.00140	0.00281	0.00421
$Y[-]$	0.011	0.027	0.050	0.116	0.198

上の XY 平衡関係を図 5.17 に示す．また塔頂における気液の濃度 Y_T, X_T はそれぞれ $Y_T = \dfrac{0.0474}{1-0.0474} = 0.0500$, $X_T = 0$ となるから操作線は

$$Y - 0.05 = 50(X - 0.0)$$

で表され，$Y_b = 0.2 (p_b = 0.167)$ とおけば，上式より $X_b = 3.0 \times 10^{-3}[-]$ となり，$C_b = 1.07 [\text{kg}/100\,\text{kgH}_2\text{O}]$ を得る．操作線 TB を同じ図 5.17 に示す．

[**例題 5.4**]

上述の例題 5.3 において出口 SO_2 の濃度を 0.0474 atm に保ちながら液流量を最大どこまで少なくすることができるか．

[**解**]

図 5.17 から $Y = 0.2$ と平衡線の交点を P とすれば塔頂 T と P を結ぶ直線の傾き m_{MIN} が最小の L/G になる．

$$m_{MIN} = \dfrac{0.2 - 0.05}{(4.25 - 0.0) \times 10^{-3}} = 32.3$$

したがってガス流量が例題 5.3 と同じであれば，$32.3/50 = 0.646$ となり，理論上約 35% まで節水可能になる．

5.4.4　ガス吸収塔の設計

a．二重境膜説による物質移動

図 5.18 のような二酸化炭素 (CO_2) を含んだ空気の流れが壁を伝って流下する水と向流接触している濡れ壁塔を考える (図 5.14 の (1) の (b) 参照)．空気中の二酸化炭素は絶えずフレッシュな水に接触し，定常的に吸収される．空気本体 (バルク) は十分乱れ，二酸化炭素の分圧は界面近傍の厚み δ_G までバルクの分圧 p_A であるが，δ_G の間で急激に減少し，界面で界面分圧 p_{Ai} になる．この仮想的な境界の厚みを**境膜**といい，分圧 (濃度) の場合，濃度境膜という．この

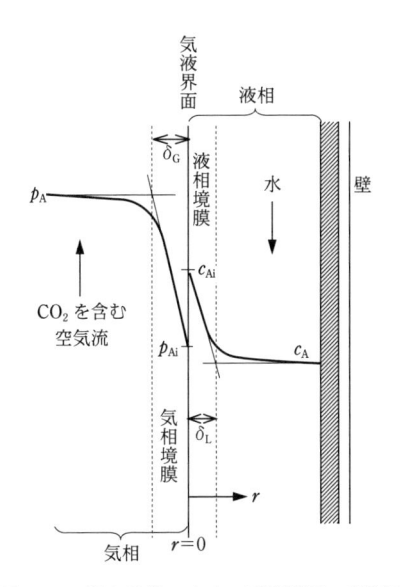

図 5.18　濡れ壁塔による二重境膜説の説明図

境膜という概念は1904年にNernst(ネルンスト)により提唱されたといわれ，熱移動現象でも用いられる重要な概念である．

吸収剤である液本体(バルク)も気相と同様に十分乱れながら流下するので，液側界面近傍でも厚み δ_L の濃度境膜が存在する．すなわち二酸化炭素の濃度は液界面で c_{Ai} で，液境膜厚み δ_L を隔て液のバルク濃度 c_A になる．**二重境膜説**はこのように気液界面を介して両相に濃度境膜があり，その仮想的な境膜の中で濃度の降下が急激に生じるという考え方である．この二重境膜説は1914年に**Lewis-Whitman**(ルイス-ホイットマン)によって提唱されたモデルであるが，仮定と結果が簡潔明瞭なことから，定常的な吸収操作のモデルとして今も一般的に使われている．

移動するためには**推進力**が必要であり，物質移動の場合には濃度差が推進力になる(5.2節参照)．単位面積あたりの流速を**流束**(flux)という．物質Aの流束 N_A はA成分の分圧 p_A，濃度 c_A，液相の濃度 x_A，気相の濃度 y_A を用いて，次式で表すことができる．

$$N_A = k_G(p_A - p_{Ai}) = k_L(c_{Ai} - c_A) \tag{5.57}$$
$$= k_y(y_A - y_{Ai}) = k_x(x_{Ai} - x_A) \tag{5.58}$$

これらの比例定数 k を**物質移動係数**という．気液界面では平衡が成立しているものと仮定する．すなわち界面では Henry の法則が成り立つと考える．

図 5.19 に可溶性成分の濃度が希薄な場合の操作線と気液平衡線の関係を示す．y に平衡な液相の濃度を x^*，x に平衡な気相の濃度を y^* とすると，式 (5.58) は気相基準で次式になる (添え字 A は割愛する)．

$$N_A = \frac{y - y_i}{\dfrac{1}{k_y}} = \frac{y_i - y^*}{\dfrac{m}{k_x}} \tag{5.59}$$

式 (5.59) の分子分母をそれぞれ加えることで次式を得る．

$$N_A = \frac{(y - y_i) + (y_i - y^*)}{\dfrac{1}{k_y} + \dfrac{m}{k_x}} = K_y(y - y^*) \tag{5.60}$$

ここで

$$\frac{1}{K_y} = \frac{1}{k_y} + \frac{m}{k_x} \tag{5.61}$$

同様に式 (5.58) は液相基準で次式になる．

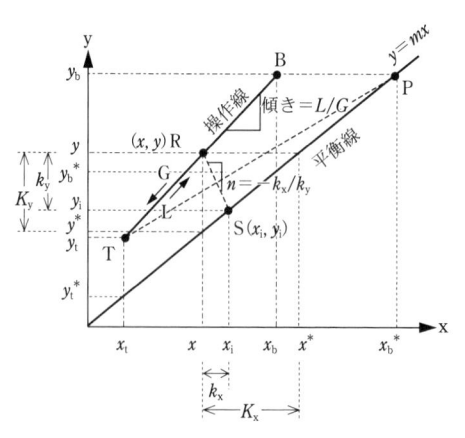

図 5.19 操作線と平衡線 (濃度が希薄な場合)
(図中の k, K の範囲は当該係数に関係するドライビングフォースの大きさを示す)

$$N_A = \frac{(x^* - x_i) + (x_i - x)}{\dfrac{1}{mk_y} + \dfrac{1}{k_x}} = K_x(x^* - x) \tag{5.62}$$

ここで

$$\frac{1}{K_x} = \frac{1}{mk_y} + \frac{1}{k_x} \tag{5.63}$$

k, K をそれぞれ**局所物質移動係数**，**総括物質移動係数**という．

b. 吸収塔の高さ

図5.16の吸収塔の概念図を使って，断面積 S の吸収塔の高さ Z を求めるために，任意の高さ z と $z+\Delta z$ の間で気相を基準に物質の移動を調べる．すなわち，気相で減少した A 成分の流量は次式で表わされる．

$$-G_M \cdot \Delta y = N_A \cdot a \cdot S \cdot \Delta z \tag{5.64}$$

ここで a を**比表面積**といい，吸収塔単位体積あたりに気液が接触する面積で，充填物の種類や，G_M, L_M などの操作条件に依存する微分接触分離装置において重要な特性である．式(5.58)あるいは式(5.60)を式(5.64)に代入し，塔の $z=0$ から $z=Z$ まで積分して次式を得る．

$$Z = \frac{G_M/S}{ak_y} \int_{y_t}^{y_b} \frac{dy}{y - y_i} \tag{5.65}$$

$$= \frac{G_M/S}{aK_y} \int_{y_t}^{y_b} \frac{dy}{y - y^*} \tag{5.66}$$

物質移動係数と比表面積との積を**物質移動容量係数**といい，微分接触分離装置の重要な装置特性である．ak および aK をそれぞれ**境膜物質移動容量係数**，**総括物質移動容量係数**という．また上式の積分の部分を**移動単位数**（**NTU**; number of transfer units）N といい，移動単位数が1のときの高さを**移動単位高さ**（**HTU**; height per transfer unit）H という．すなわち，塔高 Z, HTU および NTU は次式で表される．

$$Z = H_y N_y = H_{oy} N_{oy} \tag{5.67}$$

ここで

$$H_y = \frac{G_M/S}{ak_y}, \qquad N_y = \int_{y_t}^{y_b} \frac{dy}{y - y_i} \tag{5.68}$$

$$H_{oy} = \frac{G_M/S}{aK_y}, \qquad N_{oy} = \int_{y_t}^{y_b} \frac{dy}{y - y^*} \tag{5.69}$$

同様に液相を基準に物質の移動を調べることで次式を得る.

$$Z = \frac{L_M/S}{ak_x}\int_{x_t}^{x_b}\frac{\mathrm{d}x}{x_1-x} \tag{5.70}$$

$$= \frac{L_M/S}{aK_x}\int_{x_t}^{x_b}\frac{\mathrm{d}x}{x^*-x} \tag{5.71}$$

したがって液側基準の Z, HTU および NTU は次式で表される.

$$Z = H_x N_x = H_{ox} N_{ox} \tag{5.72}$$

ここで

$$H_x = \frac{L_M/S}{ak_x}, \qquad N_x = \int_{x_t}^{x_b}\frac{\mathrm{d}x}{x_1-x} \tag{5.73}$$

$$H_{ox} = \frac{L_M/S}{aK_x}, \qquad N_{ox} = \int_{x_t}^{x_b}\frac{\mathrm{d}x}{x^*-x} \tag{5.74}$$

N_y および N_x は気液界面濃度がわかれば, また N_{oy} および N_{ox} は気液平衡関係がわかれば図積分から求めることができる. 界面濃度を求めるには式(5.58), (5.68)および(5.73)から得られる次式を使う.

$$\frac{y-y_1}{x-x_1} = -\frac{k_x}{k_y} = -\frac{L_M}{G_M}\times\frac{H_y}{H_x} = n \tag{5.75}$$

すなわち図5.19において操作線の任意の点 R から傾き n の直線と平衡線との交点 S が任意のバルクな点 R の気液界面濃度 (x_1, y_1) になる. また N_y, N_x, N_{oy}, N_{ox} は Henry の法則が適用できるとき, 解析的に解けて, 次式で与えられる.

$$\left.\begin{array}{l} N_y = \dfrac{y_b-y_t}{(y-y_1)_{\mathrm{lm}}}, \quad N_x = \dfrac{x_b-x_t}{(x-x_1)_{\mathrm{lm}}} \\[6pt] N_{oy} = \dfrac{y_b-y_t}{(y-y^*)_{\mathrm{lm}}}, \quad N_{ox} = \dfrac{x_b-x_t}{(x-x^*)_{\mathrm{lm}}} \end{array}\right\} \tag{5.76}$$

ここでたとえば $(y-y^*)_{\mathrm{lm}}$ は $(y-y^*)$ の塔底と塔頂の対数平均で次式で定義される.

$$(y-y^*)_{\mathrm{lm}} = \frac{(y-y^*)_b - (y-y^*)_t}{\ln\dfrac{(y-y^*)_b}{(y-y^*)_t}} \tag{5.77}$$

総括物質移動係数が式(5.61), (5.63)で表せるから, 総括 HTU についても次の関係が成立する.

$$H_{oy} = H_y + \lambda H_x \tag{5.78}$$

$$H_{\text{ox}} = \frac{1}{\lambda} H_y + H_x \tag{5.79}$$

ここで

$$\lambda = m \frac{G_M}{L_M} \tag{5.80}$$

5.5 膜分離プロセス

　将来，世界的に深刻な水不足が予想されている．その対応技術として海水の淡水化があり，その造水事業の主生産方法が従来の蒸留法から，膜分離法に代わろうとしている．また膜分離プロセスは食品の濃縮や半導体産業における超純水の製造や排水の回収など多くの分野で用途が開発され，利用されている．この背景には膜分離法が相変化を伴わない省エネルギー分離プロセスであること，熱を使わない常温プロセスであり，食品などの成分が変質しないこと，操作がシンプルで，取り扱いが簡単なことなどが挙げられる．また膜材料やプロセスの開発により新しい応用が新規に見込める夢のある分離プロセスであるためである．本節では膜分離プロセスの基礎的な分離原理や効果的に使う方法について学ぶ．

5.5.1　いろいろな膜と膜分離技術

　ふるい（シーブ，フィルター）を考える．ふるいの穴より大きい物質は阻止され，小さい物質は透過され，大きい物質と小さい物質が分離される．膜分離の原理の1つはふるい効果を利用するものである．ガスクロの充填剤のモレキュラーシーブ(分子ふるい)の分離原理はこれである．もう1つの原理は高分子膜のような速度差の出る相を利用することである．たとえばシリコン膜の中ではアルコール分子の方が水分子より移動速度が大きい．このように分離膜には大きく分けて穴があると考える場合（多孔質膜）と穴の無い非多孔質膜に分類される．多孔質膜の場合には原理的にはふるい効果（**細孔モデル**）を利用し，非多孔質膜の場合には混合物の各分子はポリマー中を溶解拡散し（**溶解拡散モデル**），その差を利用する．透過速度は一般に多孔質膜のほうが大きいので，大きな粒

子や分子は多孔質膜で濾過する．分離対象物質の大きさとその膜分離法を図 5.20 に示す．

1 μm 以上の粒子の分離には**一般濾過**（**filtration**）で分離し，分離媒体として濾紙，濾布や濾過助剤を用いる．0.1 μm 前後の粒子は**精密濾過**（**MF**）で分離し，いわゆるメンブレンフィルターを用いる．インフルエンザウイルスをはじめ細菌類などは MF で分離可能である．**限外濾過**（**UF**）は各種ウイルスや高分子を阻止し，低分子を透過するレベルの膜分離法で，食品の濃縮や人工腎臓などの医用機器やメンブレンバイオリアクターとしても利用され，応用範囲が広い．**逆浸透**（**RO**）法は原理的には溶質やイオンなどを阻止し，溶媒のみ透過する．膜には半透膜が用いられ，海水の淡水化や超純水などの製造に，従来の蒸留などに代わって用いられ，相変化を伴わないことから省エネルギー分離法として注目されている．また最近膜材質の開発に伴って，限外濾過と逆浸透の両領域をカバーする**ナノ濾過**（**NF**）膜が用いられている．膜分離では溶質を分離する度合いを表すのに阻止率を用いる．UF 膜や RO 膜では目の細かさ（緻密性）を分画分子量で表し，分画分子量とは膜が 95% 以上阻止する溶質分子の分子量のことである．RO と UF は分画分子量が 500 程度を目途に区別している．また NF の分画分子量は概ね 100〜1000 程度である．膜分離プロセスを利用するには分離に必要な膜や素材や型を選択し，その膜の分離性能を最大に

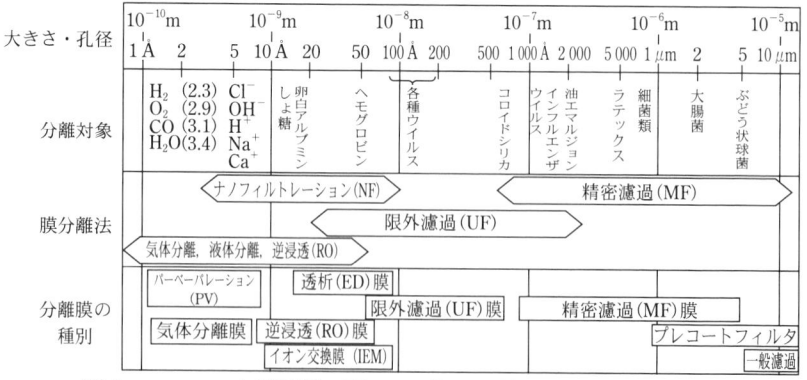

RO：reverse osmosis（逆浸透），NF：nano filtration（ナノフィルトレーション），UF：ultra filtration（限外濾過），MF：micro filtration（精密濾過），PV：pervaporation（浸透気化），ED：electric dialysis（電気透析），IEM：ion exchang membrane（イオン交換膜）

図 5.20 膜分離法と分離対象

発揮する条件で運転する必要がある.

5.5.2 膜モジュールと応用例

　膜分離プロセスの特徴として"省エネルギー分離法"のほかに操作がシンプルでコンパクトな分離法であることが挙げられる.処理量を増やすためには単位容積あたりの膜面積(膜充填密度)を増やす必要がある.膜分離は膜エレメントをいろいろ工夫することにより膜充填密度を変えることが可能で,いろいろな形や方法でハウジングしたモジュールをプロセスの中に組み込み運転される.代表的な膜モジュールには,①平板(プレイトアンドフレイム)型,②スパイラル型,③管(チューブラー)型,④細管(キャピラリー)型,⑤中空糸(ホローファイバー)型などがある.基本的な型は平板型と管型であるが,②は前者を,④と⑤は後者を,用途に応じ内径や膜充填密度を調整したものである.スパイラル膜モジュールは平膜を海苔巻き状にハウジングしたものであり,海水の淡水化など大規模水処理に広く応用されているほか,よりコンパクトな排水処理,食品プロセス膜分離装置として適している.またホローファイバー膜モジュールは細孔径が $0.1\ \mu m$ オーダーの外径が $1\ mm$ 以下の中空糸を数千本束ねハウジングしたもので人工腎臓の膜モジュールやガス分離などに多く利用されている.代表的なスパイラル膜モジュールとホローファイバー膜モジュールを図5.21に示す.人工腎臓は膜分離法の血液透析を利用したものである.血液と透析液(還流液)を透析膜で仕切ると,両液間で濃度の高い成分が低い側に拡散移動する.すなわち老廃物の尿素,クレアチニンや中分子量毒性物質は血液側から透析液側に拡散し,除去される.透析膜は厚みが $10\sim20\ \mu m$ 程度であり,数十Åの細孔径の微細孔を備え,溶液や水分を透過させる.一方この微小孔を透過できない大きな分子のたんぱく質や赤血球などは血液中に残る.したがって,透析膜の分離特性や透析液の成分を調整することにより生体に必要な成分を補給し,血液中の有害成分を除去することができる.「浸透」は溶媒が膜を透過するのに対し,「透析」は溶液が膜内を透過する現象で血液透析や電気透析などで用いられる.日本の透析患者は平成15年の時点で20万人を超し,毎年8〜9千人の割合で増えており,延命に大きく貢献している.

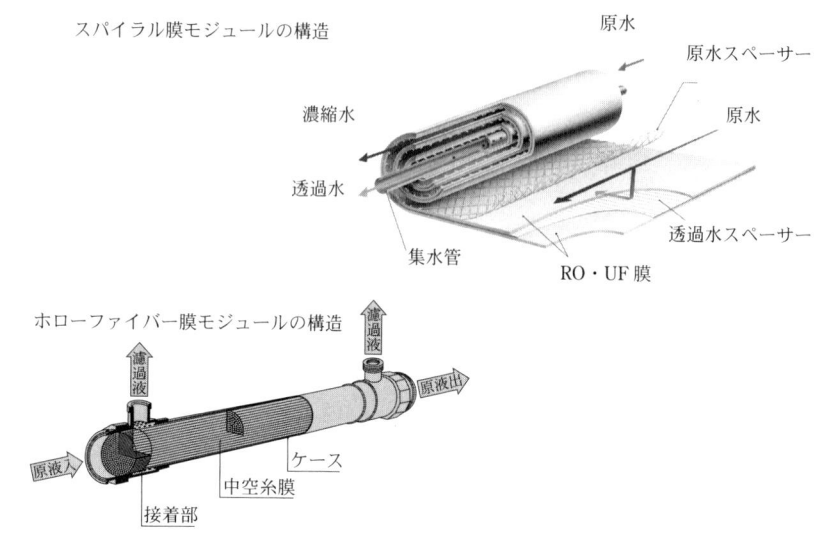

図 5.21　スパイラル膜モジュールとホローファイバー膜モジュール
[日東電工資料]

　膜分離の駆動力は一般には圧力差や濃度差であるが，**電気透析**のように電圧を駆動力とする膜分離法もある．電気透析装置の模式図を図5.22に示す．電圧を駆動力に陽イオン(Na^+)が透過する陽イオン交換膜と陰イオン(Cl^-)が透過する陰イオン交換膜を交互に配置し，3.5%の塩濃度の海水を18%まで濃縮する．電気透析装置は小型から大型まで対応でき，運転も容易なので，海水の濃縮のほか，食品分野など脱塩・濃縮が必要ないろいろな処理また電気メッキの廃水処理などに用いられている．膜分離を生産システムのなかに組み込み利用するためには前処理や除菌対策などが必要になる．UF膜モジュールを使った膜分離システムフローの一例を図5.23に示す．本システムは食品工場では循環水を食品の濃縮に使うことができるし，廃水処理場では濾過(透過)水を再利用水として利用できる．膜分離の応用はたとえば酸素富化膜による燃料用や医用など気体分野へも広がりを見せている．その例を表5.5に示す．このように膜分離技術は新規商品の開発や資源の有効利用など多くの分野で期待されている．

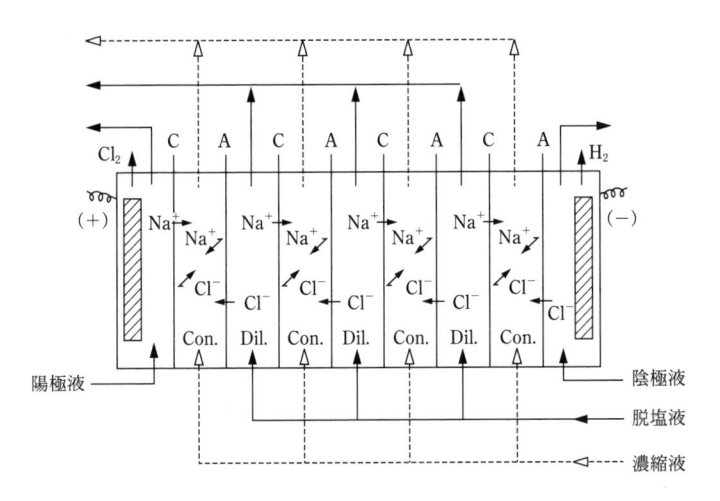

C：陽イオン交換膜，A：陰イオン交換膜，Con.：濃縮室，Dil.：脱塩室

図 5.22　電気透析装置の模式図

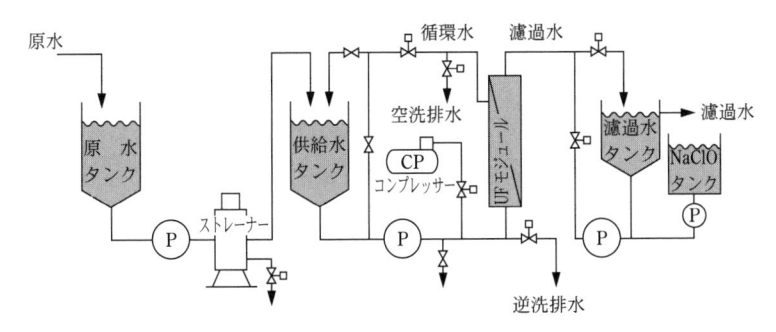

図 5.23　膜分離システムのフロー例
［旭化成(株)の技術資料］

5.5.3　透過流束と操作圧の関係

　膜分離法は従来の濾過とは分離対象物や膜が異なるばかりでなく，流れパターンも異なる．前者は透過液が供給液に対してクロスし，1つの供給口に対し，2つ(以上)の取出口のある分離法で，定常かつ連続操作が可能である．後者は1つの供給口に対し1つの取出口の分離法(全量濾過)で，原理的には非定常で回分操作である．膜分離法が画期的な新しい分離装置として位置付けられ

表 5.5 ガス分離膜の応用例

分離対象ガス	代表的な膜素材など	適用分野例
H_2/N_2	プラズマセパレータ	アンモニア合成排ガスから水素回収
H_2/CO		合成ガス組成調整
$H_2/$炭化水素	パラジウム,多孔質ガラス	石油精製水素回収,メンブレンリアクター
$He/$炭化水素	ポリジメチルシロキサン	天然ガスからヘリウム分離
He/N_2		ヘリウム回収
O_2/N_2	含フッ素ポリマー	酸素富化,燃料用酸素,医用窒素製造
$H_2O/$空気		空気乾燥
$H_2O/$炭化水素	ポリイミド,セルロース	水/有機溶媒分離,天然ガスの脱湿
CO_2/N_2		燃焼排ガスから CO_2 の回収
$CO_2/$炭化水素		天然ガスから酸性ガス除去,ランドフィルガスの濃縮
$VOC/$空気	ポリイミド	揮発性有機化合物(VOC)の回収,大気汚染防止
SO_2/N_2		燃焼排ガスの脱硫
$H_2S/$炭化水素		サワーガス除去

た背景には,省エネルギー分離法のほかに,プロセスの連続性や集中制御可能性も大きな要因である.図5.24にクロスフローと全量濾過のフローパターンを示す.

水を UF/MF で濾過すると,透過流束 J_v は膜間圧 Δp に比例し,次の Darcy の式で表すことができる.

$$J_v = k\frac{\Delta p}{\mu l} \tag{5.81}$$

ここで l は膜厚み,μ は透過液粘度,k は透過係数である.しかし酵母やタンパク質や高分子などの溶液では様子が少し異なる.図5.25にウシ血清アルブミン(分子量 65 000)溶液の透過流束 J_v と操作圧 Δp との関係を撹拌回転数と濃度をパラメーターにして示す.0.9% の食塩水の場合 J_v と Δp はほぼ直線関係にあるが,ウシ血清アルブミンの場合には Δp が小さいときにはほぼ直線的

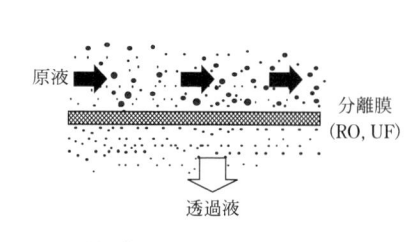

(a) 膜分離法(クロスフロー濾過) 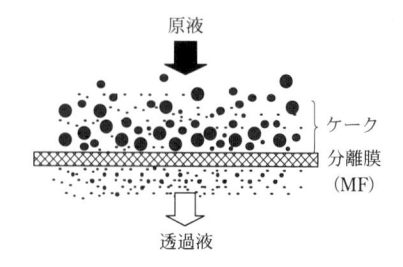　　(b) 従来の濾過(デットエンド濾過;全濾過)

図 5.24　膜分離法(a)と従来の濾過(b)の流体の流れ

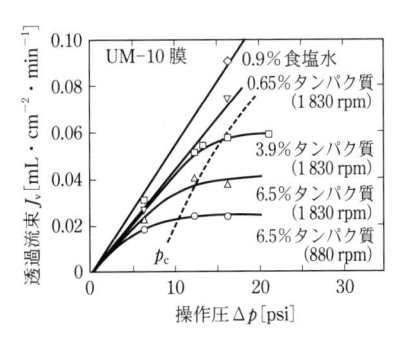

図 5.25 透過流束と操作圧との関係(ウシ血清アルブミン-水系)

に増加するが,Δpが大きくなると,濃度が濃いほど,また回転数が低いほど,J_vは小さく,より早く一定値に近づく.これは操作圧Δpを大きくすると,膜により阻止される溶質の速度も大きくなり,濃度分極(後節で説明)が加速され,膜表面にゲル層が形成し始めるためである.さらにΔpを上げると透過流束J_vはほとんど変わらなくなる.このときの圧力を限界圧力,透過流束を限界流束という.限界圧力以上の圧力で操作しても,圧力に見合った厚みのゲル層が形成され,ゲル層による透過抵抗が増加する結果,ゲル-膜間界面での圧力は変わらず,J_vは一定になる.一方ゲル層を形成しない場合でも限界流束が存在するとの報告があり,それは濃度分極による浸透圧の効果と説明されている.すなわち圧力を上げれば,濃度分極が顕著になり,膜表面濃度が上昇し,浸透圧が高くなり,膜にかかる有効な圧力はほとんど変わらずJ_vは一定になる.

5.5.4 濃度分極と物質移動係数

コロイドやタンパク質あるいは高分子溶液などを膜分離すると,高圧側の膜表面近傍には阻止された物質の濃縮が起こり,濃度は極端に高まり,場合によってはその溶液が飽和濃度になり,ゲル化を起こし,膜表面にゲル層を形成する.このような現象を濃度分極といい,特にゲル層を形成する場合をゲル分極という.この濃度分極は透過流束や阻止率などに直接影響を与え,実際の膜分離プロセスでは膜本来の性能と同様に重要な因子になる.その大きさやゲル濃

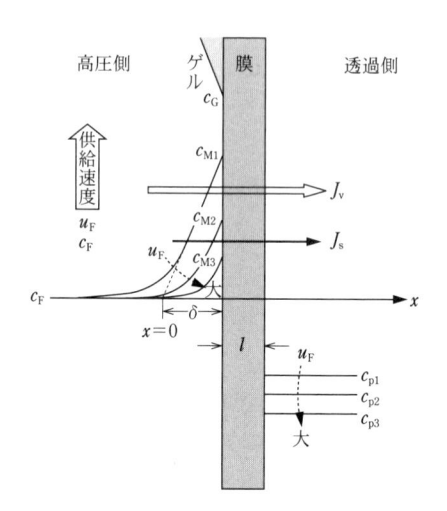

図 5.26 濃度分極モデル(u_F は変化)

度は溶質や膜の種類また原料濃度，供給速度，圧力，温度などの操作条件などに関係する．濃度分極が形成された後は定常操作が可能になる．

今，高圧側の圧力 p_H，供給濃度 c_F を一定の下で供給速度 u_F を変化させたときの濃度分極の模式図を図 5.26 に示す．濃度分極が形成しているとき，溶質の透過流束 J_s は濃度境界層では体積透過流束 J_v と濃度分極による拡散の和として表され，定常状態では膜から等量が透過する．

濃度境界層内　　$$J_s = c \cdot J_v - D \frac{dc}{dx} \tag{5.82}$$

膜透過後　　　　$$ = c_p \cdot J_v \tag{5.83}$$

ここで c は境界層内の溶液濃度，c_P は透過液濃度であり x は透過方向軸である．J_v は濃度分極による濃度境界層内の次の境界条件を用いて解くことができる．

$$x = 0 \quad ; \quad c = c_F \tag{5.84}$$

$$x = \delta \quad ; \quad c = c_M \tag{5.85}$$

ここで δ は濃度境界層厚み，c_M は膜表面における溶液濃度である．J_v は定常状態では一定と見なしてよく，境界層内で積分して次式を得る．

$$J_v = k \cdot \ln \frac{c_M - c_P}{c_F - c_P} \tag{5.86}$$

ここで　$k = D/\delta$ 　　　　　　　　　　　　　　　　　　　　(5.87)

k は物質移動係数，D は境界層内の溶質の拡散係数である．ゲル分極の場合には，式(5.85)の代わりに式(5.88)を用い，積分して式(5.89)を得る．

$x = \delta$ ； $c = c_G$ 　　　　　　　　　　　　　　　　　　　(5.88)

$$J_v = k \cdot \ln \frac{c_G - c_P}{c_F - c_P}$$ 　　　　　　　　　　　　　　(5.89)

卵白アルブミン(分子量：45000)水溶液の濃度を $10 \sim 10000$ ppm の範囲で変えたときの透過流束 J_v 対濃度 $\ln(c_F - c_P)$ との関係を供給速度 u_F をパラメーターにしてプロットしたものを図5.27に示す[1]．各々の u_F とも原料濃度 c_F が薄いときには，傾きの絶対値は大きく，c_F が大きくなると，次第に小さくなり，一定になる．この直線と $J_v = 0$ の横軸との交点は u_F に関係なく1点に収束する．この傾きが物質移動係数 k であり，収束した接片濃度が $(c_G - c_P)$ に相当する．すなわちゲル層濃度 c_G を推算することができる．これを模式的に考えると，原料濃度 c_F が薄いときにはまだゲル層が形成されず，濃度分極モデルが適用され，u_F を大きくすると膜表面濃度 c_M が下がることを示唆している．c_F が大きくなると次第にゲル層が形成され，ゲル層が形成された後にはゲル分極モデルに従う．傾きが一定になり始めた近傍からゲルが膜表面に形成し始めたことがモデルから推察される．

以上の考察から，ゲル分極モデルが成立する域では透過流束 J_v は操作圧に

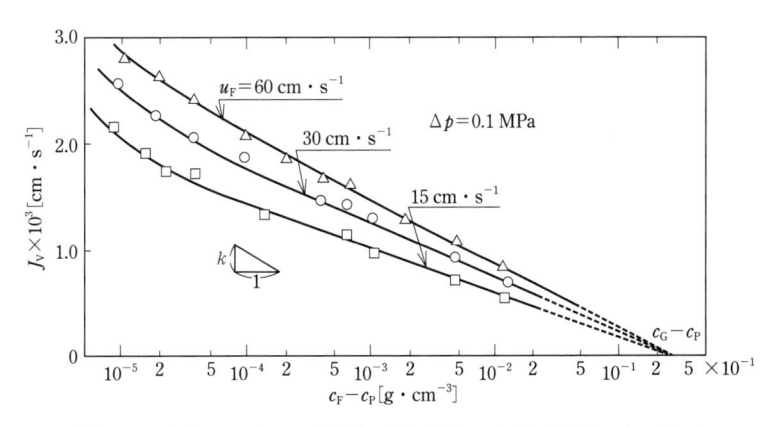

図5.27　卵白アルブミン水溶液の透過流束 J_v と供給濃度 c_F との関係
[国眼，近藤，清水，化学工学論文集，**12**，360(1986)]

直接影響を受けない．J_v を大きくするには式(5.86)および(5.89)から物質移動係数 k を大きくする必要がある．k を大きくするためには u_F を大きくして δ を小さくする．物質移動係数 k は供給速度 u_F と次の関係がある[2]．

$$k = a \cdot u_F^b \tag{5.90}$$

ここで a，b は定数である（$a, b > 0$）．ホローファイバーやキャピラリータイプの膜モジュールで膜エレメントが毛管や細管になっている大きな理由は膜エレメントの直径を小さくすることで供給速度を上げ，物質移動係数を大きくして，大きな透過流束を得るためである．

5.5.5 阻止率

UF/MF の濾過性能で透過流束と同様に重要な膜分離特性は阻止率である．すなわち，膜が溶質をどの程度阻止するかという分離の度合で，その定義は濃度分極により次の2通りの方法，すなわち膜表面濃度 c_M（あるいは c_G）を基準とした真の阻止率 R_{int} と原料濃度 c_F を基準とした見かけ阻止率 R_{obs} があり，それぞれ次式で定義される（図5.26参照）．

$$R_{int} = 1 - \frac{c_P}{c_M} \quad \text{あるいは} \quad R_{int} = 1 - \frac{c_P}{c_G} \tag{5.91}$$

$$R_{obs} = 1 - \frac{c_P}{c_F} \tag{5.92}$$

したがって膜透過濃度 $c_P = 0$ の完全分離のとき $R = 1$，また c_P が供給濃度 c_F に等しく，分離が全然行われないとき $R = 0$ となり，一般に R は0と1の間にある．また $R_{int} - R_{obs} = c_P \frac{c_M - c_F}{c_M \cdot c_F} \geq 0$ となり，常に $R_{int} \geq R_{obs}$ である．

R_{int} と R_{obs} の関係は物質移動係数 k により，次式で関係づけることができる．

$$\frac{J_v}{k} = \ln\left(\frac{\frac{R_{int}}{1-R_{int}}}{\frac{R_{obs}}{1-R_{obs}}}\right) \tag{5.93}$$

$$\ln\left(\frac{1-R_{obs}}{R_{obs}}\right) = \ln\left(\frac{1-R_{int}}{R_{int}}\right) + \frac{J_v}{a u_F^b} \tag{5.94}$$

式(5.94)から $\ln\left(\frac{1-R_{obs}}{R_{obs}}\right)$ 対 $\frac{J_v}{u_F^b}$ は直線関係になる．したがって供給速度

を変えた実験から $\ln\left(\dfrac{1-R_{\text{ins}}}{R_{\text{ins}}}\right)$ が求められ，真の阻止率が得られ，ゲル濃度が推算できる．また u_F を増すと R_{int} は R_{obs} に近づくことがわかる．

演習問題

5.1 （1）理想溶液の場合，液相線が P_A^* と P_B^* を結ぶ直線になることを証明せよ．

（2）気相線が式(5.11)で表せることを導出せよ．

（3）濃縮部および回収部の操作線が図5.12において，それぞれ点Pおよび点Qを通ること，また q-線が式(5.39)で表せること，および点Sを通ることを示しなさい．

（4）Raoultの式(5.10)が式(5.40)に変形できることを示しなさい．

5.2 メタノール水溶液について以下の問いに答えよ．

（1）87.7℃における純メタノール(A)および純水(B)の蒸気圧をAntoineの式から求めよ．ただしメタノールのAntoineの定数 A, B および C はそれぞれ 7.20587, 1582.271 および 33.424 である．また水はそれぞれ 7.19621, 1730.630 および 39.724 である．

（2）87.7℃，10%（モル基準）のメタノール水溶液を理想溶液と仮定した場合のメタノールと水のそれぞれの蒸気圧，全圧および蒸気相の組成を求めよ．

（3）87.7℃，10%（モル基準）のメタノール水溶液の活量係数がMargulesの式で表せると仮定するとメタノールと水のそれぞれの蒸気圧，全圧および蒸気相の組成を求めよ．ただしメタノール-水系のMargulesの定数 A および B はそれぞれ 0.7610 および 0.5376 である．

（4）メタノール水溶液のメタノールのモル分率 $x=0.1$ のときこれを質量分率 ω で表せ．

5.3 20 mol%のメタノール水溶液を蒸留して，95 mol%のメタノールを回収率90%で得たい．原料は沸点液で供給するものとして，次の問いに答えよ．ただしメタノール-水系の気液平衡関係は次の通りである．

（x, y：それぞれメタノールの液相，気相における mol%）

x： 5.00   10.00   20.00   30.00   40.20   54.45   69.75   81.00   90.35   95.20
y：26.90   41.77   57.94   66.55   73.00   80.00   87.00   92.00   96.00   98.00

(1) 缶出液のメタノールの濃度(x_W)はいくらか．
(2) 最小理論段数(N_m)はいくらか．
(3) 最小還流比(R_m)はいくらか．
(4) 還流比を最小還流比の2倍にするとき，① 濃縮部の操作線の式(y_E), ② 回収部の操作線の式(y_S)，また ③ その理論段数(N)を求めよ．

5.4 (1) 総括物質移動係数と局所物質移動係数の関係式(5.61)と(5.63)を導出せよ．
(2) 界面濃度(x_I, y_I)の関係式(5.75)を導出せよ．
(3) 総括HTUと局所HTUの関係式(5.78)および(5.79)を導出せよ．
(4) ガス吸収操作を向流段型塔で行う場合，各段で気液平衡が成立すると仮定すれば，操作線は塔頂Tからn段までの収支をとることで，段型蒸留塔の場合と同様に次式で表せることを示せ．
$$(Y_{n+1} - Y_T) = (L_I/G_I)(X_n - X_T)$$

5.5 塔底から8.00 mol%のNH₃を含む空気(20°C, 1 atm)を供給し，塔底から7.00 mol%のNH₃を含む水を毎時500 kgで得たい．塔頂からの供給水にはNH₃を含まないものとすれば，塔底から供給すべきNH₃を含む空気の流速は最小毎時何m³となるか．また供給水がNH₃を1%含む場合には供給すべき空気の最小流速は毎時何m³となるか．ただし塔内では温度および圧力は一定とする．簡単のためNH₃-水系の平衡関係は20°C, 1 atmでこの濃度範囲で$Y = 0.90 X$で表せるものとする．ただし$Y = y/(1-y)$, $X = x/(1-x)$ である．

5.6 (1) 濃度5%のアルブミン水溶液をUF処理し，1%の透過液を得た．濃度分極により膜表面濃度が10%であることがわかっている．この場合の見かけの阻止率R_{obs}と真の阻止率R_{int}を求めよ．
(2) 膜素材にはどのようなものがあるか，また種々の膜分離技術と膜素材との関係を考察せよ．
(3) 陽イオン交換膜と陰イオン交換膜の化学構造を調べよ．

5.7 (1) 図5.27におけるそれぞれの供給速度u_F(15, 30, 60 cm·s⁻¹)に対する物質移動係数kを求めよ．
(2) このデータを用いてkはu_Fとどのような関係にあるか式(5.90)を参考に求めよ．

【参考文献】
1) 国眼，近藤，清水，化学工学論文集，**12**, 360 (1986)
2) S. Nakao and S. Kimura, J. Chem. Eng. Japan, **14**, 32 (1981)

6

熱移動プロセス

　熱エネルギーは，電気エネルギーや機械エネルギーなどと同様にエネルギー形態の1つである．我々は，熱エネルギーをさまざまに利用することによって生活を営んでいる．たとえば，一般家庭の熱エネルギー源は都市ガス，プロパンガス，灯油，電気などという形態で供給される．ガスや灯油からは燃焼によって高温の熱エネルギーをつくり出し，お湯を沸かしたり部屋を暖めたりする．また，電気によってコンプレッサーを駆動させ，冷蔵庫や冷暖房に利用している．

　化学プロセスにおいても，原料や材料を加熱・冷却する操作が必要になる．たとえば，図6.1に示すように，精留塔回りでは予熱器，凝縮器，冷却器，再沸器などの**熱交換器**を用いて，蒸気や冷却水と原料間あるいは原料同士で熱エネルギーのやり取りが行われている．また，図6.2は，熱エネルギーを集中的につくり出し，オフィスビル，公共施設，商業施設へ熱エネルギーを供給する地域熱供給と呼ばれるシステム例である．地域熱供給システムは，冷却塔，蓄熱槽，熱交換器，ヒートポンプなどで構成される．ヒートポンプによって大気，河川，海水などの環境から熱エネルギーを汲み出してそれを熱媒体に伝え，冷却塔では蒸発潜熱を利用して熱媒体を冷やし，熱交換器では熱媒体同士で熱エネルギーのやり取りをする．製造された熱エネルギーを一旦蓄熱槽で貯めておき，必要なときに蒸気や温水を媒体として個々の建物へ熱エネルギーを供給する．このように，地域熱供給システムは熱エネルギー製造プロセスと言い換えることができ，個々に冷暖房を行うよりエネルギー消費量，さらにはCO_2やNO_xの排出量を大幅に削減できる．図6.2に示す例では，大気と海水

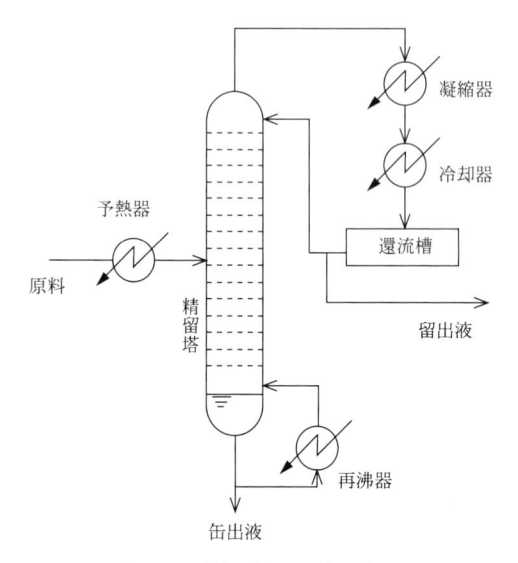

図 6.1　精留塔回りの熱交換器

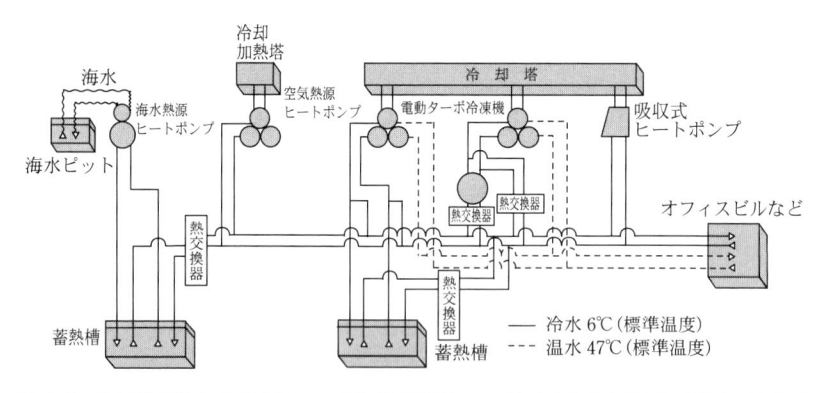

図 6.2　地域熱供給システムフローの概略(福岡市シーサイドももち地区，夏期のライン)

の温度差エネルギーを利用しており，エネルギー消費は約 40%，CO_2 や NO_x の排出量は約 50% 削減されている．

以上のように，我々の身の回りでは熱エネルギーの移動が当然のように利用されている．化学プロセスや熱プロセスの設計を行うだけにとどまらず，環境・エネルギー問題を理解し解決するためにも熱エネルギーの移動について正しく理解しておく必要がある．

6.1 熱移動の形態

6.1.1 熱伝導，対流，熱放射

熱エネルギーは高温部から低温部に移動する．これを**熱移動**あるいは伝熱と呼ぶ．熱移動の形態には，熱伝導，対流および熱放射と呼ばれる3つの形態が存在する．

物質の熱エネルギーは，分子や原子の振動エネルギーとして蓄えられている．均一の温度にある固体では，物質全体で同じような振動が起きている．その物質の一部を加熱すると分子や原子の振動が激しくなり，その振動が隣接する分子へ次々と伝わる．その結果，熱が高温部から低温部へ移動するように観察される．このように分子や原子の振動の伝搬によって生じる熱移動を**熱伝導**と呼ぶ．金属棒の一端を手に持ち，もう一端を火にあぶると熱く感じるのは，熱伝導によって熱が金属棒の中を伝わってくるためである．

流体（気体，液体）においても熱伝導は起こるが，固体と流体の大きな違いは，分子が移動しやすいことである．よって，流体では分子や原子の振動の伝播だけではなく，流れに伴っても熱の移動が起こる．流れに伴う熱移動を**対流伝熱**と呼ぶ．ポンプや送風機などの動力によって引き起こされる流れを強制対流といい，それに伴う伝熱を**強制対流伝熱**と呼ぶ．一方，流体の流れは動力がなくても起こる場合がある．流体の密度は温度や濃度に依存するので，流体内に温度差や濃度差がつけば，重力の作用によって密度の高い部分は下降し，密度の低い部分は上昇する．このような流れを自然対流（自由対流）といい，それに伴った熱移動を**自然対流伝熱**（**自由対流伝熱**）と呼ぶ．鍋でお湯を沸かすときに水が循環する様子が見られるが，鍋の中の水は自然対流伝熱で加熱されている．

熱伝導や対流では熱が物体を介して移動するのに対し，**熱放射**は電磁波を介して移動する伝熱である．固体，液体，二酸化炭素や水蒸気などの気体は，その温度に応じた電磁波を発生している．その電磁波は別の固体面に入射したり，物質内部を通過したりする際に吸収され，熱エネルギーに変換される．これが熱移動として観察される．太陽の恵みを地球上の我々が受けることができ

るのは，熱放射のおかげである．また，反射式ストーブは熱放射を利用した暖房器である．ストーブと人の間に障害物が割り込むと暖かさを感じなくなるのは，電磁波が遮断されるためである．

熱移動の分野では熱エネルギーを「熱」と簡略化して用いることが多い．

6.1.2 熱流量

図 6.3 に示すように，温度 T_0 に保たれている平板内の両壁面を温度 T_1 と T_2 に保った場合の温度分布の経時変化を考える．熱は高温側から低温側に流れ，内部温度は次第に上昇し，最終的にある温度分布に達する．温度が時間とともに変化している過程を**非定常状態**，温度分布が時間に対して変化しない最終的な状態を**定常状態**と呼ぶ．濃度差があれば物質移動が起こるように，また圧力差があれば流れが起こるように，温度差があれば熱移動が起こる．単位時間あたりに移動する熱量[J]は**熱流量**，伝熱量あるいは伝熱速度[J・s^{-1}]（=[W]）などと呼ばれ，熱の移動速度を表す指標となる．

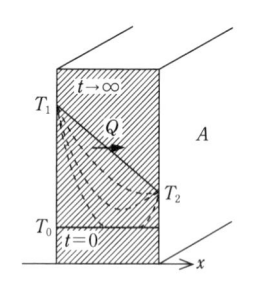

図 6.3 温度分布と熱流量

6.2 伝導伝熱

6.2.1 Fourier の法則

図 6.3 において，物質内のある位置における熱流量 Q はその位置での温度勾配 dT/dx と伝熱面積 A に比例し，次式で表される．

$$Q = -Ak\frac{dT}{dx} \tag{6.1}$$

これを熱伝導の **Fourier(フーリエ)の法則** と呼び，その比例定数 $k\,[\mathrm{W\cdot m^{-1}\cdot K^{-1}}]$ を **熱伝導率** あるいは **熱伝導度** という．マイナスは，温度勾配が負のときに正方向へ熱が流れることを表している．式(6.1)は，温度勾配が等しければ，熱伝導率と伝熱面積が大きなほど多くの熱量が伝わることを表している．

表6.1に代表的な物質の熱伝導率を示す．熱交換器のように大きな熱流量を得たい場合には銅やアルミニウムなどの熱伝導率の大きな金属を用いる．また，冷蔵庫や家屋壁のように外界からの熱を遮断したい場合には，発砲ウレタンやグラスウールなどの断熱材あるいは保温材と呼ばれる熱伝導率の小さい材料を用いる．

表 6.1 熱伝導率 $[\mathrm{W\cdot m^{-1}\cdot K^{-1}}]$ (大気圧，固体：300 K，液体・気体：298 K)

銅	398	水	0.610
アルミニウム	237	メタノール	0.203
純鉄	80.3	アセトン	0.160
耐火レンガ	1〜10	空気	0.0259
高温断熱材	0.08〜1.5	水素	0.181
グラスウール	0.02〜0.04	二酸化炭素	0.0165
ウレタンフォーム	0.015〜0.018	エチレン	0.0208

[日本熱物性学会編，熱"熱物性ハンドブック"，養賢堂 (1990) より]

6.2.2 固体壁内の熱伝導

容器内や配管内の流体は，固体壁を介して外壁に接する流体と熱を交換する．その際，容器内の温度を一定に保つのに必要な熱量や配管出口の流体温度を計算するためには，固体壁を通過する熱流量を知らなければならない．以下，定常状態において固体壁内を通過する熱流量について説明する．

図6.4(a)に示すように，厚さ b ，伝熱面積 A および熱伝導率 k の平板壁の両面が一様温度 T_1，T_2 にそれぞれ保たれている．定常状態すなわち温度分布が変化しないということは，固体内に熱の蓄積がないことを意味する．したがって，定常状態では，熱流量 Q はどの断面においても等しい．平板壁の伝熱面積 A もどの断面でも等しいので，式(6.1)より Q がどの断面でも等しくなるためには，温度勾配 dT/dx が等しくならなければならない．以上のようにして，平板壁内の温度分布は直線となることが推察できる．式(6.1)より次式

(a) 平板壁　　　　(b) 円筒壁　　　　(c) 中空球壁

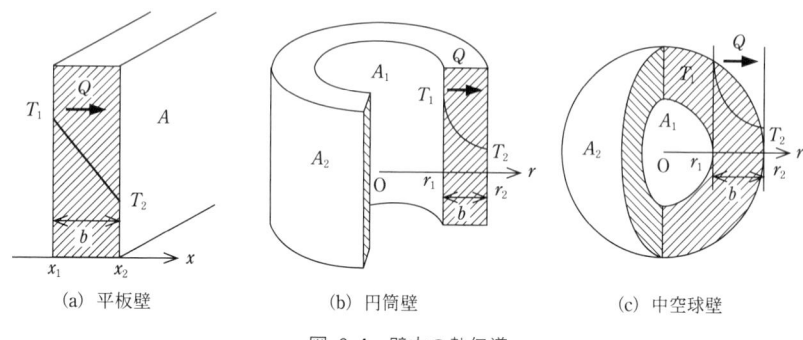

図 6.4　壁内の熱伝導

が導かれる．

$$\text{平板壁}\quad Q = Ak\frac{T_1 - T_2}{b} \tag{6.2}$$

一方，図6.4(b)および(c)に示す円筒壁や中空球壁の場合にも，定常状態における熱流量はどの位置 r の断面においても等しいが，伝熱面積 A が r に依存するので，温度分布は直線にはならない．このような場合，式(6.2)中の A を内外表面積 A_1 および A_2 の平均値として表せられれば便利である．実際，式(6.1)を適切な条件で積分することにより次式が導かれる．

$$\text{円筒壁}\quad Q = A_{\text{lm}} k \frac{T_1 - T_2}{b} \tag{6.3}$$

$$A_{\text{lm}} = \frac{A_2 - A_1}{\ln(A_2/A_1)} = \frac{2\pi L(r_2 - r_1)}{\ln(r_2/r_1)} \tag{6.4}$$

$$\text{中空球壁}\quad Q = A_{\text{gm}} k \frac{T_1 - T_2}{b} \tag{6.5}$$

$$A_{\text{gm}} = \sqrt{A_1 A_2} = 4\pi r_1 r_2 \tag{6.6}$$

ここで，A_{lm} は**対数平均面積**，A_{gm} は**幾何平均面積**と呼ばれる．式(6.4)中の L は円筒壁高さである．

[例題 6.1]

　式(6.1)から式(6.2)を導出せよ．

[解]

　式(6.1)を変形すれば，$-(Q/A)\mathrm{d}x = k\mathrm{d}T$ となる．図6.4(a)の座標に従っ

て，左辺を $x=x_1 \sim x_2$，右辺を $T=T_1 \sim T_2$ の範囲でそれぞれ積分する．平板壁の場合 A は位置 x に依存しないので，

$$-\frac{Q}{Ak}\int_{x_1}^{x_2} dx = \int_{T_1}^{T_2} dT$$

となる．積分を実行すれば

$$-\frac{Q}{Ak}(x_2-x_1) = T_2 - T_1$$

が得られ，これを整理すれば

$$Q = Ak\frac{T_1-T_2}{x_2-x_1} = Ak\frac{T_1-T_2}{b}$$

となる．

[例題 6.2]

縦 1 m × 横 50 cm × 厚さ 10 mm の銅平板($k=398$ W・m^{-1}・K^{-1})，炭素鋼平板($k=53.0$ W・m^{-1}・K^{-1})，ベークライト平板($k=0.233$ W・m^{-1}・K^{-1})の両面がそれぞれ 50℃ と 100℃ に保たれている場合に，各平板を通過する熱流量を求めよ．

[解]

式(6.2)において，$A=(1)(0.5)=0.5$ m^2，$T_1-T_2=100-50=50$℃ であるから，

銅平板　　$Q=(0.5)(398)\dfrac{50}{0.01}=9.95\times 10^5$ W

炭素鋼平板　　$Q=(0.5)(53)\dfrac{50}{0.01}=1.33\times 10^5$ W

ベークライト平板　　$Q=(0.5)(0.233)\dfrac{50}{0.01}=5.83\times 10^2$ W

6.2.3 伝熱抵抗

式(6.2)，(6.3)および(6.5)はいずれも次の形に変形できる．

$$Q = \frac{T_1-T_2}{b/(A_m k)} \tag{6.7}$$

ここで，A_m は A(平板壁)，A_{lm}(円筒壁)あるいは A_{gm}(中空球壁)である．こ

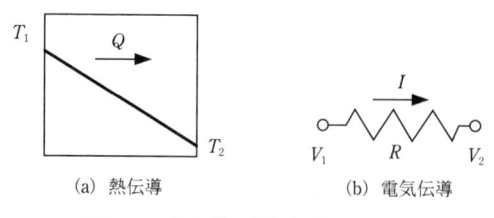

図 6.5 熱伝導と電気伝導の類似性

こで，図6.5のように電気抵抗回路を考え，Qを電流I，Tを電圧V，$b/(A_m k)$を抵抗Rでそれぞれ置き換えれば，式(6.7)はオームの法則$I=V/R$と等価であることがわかる．$R_T=b/(A_m k)$を**伝導伝熱抵抗**$[\mathrm{K\cdot W^{-1}}]$と呼ぶ．壁厚さbが小さいほど，伝熱面積A_mおよび熱伝導率kが大きいほど，伝熱抵抗は小さくなる．伝熱抵抗が小さいということは，壁内を熱がよく伝わることを表している．

[例題 6.3]

内径40 mm×外径55 mmの金属A製中空球壁($k=90\ \mathrm{W\cdot m^{-1}\cdot K^{-1}}$)と内径40 mm×外径45 mmの金属B製中空球壁($k=30\ \mathrm{W\cdot m^{-1}\cdot K^{-1}}$)の伝熱抵抗を比較せよ．

[解]

金属A製中空球壁では，$A_{gm}=4\pi r_1 r_2=4\pi(0.04/2)(0.055/2)=6.91\times10^{-3}\ \mathrm{m^2}$より，$b/(A_{gm}k)=(0.055/2-0.04/2)/\{(6.91\times10^{-3})(90)\}=1.21\times10^{-2}\ \mathrm{K\cdot W^{-1}}$である．同様にして，金属B製中空球壁では$A_{gm}=5.65\times10^{-3}\ \mathrm{m^2}$より，$b/(A_{gm}k)=1.47\times10^{-2}\ \mathrm{K\cdot W^{-1}}$となり，金属B製容器の伝熱抵抗の方が$(1.47-1.21)/1.47\times100=18\%$大きい．この問題を平板壁と同じように考え，両容器の内壁面積は等しく，b/k値$(=8.3\times10^{-5})$も等しいので，両容器壁の伝熱抵抗は等しいと判断するのは早計である．

6.2.4 多層壁内の熱伝導

高温になる炉壁が材料の異なる多層壁で構成され，また，流体の配管では保温材が巻かれるなど，多層壁内の熱伝導は工業装置でよく見られる．今，図6.6に示すように，異なった物質1，2および3で構成される多層平板壁(伝熱

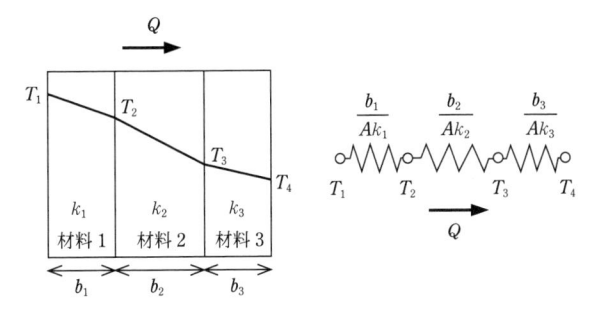

図 6.6 多層壁内の熱伝導と等価電気抵抗回路

面積 A)について，両壁面がそれぞれ一様温度 T_1，T_4 に保たれている場合を考える．また，各材料の境界面の温度を T_2 および T_3 で表す．このような多層壁では，図 6.6 に示すような直列の抵抗回路を考えればよい．まず，直列の抵抗回路ではどの抵抗に流れる電流も同じであるように，定常状態では各層を通過する熱流量は等しい．

$$Q = \frac{T_1 - T_2}{b_1/(Ak_1)} = \frac{T_2 - T_3}{b_2/(Ak_2)} = \frac{T_3 - T_4}{b_3/(Ak_3)} \tag{6.8}$$

さらに，多層壁内を通過する熱流量は，壁両面の温度差 $(T_1 - T_4)$ を用いて次式で与えられる．

$$Q = \frac{T_1 - T_4}{b_1/(Ak_1) + b_2/(Ak_2) + b_3/(Ak_3)} \tag{6.9}$$

円筒多層壁の場合には，伝熱面積として各層の対数平均面積を用いる．すなわち，熱流量は

$$Q = \frac{T_1 - T_2}{b_1/(A_{\mathrm{lm},1}k_1)} = \frac{T_2 - T_3}{b_2/(A_{\mathrm{lm},2}k_2)} = \frac{T_3 - T_4}{b_3/(A_{\mathrm{lm},3}k_3)} \tag{6.10}$$

および

$$Q = \frac{T_1 - T_4}{b_1/(A_{\mathrm{lm},1}k_1) + b_2/(A_{\mathrm{lm},2}k_2) + b_3/(A_{\mathrm{lm},3}k_3)} \tag{6.11}$$

で表される．中空球多層壁の場合には，対数平均面積の代わりに幾何平均面積を用いる．

[例題 6.4]

外径 40 mm×厚さ 4 mm×高さ 0.2 m の黄銅製円筒容器($k = 110 \text{ W} \cdot \text{m}^{-1} \cdot$

K^{-1})の外表面に厚さ 10 mm の保温材($k=0.02$ W・m^{-1}・K^{-1})が巻いてある. このときの伝導伝熱抵抗を求めよ.

[解]

円筒容器壁の伝熱抵抗 $R_{T,1}$ と保温材の伝熱抵抗 $R_{T,2}$ はそれぞれ,

$$R_{T,1} = \frac{b_1}{A_{lm,1}k_1} = \frac{\ln(r_2/r_1)}{2\pi L k_1} \quad R_{T,2} = \frac{b_2}{A_{lm,2}k_2} = \frac{\ln(r_3/r_2)}{2\pi L k_2}$$

と表される.また全伝熱抵抗は,

$$R_T = R_{T,1} + R_{T,2} = \frac{\ln(r_2/r_1)}{2\pi L k_1} + \frac{\ln(r_3/r_2)}{2\pi L k_2}$$

となる.この式に,$r_1 = 40/2 - 4 = 16$ mm,$r_2 = 40/2 = 20$ mm,$r_3 = 40/2 + 10 = 30$ mm,$k_1 = 110$ W・m^{-1}・K^{-1},$k_2 = 0.02$ W・m^{-1}・K^{-1},$L = 0.2$ m を代入すれば,$R_T = 16.1$ K・W^{-1} が得られる.なお,それぞれの伝熱抵抗は $R_{T,1} = 1.61 \times 10^{-3}$ K・W^{-1} および $R_{T,2} = 16.1$ K・W^{-1} であり,全伝熱抵抗に比べ円筒容器の伝熱抵抗は無視できるほど小さい.

[例題 6.5]

3種類の材料から構成される炉壁がある.内側は厚さ $b_1 = 25$ mm の耐火レンガで熱伝導率は $k_1 = 1.35$ W・m^{-1}・K^{-1},中間は厚さ $b_2 = 10$ mm の断熱レンガで熱伝導率は $k_2 = 0.13$ W・m^{-1}・K^{-1},外側は厚さ $b_3 = 20$ mm の赤レンガで熱伝導率は $k_3 = 0.90$ W・m^{-1}・K^{-1} である.

(1) 炉壁の内外表面温度がそれぞれ $T_1 = 1200$ K,$T_4 = 350$ K の場合,各レンガの接触面温度 T_2,T_3 を求めよ.

(2) 断熱レンガの安全使用温度が 1000 K 以下である場合,炉壁の内表面温度は何 K 以下に保つ必要があるか.ただし,炉壁の外表面温度は 350 K に保持されるものとする.

[解]

(1) 式(6.9)より,炉壁を通過する単位伝熱面積あたりの熱流量 Q/A は,

$$\frac{Q}{A} = \frac{1200 - 350}{(0.025)/(1.35) + (0.010)/(0.13) + (0.020)/(0.90)} = \frac{850}{0.1177}$$
$$= 7223 \text{ W} \cdot m^{-2}$$

となる.また,式(6.8)より,

$$T_2 = T_1 - \frac{Q}{A}\frac{b_1}{k_1} = 1200 - (7223)\frac{0.025}{1.35} = 1066 \text{ K}$$

$$T_3 = T_4 + \frac{Q}{A}\frac{b_3}{k_3} = 350 + (7223)\frac{0.020}{0.90} = 511 \text{ K}$$

が求まる．

（2）炉壁各部分の伝熱抵抗は同じで，$T_2 = 1000$ K となる温度 T_1 を求める問題と考えればよい．式(6.8)および(6.9)より得られる

$$\frac{Q}{A} = \frac{T_1 - T_4}{b_1/k_1 + b_2/k_2 + b_3/k_3} = \frac{T_1 - T_2}{b_1/k_1}$$

の関係を用いて，既知の値を代入すれば，

$$\frac{T_1 - 350}{0.1177} = \frac{T_1 - 1000}{0.025/1.35}$$

となる．この式を解けば $T_1 = 1121$ K が得られる．すなわち，設問の条件を満たすためには，炉壁の内表面温度を 1121 K 以下にする必要がある．

6.3 対流伝熱

固体壁で隔てられて流れる2つの流体間の熱移動では，流体と固体壁間の熱移動および固体壁内の熱伝導が関与してくる．熱伝導については前節で説明した．本節では，固体壁面と流体間の熱移動の取扱いを説明した後，固体壁で隔てられた流体間の熱移動について説明する．

6.3.1 熱伝達係数

固体壁面に沿って流体が流れている場合，図6.7のように，壁付近には層流

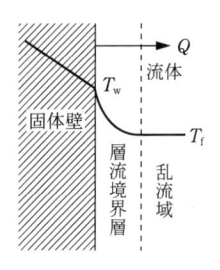

図 6.7 対流伝熱

境界層と呼ばれる流れの穏やかな薄い層があり，その外側に乱流域と呼ばれる主流がある．乱流域では流体の混合効果によって温度分布は小さいが，層流境界層では熱伝導が支配的で，大きな温度分布が生じる．したがって，壁面温度 T_w と壁面から離れた流体温度 T_f の温度差と境界層の厚みがわかれば，壁表面と流体間の熱流量も式(6.2)のような形で表されるはずである．しかし，境界層厚さは密度や粘度などの流体物性，流動状態，表面の粗さなどに大きく影響されるので，その正確な値を知ることが難しい．そこで，固体壁と流体間の熱流量 Q は，**熱伝達係数**あるいは**境膜伝熱係数**と呼ばれる定数 $h[\mathrm{W \cdot m^{-2} \cdot K^{-1}}]$ を用いて次式で表される．

$$Q = Ah(T_w - T_f) \tag{6.12}$$

これを **Newton の冷却の法則**と呼ぶ．さまざまな流路形状および流動条件に対する熱伝達係数の値が求められている．その概算値を表6.2に示す．表に示すように，一般に，熱伝達係数は自然対流伝熱より強制対流伝熱の方が大きい．また，流体の速度が大きいほど，熱伝達係数は増加する．熱いお風呂に入っているとき，体や手足を動かさずにじっとしているのは，流体速度の増加による熱伝達係数の増加を抑えるためである．逆に，ぬるいお風呂では，無意識のうちに手足を動かして熱伝達係数を大きくし，早く体を温めようとする．また，液体の熱伝達係数は，気体の熱伝達係数より大きい．一般に20℃前後の気温は過ごしやすいが，20℃の水風呂に入るとすぐに寒く感じるであろう．これは，気体より液体の熱伝達係数の方が大きいためである．

式(6.12)を式(6.7)と同様な形に変形すれば，対流伝熱抵抗は $R_T = 1/(Ah)$ で表されることがわかる．

表 6.2 熱伝達係数 $h[\mathrm{W \cdot m^{-2} \cdot K^{-1}}]$ の概算値

自然対流	空気	3〜10
	水	300〜800
強制対流	空気	20〜50
	水	2 000〜6 000

[化学工学協会編，"現代の化学工学II"，朝倉書店（1989）より]

6.3.2 総括伝熱係数

図6.8に示すように，平板壁で隔てられて流れる2つの流体間の熱流量を考える．両流体の対流伝熱抵抗と固体壁の伝導伝熱抵抗が直列関係にあると考えればよいので，両流体の温度差 $T_{f1}-T_{f2}$ を用いて熱流量は次式で与えられる．

$$Q=\frac{T_{f1}-T_{f2}}{1/(Ah_1)+b/(Ak)+1/(Ah_2)} \tag{6.13}$$

円筒壁である場合には，壁の伝熱面積として対数平均面積 A_{lm} を用いる．

$$Q=\frac{T_{f1}-T_{f2}}{1/(A_1h_1)+b/(A_{lm}k)+1/(A_2h_2)} \tag{6.14}$$

ここで，A_1 および A_2 はそれぞれ流体1および2側の固体壁表面積である．

式(6.13)および(6.14)は次式のような形で表すことができる．

$$Q=AU(T_{f1}-T_{f2}) \tag{6.15}$$

U を**総括伝熱係数**[W・m^{-2}・K^{-1}]という．平板壁の場合，式(6.13)と式(6.15)を比較すると次式が得られる．

$$\frac{1}{U}=\frac{1}{h_1}+\frac{b}{k}+\frac{1}{h_2} \tag{6.16}$$

円筒壁の場合には，式(6.14)より

$$\frac{1}{UA}=\frac{1}{A_1h_1}+\frac{b}{A_{lm}k}+\frac{1}{A_2h_2} \tag{6.17}$$

となり，左辺の A として A_1，A_2 あるいは A_{lm} のいずれを採用するかによって総括伝熱係数の値が異なる．たとえば，A として外表面積 A_2 を採用すれば，

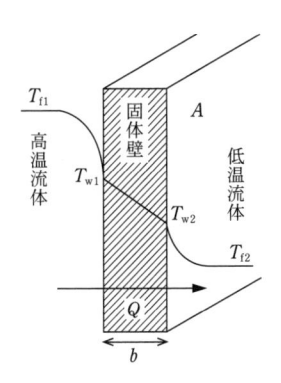

図 6.8 平板壁を介する2流体の対流伝熱

$$Q = A_2 U_2 (T_{f1} - T_{f2}) \tag{6.18}$$

$$\frac{1}{U_2} = \frac{A_2}{A_1 h_1} + \frac{A_2 b}{A_{lm} k} + \frac{1}{h_2} \tag{6.19}$$

となる．このような U_2 を外表面基準の総括伝熱係数と呼ぶ．また，この系の全伝熱抵抗は $1/(UA)$ で与えられる．総括伝熱係数は流体間の熱流量の大小を判断するのに便利な指標である．後述する熱交換器では，使用条件によって総括伝熱係数のおおよその範囲が知られている．

[例題 6.6]

外気温が 35℃ で室温を 26℃ に保った場合，厚み 4 mm で熱伝導率 0.75 W・m^{-1}・K^{-1} のガラス窓を通過する単位伝熱面積あたりの熱流量を求めよ．ただし，室内外の熱伝達係数はそれぞれ 10 W・m^{-2}・K^{-1} および 50 W・m^{-2}・K^{-1} とする．

[解]

式(6.16)より，総括伝熱係数 U は

$$U = \left(\frac{1}{10} + \frac{0.004}{0.75} + \frac{1}{50} \right)^{-1} = 8.0 \ \mathrm{W \cdot m^{-2} \cdot K^{-1}}$$

である．式(6.15)より，ガラスを通過する単位伝熱面積あたりの熱流量は $Q/A = (8)(35-26) = 72 \ \mathrm{W \cdot m^{-2}}$ である．室温設定温度を 28℃ に上げれば $Q/A = 56 \ \mathrm{W \cdot m^{-2}}$ に減少する．

[例題 6.7]

内径 20 mm×外径 22 mm×長さ 5 m の銅製伝熱管（$k = 398 \ \mathrm{W \cdot m^{-1} \cdot K^{-1}}$）の内外に流体が流れている．管内外の熱伝達係数がそれぞれ 1 200 W・m^{-2}・K^{-1} および 6 000 W・m^{-2}・K^{-1} の場合，外表面基準の総括伝熱係数を求めよ．

[解]

$A_1 = \pi (20 \times 10^{-3})(5) = 0.314 \ \mathrm{m^2}$，$A_2 = \pi (22 \times 10^{-3})(5) = 0.346 \ \mathrm{m^2}$，
$A_{lm} = \pi (22 \times 10^{-3} - 20 \times 10^{-3})(5) / \ln(22 \times 10^{-3} / 20 \times 10^{-3}) = 0.330 \ \mathrm{m^2}$，
$b = (22-20)/2 = 1$ mm なので，式(6.18)より外表面基準の総括伝熱係数は，

$$U_2 = \left(\frac{0.346}{(0.314)(1\,200)} + \frac{0.346(1 \times 10^{-3})}{0.330(398)} + \frac{1}{6\,000} \right)^{-1} = 919 \ \mathrm{W \cdot m^{-2} \cdot K^{-1}}$$

6.4 放射伝熱

物体はその温度によって定まった強さの電磁波を放射している．放射伝熱で実質的に重要性をもつ波長は $0.2〜50\ \mu m$ であり，大部分が赤外線の領域($0.78〜400\ \mu m$)に属している．

物体表面に入射した熱放射線は，図 6.9 のように一部は表面で反射され，残りはその物質に吸収されるか物質内部を透過する．入射したエネルギーに対する反射，透過，吸収したエネルギーの割合をそれぞれ反射率(ζ)，透過率(τ)，吸収率(α)と呼び，次の関係にある．

$$\zeta + \tau + \alpha = 1 \tag{6.20}$$

6.4.1 黒体の熱放射

熱放射線が有するエネルギーは波長に依存する．実在物体から放射される波長の分布は複雑であり，輸送される放射エネルギーを波長ごとに取り扱うことは実質不可能である．そこで，まず，**黒体**と呼ばれる表面からの熱放射を基本に考える．黒体は入射するすべての熱放射線を吸収する表面(すなわち，$\alpha = 1, \zeta = \tau = 0$)であり，黒体からの熱放射を黒体放射と呼ぶ．単位時間，単位表面積あたりに物体から放射される単位波長あたりのエネルギーを**単色放射能**あるいは単色射出能と呼ぶ．量子統計理論により，絶対温度 $T[\mathrm{K}]$ の黒体から

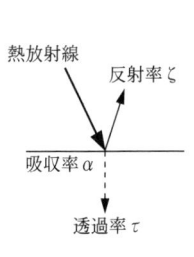

図 6.9 物体表面での熱放射線

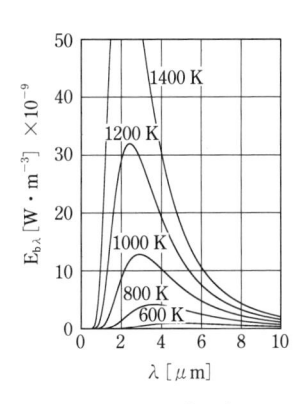

図 6.10 黒体放射

の単色放射能 $E_{b\lambda}[\mathrm{W \cdot m^{-3}}]$ は次式のように表される.

$$E_{b\lambda} = \frac{C_1 \lambda^{-5}}{e^{C_2/(\lambda T)} - 1} \tag{6.21}$$

ここで,λ は波長[m]であり,$C_1 = 3.740 \times 10^{-16}\,\mathrm{W \cdot m^2}$,$C_2 = 1.439 \times 10^{-2}\,\mathrm{m \cdot K}$ である.この関係は **Planck の法則** と呼ばれる.図 6.10 は各温度における黒体の単色放射分布である.波長に対して $E_{b\lambda}$ には最大値があり,その最大値を示す波長は温度が高いほど低波長側に移動している.$E_{b\lambda}$ が最大になる波長 $\lambda_{\max}$ は,**Wien の変位則** で与えられる.

$$\lambda_{\max} T = 2.898 \times 10^{-3}\,\mathrm{m \cdot K} \tag{6.22}$$

この式は,物体表面が高温度になるに従ってその色を赤,橙,黄,白へ変えることを説明している

単位時間,単位表面積あたりに黒体から放射されるエネルギーを **放射能** と呼ぶ.放射能 $E_b[\mathrm{W \cdot m^{-2}}]$ は,式(6.21)右辺を波長 λ に対して 0 から ∞ まで積分することによって得られる.

$$E_b = \int_0^\infty E_{b\lambda} d\lambda = \sigma T^4 = 5.67\left(\frac{T}{100}\right)^4 \tag{6.23}$$

この式を **Stefan-Boltzmann の法則** といい,定数 $\sigma(=5.67 \times 10^{-8}\,\mathrm{W \cdot m^{-2} \cdot K^{-4}})$ は **Stefan-Boltzmann 定数** と呼ばれる.

6.4.2 実在物体の熱放射

実在物体の単色放射能 E_λ は,同一温度における黒体の単色放射能 $E_{b\lambda}$ より小さい.ここで,$E_\lambda/E_{b\lambda}$ がすべての波長で等しい物体を考える.このような物体を **灰色体** と呼び,灰色体の放射能 E は次のように表される.

$$E = \int_0^\infty \varepsilon_\lambda E_{b\lambda} d\lambda = \varepsilon \int_0^\infty E_{b\lambda} d\lambda = \varepsilon \sigma T^4 = 5.67 \varepsilon \left(\frac{T}{100}\right)^4 \tag{6.24}$$

ここで,ε は **放射率** であり,灰色体では $\varepsilon < 1$,黒体では $\varepsilon = 1$ である.さらに,**Kirchhoff の法則** により,黒体や灰色体の放射率 ε と吸収率 α は等しい.すなわち,よく吸収する物体はよく放射することになる.図 6.11 に模式的に示すように,実在物体の E_λ は波長に対して複雑に変化し,灰色体は実際には存在しない.しかし,工業的に実在物体は灰色体として取り扱われる.代表的な物質の放射率 ε を表 6.3 に示した.

表 6.3　物質の放射率 ε

銅（研磨面）	310 K	0.02
（酸化面）	310 K	0.78
アルミニウム（研磨面）	480〜870 K	0.038〜0.06
（酸化面）	370〜810 K	0.20〜0.33
白耐火レンガ	1370 K	0.29
赤い粗レンガ	310 K	0.93
炭素	310 K	0.95
水（氷）	273〜373 K	0.96〜0.98

[R. Siegel and J. R. Howell, "Thermal Radiation Heat Transfer" 2nd ed., Hemisphere Pub. (1980)]

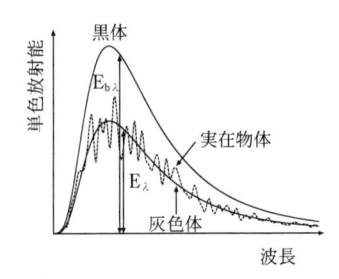

図 6.11　黒体，灰色体，実在物体の単色放射能

6.4.3　物体間の放射伝熱

　物体面から放射されるエネルギーは空間のあらゆる方向に向かって一様であるとする．また，物体面で反射した熱放射線も，空間のあらゆる方向に向かって一様に放射されるとする．

　図 6.12 に示すように，無限に広いと見なせる面積 A の黒体 1 と 2 が相対している場合を考える．それぞれの温度を T_1，T_2（ただし，$T_1 > T_2$）とする．まず，面 1 のいずれの位置から放射される熱放射線も面 2 に到達し，それらはすべて面 2 で吸収されて熱エネルギーに変換される．一方，面 2 からも熱放射線が放射されて，面 1 に到達しすべて吸収される．したがって，面 1 から面 2 への正味の熱流量 Q は面 1 から放射されて面 2 で吸収される放射熱流量 Q_{12} と面 2 から放射されて面 1 で吸収される放射熱流量 Q_{21} の差で与えられる．

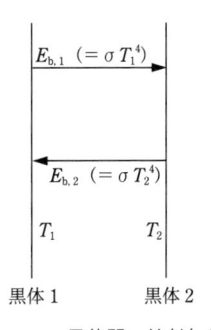

図 6.12　黒体間の放射伝熱

$$Q = Q_{12} - Q_{21} = A(E_{b1} - E_{b2}) = A\sigma(T_1^4 - T_2^4) = 5.67A\left\{\left(\frac{T_1}{100}\right)^4 - \left(\frac{T_2}{100}\right)^4\right\} \tag{6.25}$$

面1,2が灰色体(実在物体)の場合には,面1から面2に到達した放射線のうち吸収率 α_2 分だけが吸収され,$(1-\alpha_2)$ 分は反射される.その反射された放射線は面1に達し,α_1 分が吸収され,$(1-\alpha_1)$ 分は反射される,というような吸収と反射が繰り返される.さらに,有限広さの面同士の場合,空間的な制約から,他面からの熱放射線のすべてを授受できるわけではない.このような複雑な現象を考慮して,実在物体間の正味の熱流量は次のように表される.

$$Q = Q_{12} - Q_{21} = A_1 \mathcal{F}_{12} \sigma(T_1^4 - T_2^4) = 5.67 A_1 \mathcal{F}_{12}\left\{\left(\frac{T_1}{100}\right)^4 - \left(\frac{T_2}{100}\right)^4\right\} \tag{6.26}$$

ここで,$\mathcal{F}_{12}$ は**総括吸収係数**と呼ばれ,面同士の吸収と反射の繰り返しや空間関係を考慮して与えられる.簡単な系における総括吸収係数を以下に示す.

① 無限広さの平行平板の場合
$$1/\mathcal{F}_{12} = 1/\varepsilon_1 + 1/\varepsilon_2 - 1 \tag{6.27}$$

② 面1が面2に完全に包囲されている場合
$$1/\mathcal{F}_{12} = 1/\varepsilon_1 + (1/\varepsilon_2 - 1)(A_1/A_2) \tag{6.28}$$

③ 小さい面1が大きい面2に完全に包囲されている場合
$$\mathcal{F}_{12} = \varepsilon_1 \tag{6.29}$$

なお,式(6.27)において,黒体($\varepsilon_1 = \varepsilon_2 = 1$)の場合には $\mathcal{F}_{12} = 1$ となり,式(6.25)に一致する.

[**例題6.8**]

表面温度493 Kの鋼管(外径80 mm)が,表面温度323 Kの大きな空間を有する建物内に設置されている.鋼管単位長さあたりの放射による熱損失を求めよ.ただし,鋼管面の放射率は $\varepsilon = 0.8$ である.

[**解**]

面1を鋼管面と考えて式(6.29)を適用する.管長さを L とおけば,$A_1 = \pi(0.08)L$ なので,式(6.26)より管表面からの熱損失は以下のようにな

る.

$$Q/L = (5.67)\pi(0.08)(0.8)\left\{\left(\frac{493}{100}\right)^4 - \left(\frac{323}{100}\right)^4\right\} = 549 \text{ W}\cdot\text{m}^{-1}$$

[例題 6.9]

温度の異なる鋼板 a と b (放射率はそれぞれ $\varepsilon_a=0.8$, $\varepsilon_b=0.9$) が，わずかな距離を置いて平行におかれている．鋼板 a, b の表面温度がそれぞれ 1273 K および 873 K である場合の単位表面積あたりの放射熱流量を求めよ．

[解]

式(6.27)より，$\mathcal{F}_{12}=(1/0.8+1/0.9-1)^{-1}=0.735$ である．式(6.26)より単位表面積あたりの熱量は $Q/A=(5.67)(0.735)\left\{\left(\frac{1273}{100}\right)^4-\left(\frac{873}{100}\right)^4\right\}=8.52\times10^4$ W・m^{-2} となる．

6.5　熱交換器

熱交換器とは，高温流体の有する熱エネルギーを低温流体へ移動させ，所定の温度まで高温流体を冷却あるいは低温流体を加熱する装置のことである．

熱交換器設計の基本となる二重管型熱交換器の概略を図 6.13 に示す．この熱交換器は内管と外管の2重構造となっており，内管と外管の環状部および内管に2つの流体を流し，内管壁を介して熱エネルギーを移動させる．外管からの熱損失を抑えるためにその回りには断熱が施されている．2流体が同じ方向に流れている場合を**並流**，反対の方向に流れている場合を**向流**と呼ぶ．それぞれの流れに対する温度変化を図 6.14 に示す．図中，添え字1および2はそれぞれ入口および出口を表し，添え字 h および c はそれぞれ高温流体および低

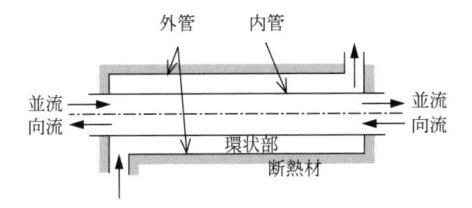

図 6.13　2重管熱交換器の概略図

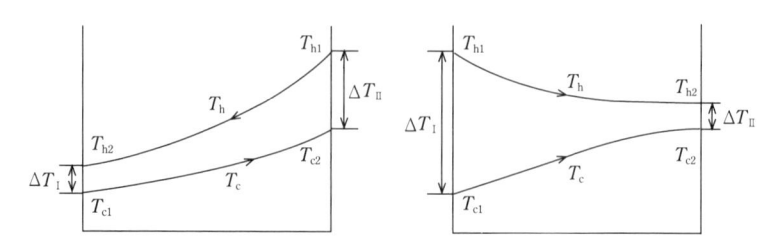

図 6.14 向流と並流における流体の温度変化

温流体を表す.

6.5.1 熱交換器の熱流量

流体の質量流量を $W[\mathrm{kg \cdot s^{-1}}]$,比熱を $C_\mathrm{P}[\mathrm{J \cdot kg^{-1} \cdot K^{-1}}]$ とおけば,高温流体と低温流体それぞれの入口と出口の温度差から熱流量 Q は次式で与えられる.

$$Q = C_\mathrm{pc} W_\mathrm{c} (T_\mathrm{c2} - T_\mathrm{c1}) \tag{6.30}$$

$$Q = C_\mathrm{ph} W_\mathrm{h} (T_\mathrm{h1} - T_\mathrm{h2}) \tag{6.31}$$

一方,固体壁を介した流体間の熱流量は式(6.15)で与えられることを述べた.しかし,図6.14のように流体温度差は位置で異なるので,熱交換器全体での熱流量を式(6.15)から直接求めることは難しい.そこで,熱交換器内部の流体温度差の平均値を ΔT_m として,熱流量 Q を次式で表すことにする.

$$Q = AU\Delta T_\mathrm{m} \tag{6.32}$$

式の導出は省略するが,二重管型熱交換器においては向流,並流にかかわらず,ΔT_m は両端の流体温度差 ΔT_I と ΔT_II の対数平均で与えられることが知られている.

$$\Delta T_\mathrm{lm} = \frac{\Delta T_\mathrm{I} - \Delta T_\mathrm{II}}{\ln(\Delta T_\mathrm{I}/\Delta T_\mathrm{II})} \tag{6.33}$$

ΔT_lm を**対数平均温度差**と呼ぶ.すなわち,二重管型熱交換器の熱流量は次式で表される.

$$Q = AU\Delta T_\mathrm{lm} = AU \frac{\Delta T_\mathrm{I} - \Delta T_\mathrm{II}}{\ln(\Delta T_\mathrm{I}/\Delta T_\mathrm{II})} \tag{6.34}$$

式(6.30),(6.31)および(6.34)から求められる熱流量は等しく,熱交換器の

設計において重要な式である．

[例題 6.10]

内径 19.8 mm×外径 22.2 mm の内管を設置した 2 重管型熱交換器において，環状部に 10°C の冷却水を流量 1.0 kg・s^{-1} で流し，内管内を流量 0.5 kg・s^{-1} で流れる油を 90°C から 42°C に冷却したい．流体を向流で流した場合に必要な伝熱管長さを求めよ．ただし，水と油の比熱はそれぞれ 4.2 kJ・kg^{-1}・K^{-1} および 2.0 kJ・kg^{-1}・K^{-1}，外表面積基準の総括伝熱係数は U_o=540 W・m^{-2}・K^{-1} とする．

[解]

式(6.31)より，油を冷却するのに必要な熱流量は
$$Q = (2\,000)(0.5)(90-42) = 48 \text{ kW}$$
である．次に，式(6.30)より，冷却水の出口温度は
$$T_{c2} = Q/(C_{pc}W_c) + T_{c1} = (48\,000)/(4\,200)/(1) + 10 = 21.4°C$$
となる．よって，対数平均温度差は
$$\Delta T_{lm} = \frac{(90-21.4)-(42-10)}{\ln\{(90-21.4)/(42-10)\}} = 48.0°C$$
となる．式(6.32)より，
$$A_o = Q/(U_o \Delta T_{lm}) = (48\,000)/(540)/(48.0) = 1.85 \text{ m}^2$$
であるので，必要な伝熱管長さとして
$$L = (1.85)/\pi/(0.0222) = 26.6 \text{ m}$$
が得られる．

工業的に使用される熱交換器では，図 6.15 に示すような多流路の熱交換器が用いられる．このような場合，向流として求められる対数平均温度差に**修正係数** F_T をかけた値が式(6.32)における平均温度差 ΔT_m となる．

$$\Delta T_m = F_T \Delta T_{lm} \tag{6.35}$$

F_T は，次式で定義される温度効率 P と容量比 R を用いて図 6.16 に示すような線図から求められる．

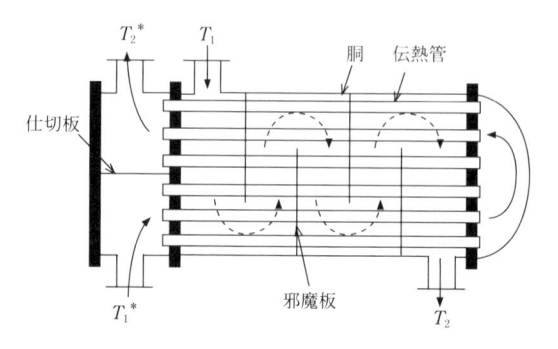

図 6.15　多管型熱交換器(胴側1パス, 管側2パス)の概略図

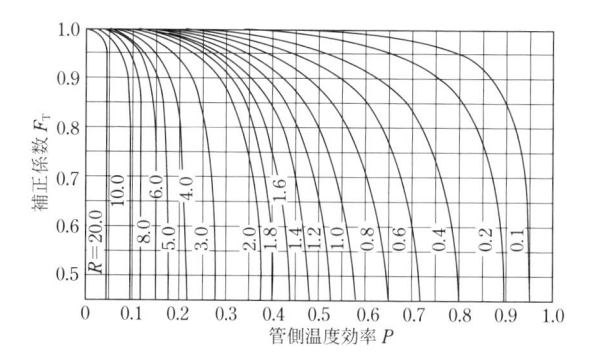

図 6.16　多管型熱交換器(胴側1パス, 管側2パス)の修正係数
［千輝淳二,"伝熱計算法",工学図書(1992)より］

$$P=\frac{T_2{}^*-T_1{}^*}{T_1-T_1{}^*}, \quad R=\frac{T_1-T_2}{T_2{}^*-T_1{}^*} \tag{6.36}$$

ここで, ＊は2つの流体を区別するためのものであり, どちらの流体であるかは線図に併示されている.

［例題 6.11］
　胴側1パス, 管側2パスの多管型熱交換器において, 管側を流れる流体の入口と出口温度はそれぞれ50℃および100℃, 胴側を流れる流体の入口と出口温度は150℃および110℃であった. この場合の平均温度差を求めよ.
［解］
　式(6.36)において $T_1{}^*=50℃$, $T_2{}^*=100℃$, $T_1=150℃$, $T_2=110℃$ なので,

$P=50/100=0.5$, $R=40/50=0.8$. 図 6.16 より $F_T=0.88$ となる. また, 2 流体が向流で流れている場合, $\Delta T_\mathrm{I}=110-50=60°\mathrm{C}$ と $\Delta T_\mathrm{II}=150-100=50°\mathrm{C}$ なので, 対数平均温度差は

$$\Delta T_\mathrm{lm} = \frac{60-50}{\ln(60/50)} = 54.8°\mathrm{C}$$

となる. したがって, 多管式熱交換器の平均温度差は, 式(6.35)より $\Delta T_\mathrm{m} = (0.88)(54.8) = 48.2°\mathrm{C}$ となる.

演習問題

6.1 内径 50 mm×厚さ 2 mm の銅製($k=398$ W・m^{-1}・K^{-1})の中空球壁の両面温度が 50°C および 100°C に保たれている場合, 中空球壁を通過する熱流量を求めよ.

6.2 円筒壁を通過する熱流量は式(6.3)および式(6.4)で与えられることを式(6.1)から導出せよ.

6.3 液体や気体を輸送する管には, 熱損失を防ぐための保温材が巻かれる. 今, 熱伝導度の異なる 2 種類の保温材 A($k_\mathrm{A}=0.05$ W・m^{-1}・K^{-1})および B($k_\mathrm{B}=0.1$ W・m^{-1}・K^{-1})がそれぞれ一定量ずつあり, 外径 120 mm の管をこれらの 2 種類の保温材を巻いて保温したい. その方法として a) 管に厚さ 85 mm の保温材 A を巻いて, その上から厚さ 42 mm の保温材 B を巻く方法と, b) 管に厚さ 72.5 mm の保温材 B を巻いて, その上から厚さ 54.5 mm の保温材 A を巻く方法が考えられる. どちらの方法の保温効果が高いか, 伝熱抵抗を比較して答えよ.

6.4 内側に厚さ 50 mm の耐火レンガ壁($k=0.8$ W・m^{-1}・K^{-1}), 外側に厚さ 20 mm の断熱レンガ材($k=0.15$ W・m^{-1}・K^{-1})で構成される炉壁がある. 炉壁外表面から 5 mm と 10 mm の深さでの温度はそれぞれ 350°C および 415°C であった. 炉壁内表面温度を求めよ.

6.5 厚さ 4 mm のガラス窓($k=0.75$ W・m^{-1}・K^{-1})に, 厚さ 1 mm の透明シート(熱伝導率は 0.08 W・m^{-1}・K^{-1})を貼った. 室内外の熱伝達係数はそれぞれ 10 W・m^{-2}・K^{-1} および 50 W・m^{-2}・K^{-1} とする. このシートによって, ガラス窓からの熱損失は何% 減少するか.

6.6 内径 10 mm×外径 12 mm のアルミニウム製伝熱管($k=237$ W・m^{-1}・K^{-1})の内外に流体が流れ, 管内外の熱伝達係数はそれぞれ 2 000 W・m^{-2}・K^{-1} および

$5\,000\ \mathrm{W\cdot m^{-2}\cdot K^{-1}}$ である．内表面基準および外表面基準の総括伝熱係数をそれぞれ求めよ．

6.7 Planck の法則から Wien の変位則を導出せよ．

6.8 表面温度 593 K で，放射率 $\varepsilon=0.7$ の金属管(外径 80 mm)がある．この金属管が，1 辺 0.4 m の正方形断面のコンクリート製導管(表面温度 323 K，放射率 $\varepsilon=0.9$)に囲まれている場合，単位長さあたりの放射熱損失を求めよ．さらに，この金属管表面を隙間なく放射率 $\varepsilon=0.04$ のアルミニウム箔で覆った場合の放射熱損失を求めよ．

6.9 例題 6.9 において，両鋼板 a，b の中間に放射率 $\varepsilon_2=0.04$ のアルミニウム箔を平行に設置したとき，単位表面積あたりの放射伝熱量を求めよ．

6.10 例題 6.10 の操作を(1) 並流で行った場合，(2) 胴側 1 パス，管側 2 パスの多管型熱交換器(管側：油，胴側：水)を用いて行った場合，それぞれ必要な伝熱管長さを求めよ．ただし，総括伝熱係数は変わらないものとする．

7 プロセスの設計と運転管理

　化学プラントに限らず物質の生産を行うためには，まずそのための設備を設計し建設しなければならない．また，設備ができあがったとしても，希望する品質の製品を希望する量だけつくるためには，その設備の操作方法を考える必要がある．本章では，化学プラントが設計される手順，大規模な化学プラントを少人数で運転できる仕組み，さらに生産に関する意思決定のされ方について，できるだけ具体的な例題を用いて説明する．

　新たな機能を有する物質の合成や触媒の開発などに興味をもっている化学を専攻する読者にとっては，生産設備には興味がないかもしれない．しかしながら，新たに発見した物質が効率よく生産できなければ，その物質が世に出ることはない．実験段階から，その物質がどのように生産されるかを想像することで，化学者が実験室でビーカーやフラスコを使って実験する際の評価基準と，化学技術者が生産設備を設計する際の評価基準は同じでないことを認識できる．そのような認識があれば，実験段階で得られたどのようなデータがプロセスの設計や運転条件の設定に役立つかがわかり，開発から製造までの期間を短縮できる．チャンピオンデータが必ずしもプロセス設計に使えるとは限らない．化学技術者が必要なデータを化学者は捨てているかもしれないのである．

　本章では，上述したような考えに基づき，設計や運転の問題を考える前に，**モデリング**という節を配置した．化学者の間での共通言語が化学式であるとすれば，化学者と化学技術者を結ぶ言語は，数式で表されたモデルである．ぜひ，数式モデルという考え方に馴染んでほしい．本章の構成を図7.1に示す．本章では，具体的な設備を示す際に，「化学プラント」，「プラント」という用

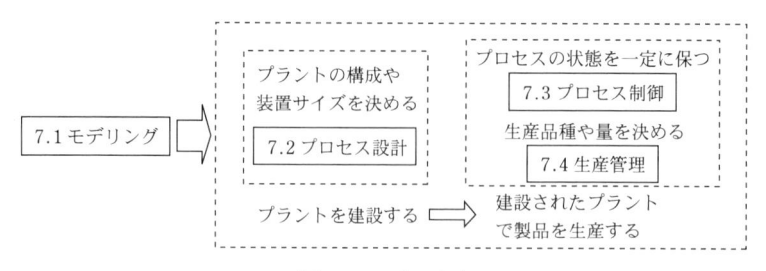

図 7.1　7章の内容

語を，また設備の機能を中心に議論する際に，「化学プロセス」，「プロセス」という用語を用いる．ただし，この使い分けについて明確な規準があるわけではない．

7.1　モデリング

　化学装置や化学プラントの設計や運転の問題を考えるには，まず対象の「モデル」を作成する必要がある．自動車のクレイモデルや分子の模型も 1 つのモデルであるが，本章では数式で書かれたモデルのみを扱う．以下，典型的な 2 つのモデルのつくり方(モデリングと呼ぶ)を説明し，そのモデルに基づき，設計や操作に関する問題がどのように表されるかを説明する．

7.1.1　物理モデル（現象論モデル）

　現象論に基づいて作成されたモデルを，**物理モデル**（**現象論モデル**）と呼ぶ．物理モデルは，2 章で詳しく説明したような物質収支やエネルギー収支という**収支式**と，反応速度式や伝熱速度式，および物質移動速度式などの**速度式**からなる．また，数式モデルに使われる変数は，**入力変数**，**出力変数**，**設計変数**，**操作変数**，**状態変数**，**パラメータ**に分類できる．モデリングの対象は，図 7.2 に示すようにいくつかの要素から成り立っている．そして，各要素は収支のとれる範囲を 1 つの小要素と考えると，またいくつかの小要素に分割できる．

　対象をこのように分割した後，上述したさまざまな収支式や速度式を用いることにより，各要素に対して，式(7.1)のような微分方程式，および変数間の関係を示す式(7.2)のような代数方程式からなる数式モデルを得ることができる．

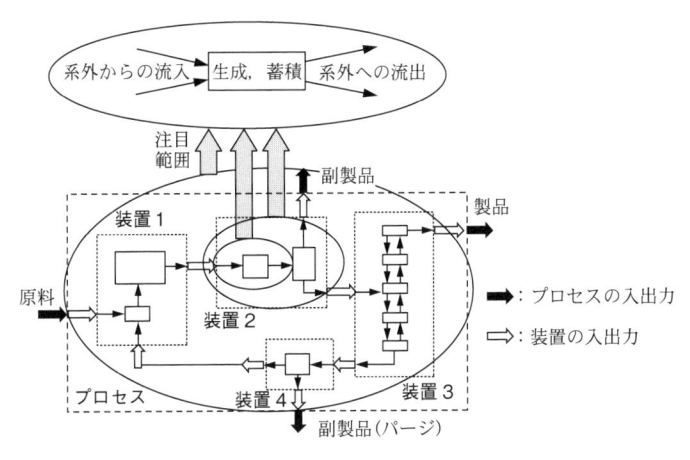

図 7.2 収支の考え方

そして，これらの式を装置全体でまとめることにより，各装置の数式モデルが得られる．さらに，装置の結合関係をふまえて，各装置の出力変数を後続装置の入力変数と等しくおくことにより，プロセス全体の数式モデルが得られる．

$$\frac{d(系内の蓄積量)}{dt} = 流入速度 - 流出速度 + 生成速度 - 消費速度 \quad (7.1)$$

$$f(入力変数, 出力変数, 設計変数, 操作変数, 状態変数, パラメータ) = 0 \quad (7.2)$$

ここで，$f(a, b, c, \cdots)$は，a，b，cという変数がある関係を満たすことを意味する．一般にこのような関係式は複数存在することから，式(7.2)はベクトル関数となる．

連続プロセスが**定常状態**(各装置の入出力や装置内の各位置の温度や組成，圧力が時間によって変化せず一定である状態)にある場合は，系内蓄積量は変化しない．よって，式(7.1)の左辺を0とおくことにより，すべて代数方程式からなる**静的モデル**(**定常モデル**)が得られる．通常，設計や操作に関する問題を考える際には静的モデルが用いられる．ただし，バッチプロセスの設計問題や連続プロセスの制御問題を考える場合には，式(7.1)の蓄積量の時間変化項を残した微分方程式を含む**動的モデル**(**非定常モデル**)を用いる必要がある．

以下，反応速度式が式(7.3)で表されるA→Cの反応を行う図7.3に示す反

応器を例にとり,モデル式がどのように使われるかを説明する.

$$-r = kC_A \tag{7.3}$$

ここで,r[kmol・m^{-3}・h^{-1}]は反応速度,k[h^{-1}]は反応速度定数,C_A[kmol・m^{-3}]は装置内 A 成分濃度である.

a. 動的モデル

現実の装置を全く誤差なく表現することは不可能であり,さまざまな仮定の下でモデルが作成される.よって,モデル化する際には,導入した仮定を明確にしておかねばならない.図 7.3 の反応器がよく撹拌されていれば,「装置内は完全混合」と仮定してよい.さらに,「反応による体積変化は無視できる」と仮定すれば,式(7.1)に対応する全成分および成分 A の動的な物質収支式,および出力組成の関係式は以下のように表すことができる.

$$\frac{dV}{dt} = v_0 - v \tag{7.4}$$

$$\frac{d(VC_A)}{dt} = v_0 C_{A0} - vC_{AP} - kC_A V \tag{7.5}$$

$$C_{AP} = C_A \tag{7.6}$$

ここで,v_0[m^3・h^{-1}]は原料体積流量,C_{A0}[kmol・m^{-3}]は原料中の A 成分濃度,C_{AP}[kmol・m^{-3}]は製品中の A 成分濃度,V[m^3]は反応器内液容積,v[m^3・h^{-1}]は反応器出口体積流量である.

一般に,教科書での例題や演習問題では,モデル化する際の仮定が示されている.しかしながら現実の装置をモデル化する場合,どのような仮定を導入す

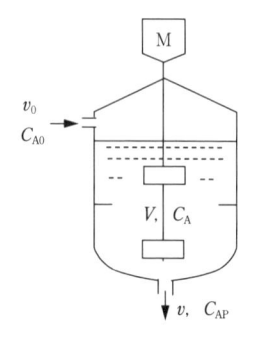

図 7.3 連続槽型反応器

べきかは定まっているわけではなく,モデル作成者が判断しなければならない.反応による体積変化を無視できるか否かは物質の密度データにより確認すべきであるし,また完全混合と見なせるか否かは,装置の形状や反応に要する時間をもとに判断しなければならない.また,実験データなどが得られれば,それをもとに仮定の妥当性を再度検討することが望ましい.現実のプロセスの設計や操作問題の検討は,複数の技術者のチームで行うことが多い.このような状況下でモデルの妥当性を検討するには,導入した仮定を明確にし記述しておくことが不可欠である.チームのほかの技術者は,別の仮定のもとで思考しているかもしれないのである.

仮定の適切さを定める汎用的な方法はないが,一般に以下の点を考慮してモデル化することが望ましい.

① モデル全体の詳細度が均一である(モデル全体の精度は,最も粗い部分に支配されるので,一部のみ精緻なモデルを導入しても意味がない).
② 実プロセスと定性的挙動が一致する(ある変数を増加あるいは減少させたとき,実プロセスと逆の動きをしない).
③ 実プロセスからデータが得られたとき,そのデータに合うよう調節するパラメータを内部に有する.

b. 設計型計算

〈a.動的モデル〉で求めた式(7.4),(7.5)の微分項を0とおくことにより,静的な物質収支式を得ることができる.

$$0 = v_0 - v \tag{7.7}$$

$$0 = v_0 C_{A0} - v C_{AP} - k C_A V \tag{7.8}$$

$$C_{AP} = C_A \tag{7.6}$$

これらの式に,入力変数(v_0 と C_{A0}),出力変数(v と C_{AP}),操作変数(この例ではなし),パラメータ(k)を与えて,設計変数(V)と状態変数(C_A)の値を求める計算を,**設計型計算**という.V は反応器内液容積であるが,反応器容積と比例関係にあると見なせるため,ここでは設計変数として扱った.

たとえば,$v_0 = 1.0 \text{ m}^3 \cdot \text{h}^{-1}$,$C_{A0} = 5.0 \text{ kmol} \cdot \text{m}^{-3}$,$k = 0.80 \text{ h}^{-1}$ とすれば,$C_{AP} = 1.0 \text{ kmol} \cdot \text{m}^{-3}$ とするために必要な反応器内液容積 V は,式(7.6)~(7.8)に上記の値を代入することにより,$V = 5.0 \text{ m}^3$ と求められる.

c．最適設計問題

 与えられた制約条件を満たし，**評価指標**(Performance Index, P. I.：あるいは**目的関数**ともいう)の最適値とその際の変数の値を求める問題を**最適化問題**と呼び，一般に以下のように表される．

 最小化(最大化)　$f(X)$
 制約条件　$g(X) = 0$
 　　　　　$h(X) \geq 0$

ここで X は，最適化すべき変数からなるベクトルである．

 図7.3の反応器を用いて，原料Aから製品Cを生産するケースを再度例としよう．今，1年あたりに換算した反応器の建設コストが $500\,V$ 万円，またその装置を用いて生産した製品 $1\,\mathrm{m}^3$ あたりの利益が，製品中のA成分濃度の関数として，$(2.0 - C_{AP})$ 万円とする．ここで，V，C_{AP} の単位は，それぞれ $[\mathrm{m}^3]$，$[\mathrm{kmol \cdot m^{-3}}]$ である．また，この装置は年間8000時間連続して運転されると仮定する．

 原料流量，原料組成，反応速度定数が，$v_0 = 1.0\,\mathrm{m^3 \cdot h^{-1}}$，$C_{A0} = 5.0\,\mathrm{kmol \cdot m^{-3}}$，$k = 0.80\,\mathrm{h^{-1}}$ であるとき，1年間の利益を最大とする反応器内液容積を求める問題は，以下のように定式化できる．

 最大化　$\mathrm{P. I.} = 8000(2.0 - C_{AP})v - 500V$ 　　　　　(7.9)
 制約条件　$0 = 1.0 - v$ 　　　　　(7.10)
 　　　　　$0 = 1.0 \times 5.0 - vC_{AP} - 0.80 C_A V$ 　　　　　(7.11)
 　　　　　$C_{AP} = C_A$ 　　　　　(7.6)

制約条件式を用いて変数を消去することにより，評価指標は C_A あるいは V のみの関数となる．得られた関数の微係数が 0 となる点を求めることにより，$V = 8.75\,\mathrm{m}^3$ のとき年間利益が最大となり，その値は 6.6×10^3 万円となる．

 この問題は評価指標を最適にする装置サイズ(設計変数)を求める問題であり，最適設計問題と呼ばれる．最適設計問題では，入出力変数や操作変数の一部があらかじめ与えられず，それらを評価指標が最適になるように決定する．

d．操作型計算

 入力変数，設計変数，操作変数およびパラメータを与えて出力変数と状態変数の値を求める計算は，**操作型計算**と呼ばれる．図7.3の反応器において，反

応器内液容積(装置サイズ) V があらかじめ $5.0\,\mathrm{m}^3$ と与えられているとき，$C_{A0}=5.0\,\mathrm{kmol\cdot m^{-3}}$, $k=0.80\,\mathrm{h^{-1}}$ の条件下で，入口流量 v_0 が $1.0\,\mathrm{m^3\cdot h^{-1}}$ の場合と，$1.1\,\mathrm{m^3\cdot h^{-1}}$ の場合について，反応器出口濃度 C_{AP} を求めてみよう．

$v_0=1.0\,\mathrm{m^3\cdot h^{-1}}$ の場合は，〈b.設計型計算〉の結果より明らかに $C_{AP}=1.0$ $\mathrm{kmol\cdot m^{-3}}$ である．$v_0=1.1\,\mathrm{m^3\cdot h^{-1}}$ としても満たすべき関係式は，式(7.6)～(7.8)で同じであり，$C_{AP}=1.08\,\mathrm{kmol\cdot m^{-3}}$ が得られる．操作型計算と設計型計算の違いは，操作型計算では，出力変数の代わりに設計変数の値があらかじめ与えられていることである．

e. パラメータ推定

設計変数および入出力変数を与えて，モデルのパラメータの値を求める計算を，**パラメータ推定**あるいは**解析型計算**と呼ぶ．たとえば，図7.3の反応器で，$V=5.0\,\mathrm{m^3}$ のとき，$v_0=1.0\,\mathrm{m^3\cdot h^{-1}}$, $C_{A0}=5.0\,\mathrm{kmol\cdot m^{-3}}$ の入力に対して，$C_{AP}=1.0\,\mathrm{kmol\cdot m^{-3}}$ の出力が得られたとすれば，式(7.6)～(7.8)よりパラメータ k の値は $0.80\,\mathrm{h^{-1}}$ と計算される．

実装置から得られたデータに基づいてパラメータ推定を行う場合，対象とその数式モデルは厳密には一致しない．パラメータ値を求める計算に広く用いられる方法に，最小二乗法がある．この方法は，複数の異なった状態での実測値から，その実測値とモデルでの計算値の差の二乗値の和を最小にするようにパラメータ値を定めるというものである．変数間の関係を１次関数(線形関数)で表現した場合のパラメータ導出法を**線形最小二乗法**と呼び，解析的に解く方法が知られている(発展7.1の囲み参照)．以下，例を用いて最小二乗法がどのように使われるかを説明する．

[**例題 7.1**]

A→C の反応を行う図7.3に示す反応器において，原料体積流量，原料中のA成分濃度および反応器内液容積をそれぞれ，$1.0\,\mathrm{m^3\cdot h^{-1}}$, $5.0\,\mathrm{kmol\cdot m^{-3}}$, $5.0\,\mathrm{m^3}$ で一定とし，反応器内温度 T を変えて出口のA成分濃度 C_{AP} を求めたところ，表7.1の結果が得られた．反応速度式が式(7.3)で表され，反応速度定数が次のArrhenius式で表されると仮定できるとして，反応の活性化エネルギー $E\,[\mathrm{J\cdot mol^{-1}}]$ と頻度因子 $k_0\,[\mathrm{h^{-1}}]$ を求めよ．

表 7.1 温度と製品濃度の関係

T[K]	C_{AP}[kmol・m^{-3}]
355	1.74
360	1.29
365	1.00
370	0.70

表 7.2 変数間の関係

k	$1/T$	$\ln(k)$
0.375	0.00282	-0.982
0.575	0.00278	-0.553
0.800	0.00274	-0.223
1.229	0.00270	0.206

$$k = k_0 \exp\{-E/(RT)\} \tag{7.12}$$

ここで，R は気体定数（$=8.3$ J・mol^{-1}・K^{-1}），T[K]は絶対温度である．

[**解**]

式(7.12)の両辺の対数をとると，

$$\ln(k) = \ln(k_0) - (E/R)(1/T)$$

となる．$\ln(k) = y$，$(1/T) = x$ とおけば，さまざまな x と y の組のデータから，$y = ax + b$ の係数を求める問題となる．

式(7.6)〜(7.8)を用いて，各温度における k を求め，$\ln(k)$ と $(1/T)$ を求めると，表7.2となる．この表の値をもとに，最小二乗法の公式（発展7.1，式(A 7)）より係数を求めると，$\ln(k_0) = 27.8$，$-E/R = -10\,200$ となる．よって，

$$E = 8.5 \times 10^4 \text{ J・mol}^{-1}, \quad k_0 = 1.18 \times 10^{12} \text{ h}^{-1}$$

である．

未知のパラメータが2個である上記の例では，データをグラフ用紙にプロットし，そのデータ点を最もよく表す直線の傾きとy切片からパラメータ値を求める方法が広く使われている．しかしながら，未知パラメータが3個以上の場合，発展7.1に示したような計算によりパラメータの値を求める必要がある．

f．モデルの多様性

これまで，図7.3の反応器を完全混合槽と仮定して議論を進めてきたが，この反応器を完全混合槽と見なすことができるか否かは，装置を見ただけではわからない．ここでは，槽内を完全混合と見なすことができない場合を考えてみよう．たとえば，図7.3の反応器では，上下に二枚の撹拌翼が付いていることから，槽を同容積の2つの完全混合槽が直列につながれたものと見なすこともできる．この場合，反応器の静的な数式モデルは，以下のようになる．

$$0 = v_0 - v_1, \quad 0 = v_1 - v \quad (7.13), (7.14)$$

$$0 = v_0 C_{A0} - v_1 C_{AP1} - kC_{A1}V/2 \quad (7.15)$$

$$0 = v_1 C_{AP1} - vC_{AP} - kC_{A2}V/2 \quad (7.16)$$

$$C_{AP1} = C_{A1}, \quad C_{AP} = C_{A2} \quad (7.17), (7.18)$$

ここで，C_{A1}，C_{A2} は分割した第1槽，第2槽のA成分濃度，v_1，C_{AP1} は第1槽から第2槽への流入液の流量とA成分濃度である．

このモデルのもとで，〈b.設計型計算〉と同一の原料，パラメータ値および製品条件に対して反応液容積 V を求めると，〈b.設計型計算〉で得られた値とはかなり異なる値となる（演習問題7.1）．この結果は，原料や製品に対する設定が同じであってもモデルにより必要な装置サイズが大きく変わる可能性があることを示しており，細心の注意を払ってモデル化をすべきであることを示唆している．

対象プロセスのモデルは一意的に定まるわけではない．図7.3のような単純な装置であっても，図7.4に示すようなさまざまな構造で近似することが考えられる．どのような近似構造に基づくモデルがふさわしいかは，現実の挙動をどの程度正確に表現しているかという点のみならず，モデリングの目的と要求される精度に依存する．工学的な問題では，答えが1つに定まらない方が一般的であることを，常に認識する必要がある．言い換えれば，モデルを用いて得られた結果には，常に誤差が含まれることを，忘れてはならない．

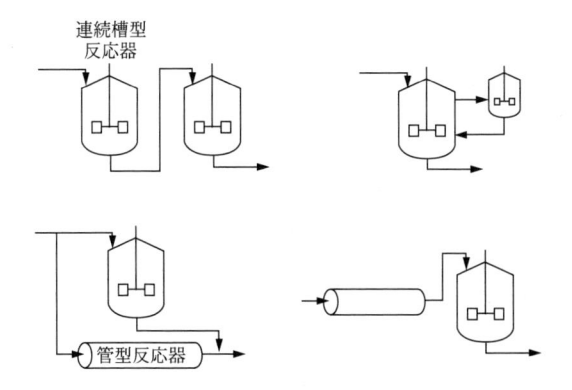

図 7.4 反応器のさまざまな近似構造

=⟨**発展 7.1：最小二乗法**⟩=

対象の入力変数 $X=[x_1, x_2, \cdots, x_N]^{\mathrm{T}}$ と出力変数 y の関係が次式で表されるとする（上付きの T は転置を表す）．

$$y = \mathrm{f}(X, P) \tag{A 1}$$

ここで，$P=[p_1, p_2, \cdots, p_K]^{\mathrm{T}}$ は式中のパラメータである．

y と X の組に対して M 回の測定値が存在し，i 回目の測定値を (y^i, X^i) とする．このとき，次式を最小とする P を最小二乗推定と呼ぶ．

$$q = \sum_{i=1}^{M} \{y^i - \mathrm{f}(X^i, P)\}^2 \tag{A 2}$$

関数 f がパラメータ P に関して線形であるとき，すなわち，次式が成り立つとき，

$$\mathrm{f}(X, P) = \mathrm{g}_1(X)p_1 + \mathrm{g}_2(X)p_2 + \cdots + \mathrm{g}_K(X)p_K \tag{A 3}$$

式(A 2)は，以下のように表すことができる．

$$\begin{aligned} q &= \sum_{i=1}^{M} \{y^i - \mathrm{g}_1(X^i)p_1 - \mathrm{g}_2(X^i)p_2 - \cdots - \mathrm{g}_K(X^i)p_K\}^2 \\ &= (Y - AP)^{\mathrm{T}}(Y - AP) \end{aligned} \tag{A 4}$$

ここで，

$$Y = \begin{bmatrix} y^1 \\ y^2 \\ \vdots \\ y^M \end{bmatrix} \quad A = \begin{bmatrix} \mathrm{g}_1(X^1), & \mathrm{g}_2(X^1), & \cdots, & \mathrm{g}_K(X^1) \\ \mathrm{g}_1(X^2), & \mathrm{g}_2(X^2), & \cdots, & \mathrm{g}_K(X^2) \\ & & \vdots & \\ \mathrm{g}_1(X^M), & \mathrm{g}_2(X^M), & \cdots, & \mathrm{g}_K(X^M) \end{bmatrix} \tag{A 5}$$

式(A 4)は，P に関して二次式である．よって，式(A 4)の極値を求めるため，q を P で微分し 0 とおけば，

$$\begin{aligned} \frac{\partial q}{\partial P} &= \frac{\partial}{\partial P} \{Y^{\mathrm{T}}Y - Y^{\mathrm{T}}AP - (AP)^{\mathrm{T}}Y + (AP)^{\mathrm{T}}AP\} \\ &= -2Y^{\mathrm{T}}A + 2P^{\mathrm{T}}A^{\mathrm{T}}A = 0 \end{aligned} \tag{A 6}$$

となる．この式より，パラメータ P が得られる．

$$P = (A^{\mathrm{T}}A)^{-1}A^{\mathrm{T}}Y \tag{A 7}$$

式(A 7)によりパラメータの推定値を求める方法を線形最小二乗法と呼ぶ．

7.1.2 ブラックボックスモデル

現実のプロセスでは，構造が複雑でプロセス内で生じている物理現象に基づいてモデルを作成することが困難な場合がある．このような場合，すでに対象とする装置やプラントが存在していれば，その装置やプラントの運転データを

用いて，装置内の物理的な関係を考慮せずにモデルを作成する方法も広く行われている．このようにして作成されたモデルを，対象の中を見ない（見えない）という意味で，**ブラックボックスモデル**と呼ぶ．また，統計学の分野で用いられる「回帰モデル」もブラックボックスモデルの1つである．ブラックボックスモデルでは，対象への物理的な入出力ではなく，そのモデルで求めたい変数を「出力変数」，その出力を求めるのに用いる変数を「入力変数」と呼ぶので注意する必要がある．

ブラックボックスモデルは，その利用目的により，時間に依存しない静的モデルと時間変化を考慮した動的モデルがあるが，本項では静的なモデルのみを扱う．ブラックボックスモデルを作成するためには，まず対象の入出力変数を明確にしなければならない．これらの変数は，実際のプラントや装置で測定されている変数である．続いて，入出力間の関係式を仮定する．よく用いられるのが，以下に示す線形近似式および多項式近似式である．

$$y = a_0 + a_1 x_1 + a_2 x_2 \tag{7.19}$$

$$y = a_{11} x_1^2 + 2 a_{12} x_1 x_2 + a_{22} x_2^2 + b_1 x_1 + b_2 x_2 + c \tag{7.20}$$

ここで，x_1, x_2 は入力変数，y は出力変数である．式(7.20)は2次の多項式での近似例である．x_i に関して2次の多項式であるが，重要な点は係数 a_{ij}, b_i, c に対しては線形であることである．さまざまな条件での入出力値の組が与えられたとき，そのデータを表現する上式の最適な係数値は，関係式が係数に対して線形であれば，前項で説明した線形最小二乗法により求めることができる．

ブラックボックスモデルでは，あくまでデータに忠実にモデルを作成しようとする．したがって，データの存在しない区間で式がとる値については，何の保証もない．言い換えれば，式の外挿については，十分注意しなければならない．また，すべての測定データ点での式の誤差を同一の重みで評価するため，測定点の分布についても注意する必要がある．

[例題 7.2]

ある蒸留塔の還流比 R を変え留出流れの目的成分分率 x を測定したところ，表7.3の結果が得られた．このデータを用い，x を R の1次および2次

表 7.3 還流比と目的成分分率の関係

還流比	目的成分分率
1.4	0.89
1.6	0.93
1.8	0.95
2.2	0.97

の関数で近似せよ．

[解]

Excel® を用いて計算した結果を図 7.5 に示す．1 次式で近似した場合，還流比が 2.5 を超えると分率が 1 を超えてしまう．2 次式での近似では，還流比を大きくした際，目的成分分率が飽和することを表現できているが，還流比が 2.2 を超えると，目的成分分率が低下する近似式となり，この部分では現実と合わなくなる．

この結果からわかるように，実データからモデルを作成する際には，その利用可能範囲に十分注意する必要がある．

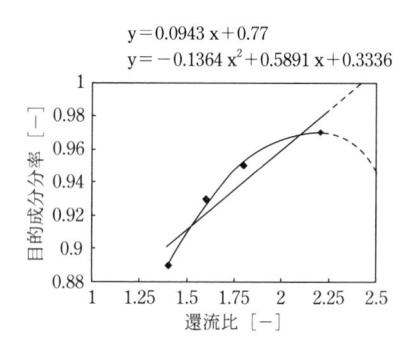

$$y = 0.0943\,x + 0.77$$
$$y = -0.1364\,x^2 + 0.5891\,x + 0.3336$$

図 7.5　一次および二次式での近似

7.2　プロセス設計

7.2.1　プロセス設計の手順

通常新たな製品は，化学者によって実験室でビーカーやフラスコといった回分的(バッチ式)に操作される機器を用いて開発される．製品開発から工業化までは，一般に以下のような手順をたどる[1]．

① 基本計画(小型装置によるデータ収集,生産規模の決定,経済性の検討)
② 概略設計(利用する装置やその結合関係・装置サイズの決定,物質収支・熱収支の決定)
③ 詳細設計(配管のサイズや装置の配置,制御システムの決定)
④ プラント建設,試運転
⑤ 本格運転

開発された製品が工業化されるまでには,経済性に関する検討以外に,バッチプロセスとしてのスケールアップ,連続化,連続プロセスとしてのスケールアップなど,製造条件に関する何段階にもわたる検討がなされる.この検討にはこれまでの章で学習してきた化学工学の知識が至る所で使われる.本節ではそのような検討が終了し実際にプロセスを設計する段階である,上記の「概略設計」について説明する.概略設計は,さらに所与の原料と製品仕様から使用する装置の種類とその結合関係(プロセスの構造と呼ぶ)を求める**プロセス合成**と,プロセスの構造や用いる装置は既知という条件の元で,装置の最適なサイズや操作条件,装置間の流れの状態を定める狭義のプロセス設計に分けることができる.以下,それぞれの問題について,典型的な考え方を説明する.

7.2.2 経験的プロセス合成法

プロセスの合成問題は,使用する装置や装置間の結合関係に関して非常に多くの自由度をもっている.ある装置を使うか使わないかという選択は,0か1しかとれない変数を導入することによりモデル化できる.このような離散変数を含む最適化問題は,計算機が進歩した現在においても,現実的な計算時間で大規模な問題を解くシステマティックな解法がなく,扱うことのできる問題のサイズは限定されている.そのため,一般的なプロセス合成問題は「アートの世界」と言われており,これまで比較的限定された対象に対して,研究が進められてきた.これまで扱われてきた主な問題には,反応経路の合成,蒸留分離システムの合成,熱交換システムの合成,などがある.特に,熱交換システムの合成に関しては,加熱したい各流体の温度レベルと受熱量,除熱したい各流体の温度レベルと除熱量が与えられたとき,外部から加えるべき熱量の最少値を求めるシステマティックな解法が提案されており,化学プロセスの省エネ

ギー化に大きく貢献している[2]．

現実のプロセス設計においては，原料の種類や組成，用いる単位操作の種類やプロセスの構造が，あらかじめ与えられているわけではない．Douglas は，大まかな構造から逐次プロセスの詳細化を行っていく化学プロセスの経験的な合成手順を整理している[3]．その考え方の要点は，経済的に成立し得ないプロセス構造を効率的に排除しようというものである．新たに発見，開発された物質や反応経路で，実際に工業化される割合は 1～3％ といわれていることを考えると，プロセス開発にかかわる技術者としては，与えられた製品が工業化に値するか否かをできるだけ早い段階で見極める必要がある．以下，その手順を例を用いて説明する．

〈対象とする設計問題〉

従来に比べ高い選択率で原料 A と D から製品 C を生成できる触媒が開発された．反応は気相反応であり，式(7.21)の主反応以外に，式(7.22)の副反応を伴う．高純度な製品 C を生産するプロセスを設計せよ．

$$A + D \longrightarrow B + C \quad (\text{主反応，発熱反応}) \tag{7.21}$$

$$2C \longrightarrow E \quad (\text{副反応}) \tag{7.22}$$

各物質の標準沸点は以下の通りである．

$A : 30\,K, \quad B : 110\,K, \quad C : 350\,K, \quad D : 370\,K, \quad E : 500\,K$

a．バッチか連続かの決定

まず行うべきことは，連続プロセスとするのかバッチプロセスとするのかの判断である．連続プロセスでは，運転中プロセスの状態が一定であることから，自動化しやすく大量生産に向いている．一方，バッチプロセスは，原料の仕込みや製品の払い出しなどの操作が間欠的に行われるため，連続プロセスに比べ操作が複雑になる．よって，これまで，生産量の増加に伴って連続プロセス化することが一般的であった．しかしながら，産業構造が変化し，高付加価値製品の多品種少量生産が指向されるようになり，バッチプロセスでの生産が見直されてきている．バッチプロセスは以下のような利点を有している．

・プロセスを停止しやすく，需要量の変動に対応しやすい．

・多品種の製品を生産でき，ライフタイムの短い製品の生産に向いている．

・反応時間の長い反応系や，低流量のスラリーの扱いが容易である．

- 1つの装置を，加熱，反応，分離など多目的に利用できる．
- 新規開発製品を既存の設備を利用して生産できる可能性がある．
- 研究室での実験方法(バッチ式)と同じ操作法であり，プロセス開発期間が短くて済む．

以上の項目に当てはまる場合は，バッチプロセスの選択も検討すべきである．以下では，連続プロセスが選択されたとして説明を進める．

b. プロセス全体の入出力流れの決定

プロセスの構造決定の第一段階は，反応機構や物性に関する情報を元に，プロセスへの入出力流れを明確にすることである．具体的には，系内に現れる物質の沸点や物性から，出力を，製品，価値のある副製品，燃料用副製品，処理不要な廃棄物，処理が必要な廃棄物に分類する．

これらの項目について整理することにより，**入出力構造**が定まる．本問題について入出力流れを整理した例を図7.6に示す(原料Dはすべて反応すると仮定した場合)．

図7.6のような入出力構造が決まれば，製品組成と生産量を与えることにより，大まかな物質収支を求めることができる．この計算を行う際に導入する必要のある変数(たとえば，収率や選択率，原料流量や組成など)が，この時点での決定変数となる．言い換えれば，導入した決定変数の関数として，物質収支が求められる．この時点でも，次式を評価指標として最適化が可能である．

$$評価 = 製品価格 + 副製品価格 - 原料価格 \tag{7.23}$$

決定変数を最適に定めても式(7.23)の値が負であれば，図7.6の構造は経済的に成り立たないことを意味し，これ以上の詳細計算を行う必要はない．装置の建設コストや運転コストを0としても成り立たないわけであるから，当然である．また，希望製品の選択率が80%以上でないと式(7.23)が正にならないのであれば，そのような反応条件のみを以後の検討対象とすればよい．実際の設

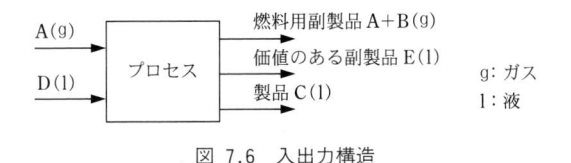

図7.6 入出力構造

計では，原料，触媒，反応経路などの選定に関して，多くの自由度を有している．したがって，選択した条件が経済的に成り立つか否かを早い段階で判断し無駄な計算を省くことは，設計の効率化という観点から非常に重要である．

c．リサイクル構造の決定

式(7.23)を正にする決定変数の領域が存在した場合，次の段階として，図7.6の構造を，気液のリサイクルという観点から詳細化する．詳細化に関しては，以下のような方針で行う．

・反応器数およびその形式は定める．
・コンプレッサー(圧縮機)は高価であるので評価に加える．
・分離システムの詳細な構造は考慮しない．

本問題では，1段の反応で製品が生産可能であるので，反応器は1器と仮定できる．リサイクル流れは気液ともに1つであり，ともに原料流れにリサイクルされる．流れをリサイクルさせるためには圧力を上昇させる装置(液体ならばポンプ，気体ならばコンプレッサー)が必要である．ポンプは安価であるので，この段階では考慮しないとすれば，図7.7に示す構造が得られる．

この段階での最適化において，評価に大きく影響を与える因子は，反応器とコンプレッサーの装置コストおよび運転コストである．よって，分離コストや加熱，除熱コストを無視すれば，式(7.24)の評価値をこのときの決定変数の関数として求めることができる．

評価 ＝ 製品価格 ＋ 副製品価格 － 原料価格
　　　－ 反応器とコンプレッサーの装置コストと運転コスト

(7.24)

前項同様，この段階で決定変数を最適に定めても式(7.24)の値が負であれ

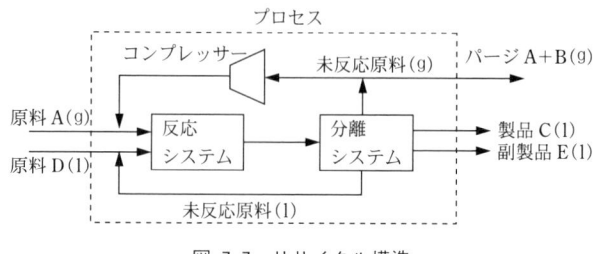

図 7.7　リサイクル構造

ば，図 7.7 に示した構造は経済的に成り立たないことを意味する．

d．分離システムの設計

続いて，分離システムの詳細化をはかる．分離構造の決定には，まず以下の項目を検討する．

① 冷却・減圧による気液分離の可能性：沸点の大きく異なる物質は，温度と圧力を適切に定めることで気液に分離できる．したがって，反応器出口流れを冷却，あるいは減圧することにより気液2相に分離できるか検討する．

② すべての物質の流出先の確定：すべての物質は，いずれかの流れに含まれなければならない．特にリサイクル流れを考える場合は，低沸不純物や高沸不純物の流出先を明確にしておかねばならない．わずかな量であっても，リサイクル流れにしか含まれないような物質は，系内に徐々に蓄積してしまう．

液体の分離には，通常は相対揮発度の差に基づき，蒸留塔を利用する．ただし，相対揮発度が 1.1 以下のときは別の分離法(抽出，晶析，吸着，反応蒸留など)も検討すべきである．

図 7.7 の構造に，気液分離を加えた構造を図 7.8 に示す．この図では，気液分離により得られたガスをさらに冷却することにより，液成分を回収している．また，低沸不純物はパージ流れにより，高沸不純物は副製品流れにより系外に取り出される．

図 7.8 の構造が定まれば，液分離システムは，2 つの入力流れを，製品，副

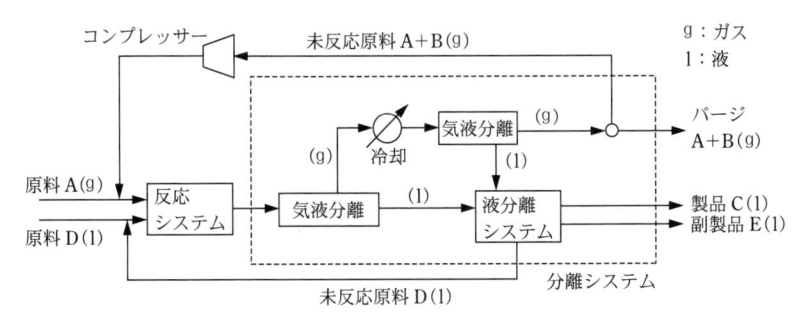

図 7.8　分離システムを考慮したプロセスの一般的フローシート

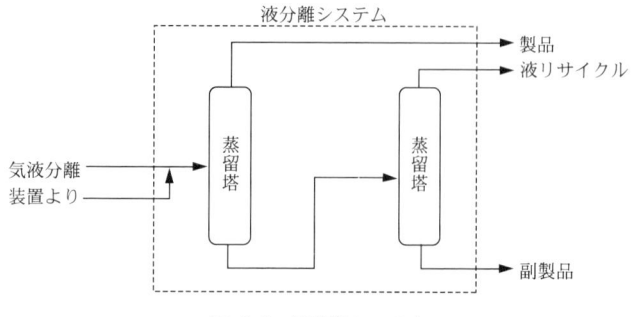

図 7.9 液分離システム

製品，液リサイクルの3つの流れに分離する構造を考えればよいことになる．そのような分離を蒸留塔を用いて行う構造の一例を図7.9に示す．複数の蒸留塔による分離構造の決定法には，種々の経験則が提案されている[3]．

フローシートが完成することにより，**プロセスシミュレータ**（後述）を利用して，プロセス全体の厳密な物質収支・熱収支計算が可能となる．狭義の「プロセス設計」は，この段階を指す．完成したフローシートに対して，省エネルギー化をはかるため，熱交換システムの最適化が検討される．

以上の手順を踏むことにより，プロセスの構造および装置サイズを定めることができる．ここで示した手順は，経験豊かなエンジニアがプロセスの設計を行う際にとる手順に近いものである．ここで説明した手法では，設計の各段階でさまざまな意思決定を経験により行うことを要求している（たとえば，バッチにするか連続にするか，あるいは分離を蒸留で行うか吸収で行うか，など）．したがって，得られた結果は設計者が下した意思決定に依存する．設計のある段階で，望ましい評価が得られなかった場合，設計者が下した意思決定に対し

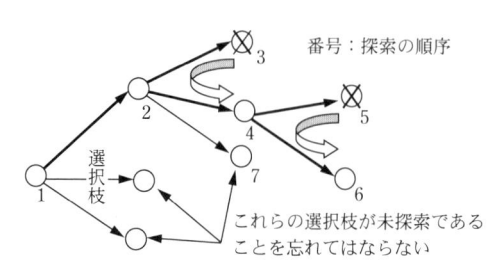

図 7.10 意思決定の階層化

別の選択肢はなかったか，常にチェックすることを忘れてはならない(図7.10参照).

7.2.3 シミュレーションを用いた設計法

すでに反応器が存在する場合，反応器容積などの設計変数，原料の流量，組成，温度などの入力変数，および装置内温度や圧力という操作変数を定めれば，その装置の状態変数(装置内組成)や出力変数(製品流量や製品組成)の値は，望ましい値か否かはわからないが何らかの値に定まる．しかしながら，入力変数と出力変数の値を与えたとき，そのような入出力関係を満たす設計変数の値をいつも決定できるとは限らない．たとえば，反応の選択率を99%として製品組成を設定したとしても，このような設定を満たす反応条件は存在しないかもしれない．言い換えれば，設計型計算は必ずしも解が存在するとは限らないが，操作型計算は物理的に見ても必ず解が存在する．これは，各装置 i において，出力変数 Y_i と状態変数 U_i を，入力変数 X_i，設計変数 D_i，操作変数 M_i，パラメータ P_i の関数として解き出すことに対応する．

$$Y_i = f_i(X_i, D_i, M_i, P_i) \tag{7.25}$$

$$U_i = g_i(X_i, D_i, M_i, P_i) \tag{7.26}$$

今，プロセスが図7.11に示すように直列につながった装置からなるとすれば，各装置で式(7.25)，(7.26)のような関係式を求めておくことにより，装置1の X_i と各装置 i の D_i，M_i，P_i の値を与えることにより，装置1から順に Y_i と U_i の値を求めることができる．このようにして，プラントを構成する各単位操作を，操作型計算ができるようにモジュール化(サブルーチン化)し，そのようなモジュールを結合して全体のシミュレーションを行う方法を，**シーケンシャルモジュラー法**と呼ぶ．上述したように設計型計算に比べ，操作型計

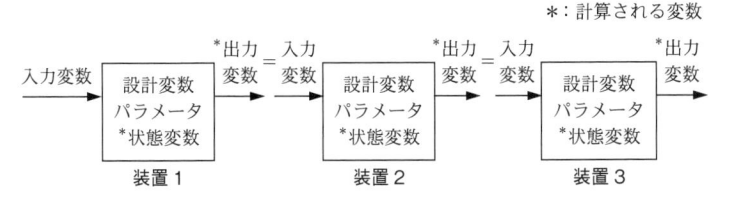

図 7.11 操作型計算によるシミュレーション

算の方が計算途中で実行不可能になる可能性が低いことから，プロセスの設計や解析に利用されるプロセスシミュレータでは，一般にシーケンシャルモジュラー法が用いられている．

7.2.4 リサイクルを有するプロセスの設計

図 7.12 に示すようなリサイクル流れを有するプロセスでは，プロセスへの入力（流れ 1 の情報）と各装置の設計変数，操作変数，パラメータが与えられたとしても，どの装置の入力も定まらない．シーケンシャルモジュラー法では，このような問題に対してある流れの状態を仮定して，計算を進める．図 7.12 のプロセスの場合，ループを形成している流れのどの流れの状態を仮定してもよく，現実的な仮定値が与えやすい箇所で値を与えればよい．

図 7.12 に示すプロセスの各装置に対して，入力変数，設計変数，操作変数を与えたら，出力変数の値を計算できるモジュールが準備されているとしよう．

混合器に対して，
$$F_2 = G_M(F_1, F_7) \tag{7.27}$$

反応器に対して，
$$F_3 = G_R(F_2, Q, T) \tag{7.28}$$

蒸留塔に対して，
$$F_4 = G_{D1}(F_3, N, V, R) \tag{7.29 a}$$
$$F_5 = G_{D2}(F_3, N, V, R) \tag{7.29 b}$$

分配器に対して，
$$F_6 = G_{S1}(F_5, P) \tag{7.30 a}$$
$$F_7 = G_{S2}(F_5, P) \tag{7.30 b}$$

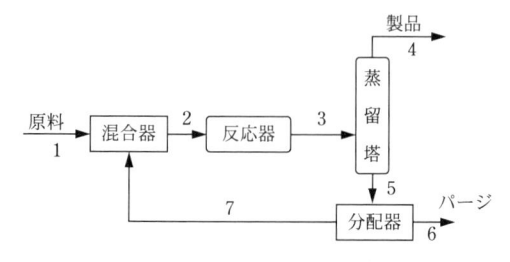

図 7.12 リサイクルを有するプロセス

ここで，

$F_i = (f_{i1}, f_{i2}, f_{i3})^\mathrm{T}$：流れ i の各成分のモル流量 $f_{ij}(j=1, 2, 3)\,[\mathrm{kmol \cdot h^{-1}}]$ を要素にもつベクトル(3成分系の場合)

Q, T：反応器の容積(設計変数)と反応器内温度(操作変数)

N, V, R：蒸留塔の段数(設計変数)，炊き上げ蒸気量(操作変数)，還流比(操作変数)

P：分配器のパージ比率(操作変数)

F_1, Q, T, N, V, R, P が与えられたとき，図7.12の番号7の流れの各成分流量を仮定することにより，全体の物質収支を満たす各流れの組成は，以下の手順で計算できる．ただし，ここでは収束計算の誤差が各変数 ε 以下になったら，収束したものとみなすことにした．

① F_1, Q, T, N, V, R, P を与える．

② リサイクル流れ F_7 を仮定する．

③ 式(7.27)を用いて混合器の出力 F_2 を計算する．

④ 式(7.28)を用いて反応器の出力 F_3 を計算する．

⑤ 式(7.29 a), (7.29 b)を用いて蒸留塔の出力 F_4, F_5 を計算する．

⑥ 式(7.30 a), (7.30 b)を用いて分配器の出力 F_6, F_7 (F_7^{NEW} とおく)を計算する．

⑦ リサイクル流れ F_7^{NEW} と②で仮定した F_7 の差が，すべての成分について許容値 ε 以下になれば，計算を終了する．ε 以上であれば F_7 を仮定し直し，③に戻る．F_7 の仮定値の修正法としては，**直接代入法**や**Newton 法**[4] を用いればよい．

上記の手順により，プロセス全体で物質収支を満たす各流れの状態を計算できる．現実の設計問題では，製品の流量や組成が指定されるケースが多い．このような状態が指定された場合は，上記①で与えた変数を調節し，要求を満たすようにすればよい．たとえば，製品量 $W(=f_{41}+f_{42}+f_{43})$ とその i-ブタン濃度 $x_{42}(=f_{42}/(f_{41}+f_{42}+f_{43}))$ を望ましい値 W^*，x_{42}^* にしたいとしよう．このとき，原料流量 $W_\mathrm{F}(=f_{11}+f_{12}+f_{13})$ と蒸留塔還流比 R を収束のために調節する変数とすれば，図7.13に示すアルゴリズムで要求を満たすプロセス全体の物質収支を求めることができる．図中で，$\varepsilon_1, \varepsilon_2, \varepsilon_3$ は収束判定に用いる定数で

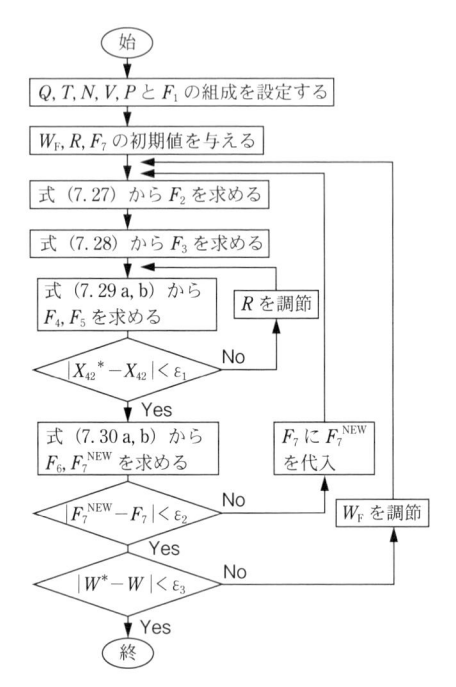

```
          ┌─────┐
          │ 始  │
          └──┬──┘
             ▼
   ┌──────────────────────────┐
   │ $Q, T, N, V, P$ と $F_1$ の組成を設定する │
   └──────────┬───────────────┘
              ▼
   ┌──────────────────────────┐
   │ $W_F, R, F_7$ の初期値を与える │
   └──────────┬───────────────┘
              ▼
   ┌──────────────────────┐
   │ 式 (7.27) から $F_2$ を求める │
   └──────────┬───────────┘
              ▼
   ┌──────────────────────┐
   │ 式 (7.28) から $F_3$ を求める │
   └──────────┬───────────┘
              ▼
   ┌──────────────────────┐
   │ 式 (7.29 a, b) から $F_4, F_5$ を求める │
   └──────────┬───────────┘
              ▼
       $|X_{42}^* - X_{42}| < \varepsilon_1$ ── No ──▶ $R$ を調節
              │ Yes
              ▼
   ┌──────────────────────────────┐
   │ 式 (7.30 a, b) から $F_6, F_7^{NEW}$ を求める │
   └──────────┬───────────────────┘
              ▼
       $|F_7^{NEW} - F_7| < \varepsilon_2$ ── No ──▶ $F_7$ に $F_7^{NEW}$ を代入
              │ Yes
              ▼
       $|W^* - W| < \varepsilon_3$ ── No ──▶ $W_F$ を調節
              │ Yes
              ▼
          ┌─────┐
          │ 終  │
          └─────┘
```

図 7.13 制約を満たす操作条件を求めるアルゴリズム

ある．

　この段階でも，設計変数 Q，N および操作変数 T，V，P は自由に設定することができる．よって，設計変数や操作変数の関数として最適設計に関する評価指標が与えられた場合，最適なプロセスを設計する問題は，図 7.13 に示すフロー図の一番外側に最適化のループがつく形となる．

　ある程度少ない数に絞られたプロセス構造のなかから，特定の候補を選択するためには，詳細な物質収支，熱収支計算が必要となる．現在では，パソコン上で稼働する多くのプロセスシミュレータが市販されている．これらのプロセスシミュレータの多くは，シーケンシャルモジュラー法により，与えられた設計条件下で物質収支，熱収支計算を行うものである．このようなシミュレータを使うことにより，各プロセス構造に対して，より厳密な設計条件や操作条件の最適化を図ることができる．

7.2.5 システムバウンダリー

　計算機の能力が十分でない時代には，単位操作の設計に関する研究は，いかにして簡略な解法を考えるかに重点が置かれた．現在でも，教科書における単位操作の記述には，設計法に関するものが多い．プロセスの設計を行うとき，各装置の入出力変数をあらかじめ何らかの知識により固定できれば，単位操作に関して長年培われた知識を用いて，プロセスの設計問題を装置の設計問題に分割することができる．たとえば，本章の始めに示した図 7.2 のプロセスでは，各装置の入出力流れの状態を固定することにより，プロセスの設計問題は3つの装置の設計問題に分割できる．

　このように，問題を小さなサイズの問題に分割すれば，問題を解く労力も少なくてすむ．しかしながら，問題設定として最終製品の量と組成のみが与えられている場合，プロセスの途中の状態を固定することは，それだけ設計の自由度を減らしていることになる．言い換えれば，装置ごとに最適に設計するよりも，プロセス全体を考えて設計した方が，より望ましい解が得られるはずである．よって，プロセスの設計を考える際は，空間的，時間的により広い範囲を想定することが望ましい．これは，設計に限らず，対象をモデル化する際，常に意識すべき事項である．

　図 7.2 のプロセスの製品が最終製品でない場合，それはまた別のプロセスの原料になる．そのような場合，図 7.2 のプロセスの製品組成の設定値が本当に望ましい値かどうかは，後続プロセスを同時に考慮して判断する必要がある．このような考えを推し進めていくと，プロセスを設計する際には，対象を工場全体，産業全体，日本全体，さらに地球全体というようにできるだけ広く考える必要があることがわかる．産業が地球環境に及ぼす影響が無視できなくなってきている現在では，これは誇張ではない．たとえば，フロンガスは不燃性で化学的に安定であり，エアコンや冷蔵庫の冷媒，電子部品の洗浄液として広く利用されてきた優れた物質である．検討する範囲（**システムバウンダリー**と呼ぶ）を地球環境まで広げなければ，製造が禁止されることはなかった．

7.3 プロセス制御

本節では，装置やプラントの運転状態を一定に維持するために欠かせない仕組みである，フィードバック制御の概念について説明する．この考え方は，化学プラントのみならず，実験室で利用されている恒温槽の温度調節や分析機器での圧力や流量調節にも利用されており，プラント運転に携わる技術者のみならず，化学者にとっても理解しておくべき項目である．

7.3.1 プロセス制御とは

現実の装置やその結合系であるプラントでは，モデルの不完全さや原料組成の変動，外気温の変化などの要因により，設計時に設定した操作条件で各装置を運転しても，常に希望の製品が得られるとは限らない．各装置を望ましい状態に保つためには，各装置の温度や圧力などの変数を観測し，その状態が望ましい値から外れないよう，操作できる変数を常に調節する必要がある．このように，装置やプラントが目的通りに動作するように操作することを制御という．この操作は人間が行うこともできるが，人間が行おうとすれば常に作業者が装置のそばについていなければならず，かなり大変な作業となる．大規模な化学プラントが少人数のオペレータによって運転可能なのは，プラントのいたる所で計測・制御機器が黙々とこの作業をしているおかげである．物質の化学的・物理的変化を利用して原料を製品に変える，石油，石油化学，鉄鋼，薬品などプロセス産業での装置やプラントを対象とした制御を，特に**プロセス制御**と呼んでいる．

7.3.2 フィードバック制御の仕組み

図 7.14 に示す恒温槽の温度制御を例にとり，制御の仕組みを説明する．恒温槽の温度を 80°C に保ちたいとき，人間が操作するとすればどのようにして槽内温度を 80°C に保つであろうか．ヒーターの加熱量を多くすれば槽内温度は上昇し，少なくすれば槽内温度は下がる（あるいは上昇する速度が下がる）ことを，我々は経験で知っている．よって，槽内温度が 80°C より高ければ，ヒー

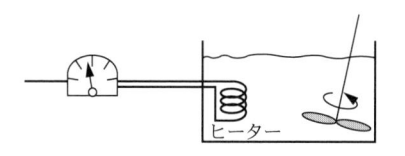

図 7.14 恒温槽

ター加熱量をその時点での値より減らし，逆に槽内温度が80°Cより低ければヒーター加熱量をその時点での値より増やすように操作するであろう．望ましい温度と実際の温度の差が大きければ大きく，また小さければ小さく加熱量を操作する．

この方法は，制御したい変数(槽内温度)の情報を操作する変数(ヒーター加熱量)の決定に利用していることから，**フィードバック制御**と呼ばれる．フィードバック制御の仕組みを，図7.15に示す．フィードバック制御では，制御したい変数の値とその望ましい値との差を小さくするように操作する変数の値を調節することから，対象に加わるさまざまな変動の種類に関係なく対処できる柔軟性の高い制御法である．

まず，図7.15に示す恒温槽を例にとり，制御で用いる用語を説明する．この例では制御の対象は恒温槽であり，これを制御対象あるいはプロセスと呼ぶ．制御対象は，制御したい変数(**制御変数**あるいは**制御量**)と，制御するために操作する変数(**操作変数**あるいは**操作量**)をもつ．この例では，制御変数は恒温槽温度であり，操作変数はヒーター加熱量である．制御変数には望ましい値が存在し，それを**設定値**と呼ぶ．操作変数であるヒーター加熱量を一定に保っていても，外部から加わる変動(**外乱**)により制御変数の値は常に設定値と一致するとは限らない．この例では，外気温の変化や恒温槽内に設置する機器の温

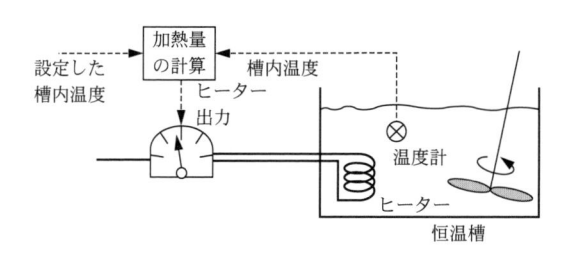

図 7.15 フィードバック制御の仕組み

度変化などが外乱となる．外乱が存在しなければ，多くの場合操作変数の値を一定に保つことにより，制御変数の値も一定となる．このような状態を，**定常状態**と呼ぶ．

図7.15に示した恒温槽の制御の場合，制御変数である槽内温度は一般に熱電対などを用いて電気信号として計測される．熱電対や流量計のように制御変数の値を測定するのに使われる機器を，**検出器**と呼ぶ．検出器から送られた信号と設定値との差が計算され，その差(**偏差**と呼ぶ)に基づいて操作変数をどう変更するかが決定される．この決定を行う装置を**コントローラ**あるいは**調節計**という．コントローラからは操作変数を変更するための**操作信号**が**操作端**に送られ，この値に基づいて実際に操作変数の値が変更される．恒温槽の場合，操作端はヒーター電流制御器であるが，一般に弁(バルブ)であることが多い．これらの変数間の関係は，情報の流れを方向付きの線で，また情報の変換を四角のブロックで表した**ブロック線図**と呼ばれる図7.16のような線図で表すことができる．ブロック線図においては，情報の合流点は○で表し，加減算を明示するため符号を付ける．情報の分岐点は●で表す．各線は情報の流れを示していることから，途中で分岐してもその値が変わることはない．制御対象には，操作変数以外にさまざまな外乱が入り，制御変数に影響を与える．

コントローラからの操作信号によって，操作変数の値が時間の遅れなく正確に変化すると仮定できれば，操作信号と操作変数の関係は単なる代数的な換算計算のみとなる．この仮定が成り立つ場合，コントローラが直接操作変数の値を出力すると考えても差し支えない．また，検出器が制御変数の値を遅れなく正確に伝達できると仮定できれば，制御変数と検出器出力変数を区別する必要もない．これらの仮定のもとでは，フィードバック制御の変数間の関係は，図7.17のように表せる．これらの仮定が成り立つことを前提として，変数間の

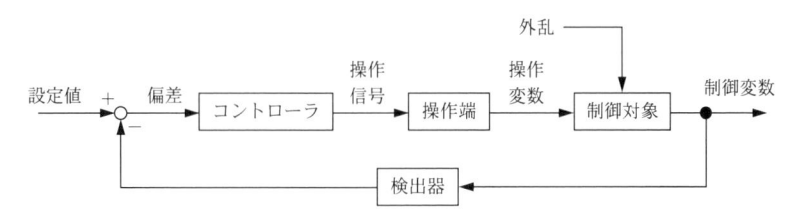

図7.16 フィードバック制御の変数間の関係

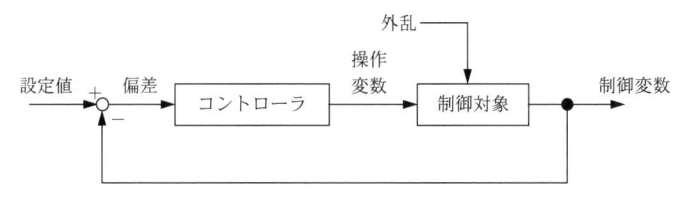

図 7.17 フィードバック制御系の構造

関係を始めから図 7.17 のようなブロック線図で表現することも多い[注]．

7.3.3 コントローラの仕組み

a. 比例動作・比例制御

恒温槽の例において，槽内温度の設定値と実測値の差が大きくなれば，その差に比例してヒーター加熱量を増減させるという考え方は自然なものである．式で表せば，定数 K_c を用いて，

$$加熱量 = K_c \cdot (槽内温度の設定値 - 槽内温度) + 基準加熱量 \quad (7.31)$$

と表せる．ここで，基準加熱量は，制御対象が定常状態にある際のヒーター加熱量である．この関係を一般的に表せば，

$$u(t) = K_c(y^s(t) - y(t)) + u_0 = K_c \varepsilon(t) + u_0 \quad (7.32)$$

となる．ここで，$u(t)$ は操作変数，$y^s(t)$ は制御変数の設定値，$y(t)$ は制御変数，$\varepsilon(t)$ は偏差，u_0 は定常状態での操作変数の値（定数）である．このように偏差に比例して操作変数値を定める方式を，**比例動作**（P動作，Proportional control action）と呼ぶ．そして，比例動作のみからなる式(7.32)で表される制御方法を，**比例制御**と呼ぶ．ここで，K_c は制御変数の偏差に対する操作変数の変更の大きさを表し，コントローラの**比例ゲイン**と呼ばれる．

比例制御は，直感的にわかりやすい制御方式であり，さまざまな制御問題に広く用いられているフィードバック制御法である．しかしながら，設定値が変

注）プロセス制御に関する記述では，入力，出力という用語が広く用いられている．これらの用語は，対象を明確にして用いなければならない．図 7.17 全体を対象と考えれば，この系に対する入力は設定値と外乱であり，出力は制御変数である．対象を制御対象に限定すれば，操作変数と外乱が入力であり，制御変数が出力である．また，コントローラについて検討しているときは，偏差が入力であり操作変数が出力である．制御対象への物理的な入出力と，制御問題を考えているときの入出力も混同してはならない．

更されたり一定の外乱が常にプロセスに加わったりしたとき，多くの場合比例制御のみでは制御変数の値を設定値に一致させることができない．偏差に比例して操作変数の値を変えているのに，なぜ制御変数の値を設定値に一致させられないかを，簡単な例を用いて説明しよう．

図7.15に示す恒温槽が，ヒーター加熱量3.0 kWで槽内温度80℃の定常状態にあったとする．今，ある時刻で設定値を80℃から90℃に変化させた場合を想定しよう．$K_C=0.1$ kW・K^{-1}とし，説明を簡単にするために対象とする恒温槽ではヒーター出力を1 kW増加させることにより，十分時間がたった時点で水温が10℃上昇すると仮定する．このとき，十分時間がたった時点での操作変数uと制御変数yの関係は，以下のように記述できる．

$$u = 0.1(90-y) + 3.0 \tag{7.33}$$
$$y = 10(u-3.0) + 80 \tag{7.34}$$

これらの式を解くと，$u=3.5$ kW，$y=85$ ℃となり，制御変数の値は設定値と一致しない．

このように十分時間がたっても制御変数の偏差を0にできないとき**オフセット**が残るといい，そのときの偏差をオフセット，あるいは**定常偏差**と呼ぶ．化学プロセスの制御では，制御変数を設定値に一致させることが重要であり，オフセットが残ることは望ましくない．したがって，比例制御のみでは十分でなく，何らかの工夫が必要となる．

b．積分動作

あるプラントを比例制御しているとき，突然の外乱により図7.18のような制御結果が得られたら，何を考えたらよいだろうか．図7.18(a)のように推移していれば，比例制御のみで制御変数は設定値に近い値に落ち着くと考えてよ

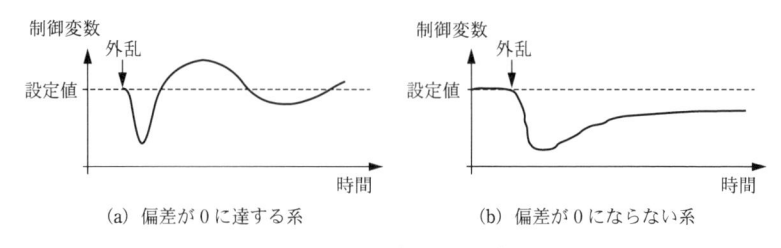

(a) 偏差が0に達する系　　(b) 偏差が0にならない系

図7.18　制御変数の時間変化

いだろう．図7.18(b)のような結果が得られた場合，このままでは制御変数の値は設定値に到達しそうにない（大きなオフセットをもつ）．

時間がたっても偏差が変化しない場合，「同じ偏差であっても操作変数の値を変える」工夫が必要である．偏差が一定であれば，その積分値は時間がたてば徐々に大きくなる．そこで，比例制御に変えて，これまでの偏差の積分値に比例して操作変数の値を変える方法を用いれば，オフセットをなくすことができると推察される．

偏差の積分に比例して操作変数の値を変える操作方法を，**積分動作**(I動作,Integral control action)と呼ぶ．積分動作のみによる制御方式を式で表せば，以下のようになる．

$$u(t) = \frac{K_C}{T_I}\int_0^t (y^s(\tau) - y(\tau))\,\mathrm{d}\tau + u_0 = \frac{K_C}{T_I}\int_0^t \varepsilon(\tau)\,\mathrm{d}\tau + u_0 \tag{7.35}$$

ここで，T_I は**積分時間**と呼ばれ時間の次元を有する．T_I は偏差の積分値が T_I になったとき，操作変数を比例ゲイン K_C に相当する値だけ変化させることを表している．よって，T_I が小さいほど，小さな積分値で操作変数は大きく動く．

積分制御を採用した場合，図7.18(b)のようなケースでは操作変数の値はどんどん大きくなっていき，制御変数を設定値に戻そうとする．比例動作が現時点での偏差に着目しているのに対し，積分動作はその時点までの過去の制御結果に着目した操作法であるといえる．

c．微分動作

比例制御しているプラントが，種々の外乱により図7.19のように変化している場合を想定しよう．図7.19(a),(b)ともに時刻 t_a での偏差に変わりはないが，(a)に比べ(b)のケースではこのまま放置すれば，制御変数は設定値からより大きくずれていくと予想される．よって，操作変数の値を動かすとすれ

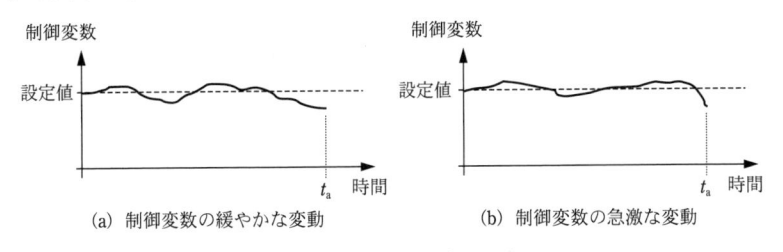

(a) 制御変数の緩やかな変動　　(b) 制御変数の急激な変動

図7.19　制御変数の変化の速さ

ば，(a)よりも(b)のケースの方がより大きく動かすべきである．

この考え方に基づく操作法が，**微分動作**(D 動作，Derivative control action)である．これは，その時刻での偏差ではなく偏差の傾き(微分値)を測定し，傾きが大きければ大きいほど，操作変数を大きく変えるという操作法である．微分動作のみによる制御方式を式で表せば，以下のようになる．

$$u(t) = K_\mathrm{C} T_\mathrm{D} \frac{\mathrm{d}(y^\mathrm{s}(t) - y(t))}{\mathrm{d}t} + u_0 = K_\mathrm{C} T_\mathrm{D} \frac{\mathrm{d}\varepsilon(t)}{\mathrm{d}t} + u_0 \tag{7.36}$$

ここで，T_D は**微分時間**と呼ばれ時間の次元を有する．微分動作は制御変数の将来の挙動を予測し，変動に迅速に対処できるという特徴を有する．

7.3.4 PID 制御

現実の制御系では，比例動作，積分動作，微分動作を同時に用いることが多い．このような制御方法を，**比例・積分・微分制御**(**PID 制御**，Proportional-Integral-Derivative Control)と呼ぶ．PID 制御の数式表現を，式(7.37)に示す．

$$u(t) = K_\mathrm{C} \left(\varepsilon(t) + \frac{1}{T_\mathrm{I}} \int_0^t \varepsilon(\tau) \mathrm{d}\tau + T_\mathrm{D} \frac{\mathrm{d}\varepsilon(t)}{\mathrm{d}t} \right) + u_0 \tag{7.37}$$

式(7.37)において，比例ゲイン K_C が比例，積分，微分のすべての項に係数として乗じられている点に注意されたい．また式(7.37)において，$T_\mathrm{D}=0$ とおいた制御方式は**比例・積分制御**(**PI 制御**)と呼ばれる．

種々の外乱や設定値変更により偏差が生じた場合，制御変数が発散することなく，いかに早く設定値に戻せるかが，よい制御系の条件である．そのためには，制御対象が与えられたとき，比例ゲイン，積分時間，微分時間という3つのパラメータの値を適切に定めなければならない．制御対象の動的なモデルに基づき，これらのパラメータ値を求める方法として，**Z-N 法，CHR 法，北森法**などがある．具体的な求め方は専門書を参照されたい[5]．現実には，これらの方法を用いてパラメータを設定し，その後運転を通じてより望ましい値に調整するという方法が一般的である．制御理論や計算機技術の進歩に伴い，さまざまな新しい制御法が開発されているが，実際に化学プラントで使われている制御系としては，ここで説明した PID 制御あるいは PI 制御が主流である．こ

れは，パラメータのもつ意味がわかりやすく，プラントを運転する技術者により容易にパラメータの調節ができることが大きな要因である．

7.3.5 プラントの制御系

現実の化学プラントでは，非常に多くの状態が制御されている（大規模なプラントでは，数万の制御変数がある）．図7.20は，反応器と蒸留塔からなる簡単なプロセスの制御システムである．このプロセスでは，原料A，Bを混合させた後，反応器に供給し，得られた製品を蒸留塔で分離する．反応器へ送る原料の成分比を等しくするために，原料A，Bの流量を測定し制御（FIC）している．ここで，FICは流量指示調節器（Flow Indicator & Controller）の略称である．また，反応器では特定の反応条件を維持し暴走反応を防ぐため，反応液の温度を冷却水量を用いて制御（TIC）している．一方，蒸留塔では，さまざまな制御が使われている．まず，還流槽と塔底の液レベルが一定になるよう抜き出し液量で制御（LIC）されている．塔の圧力は，リボイラーでの炊きあげ蒸気量とコンデンサーでの凝縮量のバランスで決まる．よって，何もしなければ，塔内の圧力が異常に高くなってしまう可能性がある．そこで，このプロセ

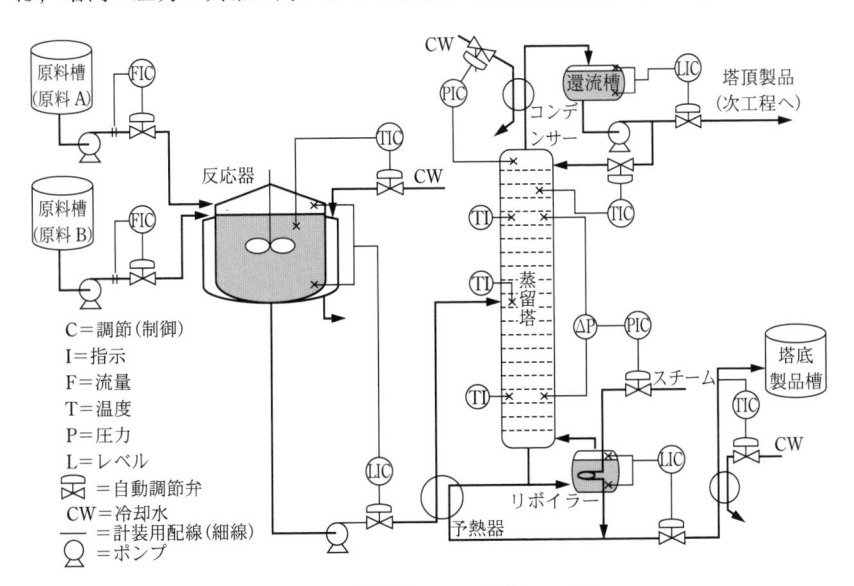

図 7.20 連続プラントの制御システム

スでは，塔頂の圧力をコンデンサーでの冷却水流量を用いて制御(PIC)している．製品組成は，還流量を変化させることにより調節できる．しかしながら，組成をリアルタイムに測定するためには，一般に非常に高価な分析装置を必要とする．そこで，この塔では，組成と温度の対応関係を利用し，塔内のある段の温度を一定に制御(TIC)することにより，塔頂からの抜き出し液の組成制御の代用としている．同様に，塔内の蒸気流量を計測することは簡単でない．そこで，塔内の蒸気流れの圧力損失が蒸気流量に依存することを利用して，塔内の2カ所の圧力差を一定にするようにリボイラーへの供給蒸気量を調節(PIC)している．塔底から抜き出された液は，熱の有効利用を図るため，塔への流入液と熱交換された後，熱交換器で一定温度に冷やされ(TIC)製品となる．また，制御には使われないが塔のいくつかの段の温度が計測(TI)されている．

これらの制御系としては，一般に前項で説明したPID制御，あるいはPI制御が用いられる．プラントが複雑になるにつれ，1つの制御変数を制御しようとして操作変数の値を変更すると，その変更によりほかの制御変数が影響を受ける．よって，制御変数が複数ある場合，各制御変数をどの変数で制御するか，すなわち制御変数と操作変数の組合せも，制御系設計の重要な要素となる．

7.4 生産管理

7.4.1 生産管理システム

工場では，さまざまな資源(原料，ユーティリティ，装置，労働力)を用いて，価値のある製品を生産している．工場に運び込まれた原料(資材)は，まず原料在庫となる．それがさまざまな装置で処理されることにより中間製品を経て製品となり，品質検査を受け製品在庫となる．通常，工場を見学したとき，目に触れるのはこの物の流れである．工場では，作業者が何の疑問ももたず，その製品をつくることがあたりまえのように，黙々と生産に従事しているように見える．生産が大規模化するに従い分業が進み，各人が生産の全過程を把握することは難しい．このような状況でも，各作業者が迷わず仕事ができるのは，工場内での物の流れを管理するシステムが働いているからである．このような，生産にかかわる物と情報の流れを管理するシステムを，**生産管理システ**

7.4 生産管理　213

生産システム

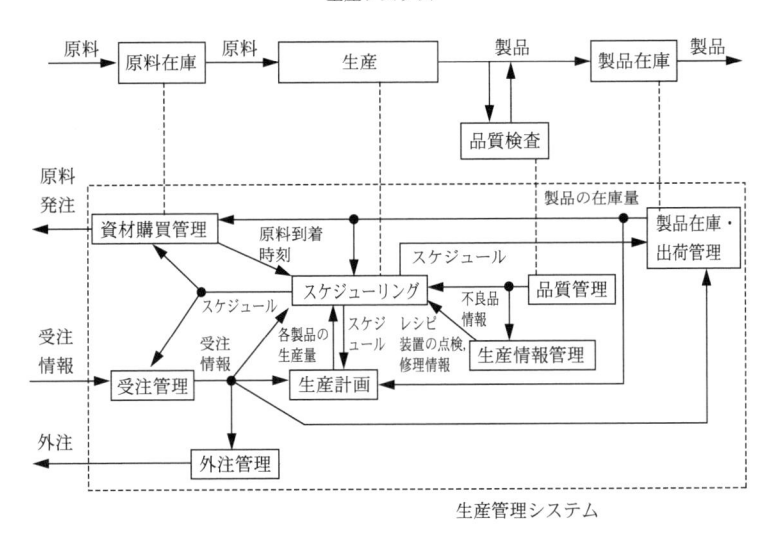

図 7.21　生産システムと生産管理システム

ムと呼んでいる．

　図7.21に，多品種の製品を生産している工場における，物と情報の流れの一例を示す．原料は自動的に工場に運び込まれるわけではない．資材購買管理システムによって，現在の在庫量，今後の生産スケジュールからみた各原料の使用予定，注文してから納入されるまでの期間などを考慮して，原料発注がなされる．製品についても何をどれだけつくればよいか，あらかじめ定まっているわけではない．**生産計画システム**によって，受注管理システムから得られる受注情報，製品在庫管理システムから得られる製品在庫量，**スケジューリングシステム**から得られる現在の運転状況を考慮して，ある程度長期の生産品種，生産量が定められる．この情報は，スケジューリングシステムに送られ，短期の装置の運転スケジュールに展開される．この運転スケジュールは，特急品の受注や不良品の生産により影響を受け，常時つくり直される．受注についても，多く受注すればよいわけではない．受注管理システムが，製品在庫管理システム，スケジューリングシステムの情報をもとに，適切な受注量を管理し，オーバーした分は，ほかの工場や外部の会社に生産を依頼(外注)する(外注管理システム)などの処理をしている．このように，現実の工場では，物の流れ

に比べ，情報の流れの方がはるかに複雑である．そして，これらの大量の情報をうまく使い，各サブシステムが適切な処理を行うことが，効率的な生産を行う鍵となる．

生産管理システムを構成するサブシステムのなかで，生産計画およびスケジューリングは，意思決定すべき要素が多いシステムである．以下では，生産計画とスケジューリングについて説明するとともに，そこで用いられる**線形計画法，組合せ最適化法**を紹介する．

7.4.2 生産計画

工場にある各プラント，各装置の生産能力や市場動向を考慮して，数ヶ月間(場合によって，1ヶ月から1年間)の生産品種と生産量を決める問題を，**生産計画問題**(大日程計画)と呼ぶ．長期の生産計画を考える場合，各装置の稼働時間を2倍にすれば，それによって得られる製品量，生産に必要な原料量や使用ユーティリティ量もそれぞれ2倍になると仮定してもよい．このような仮定の下での生産計画問題を例題を用いて説明する．

[例題 7.3]

あるプラントでは，操作法を変えることにより，異なった比率で製品を生産できる．A，Bそれぞれの操作法でプラントを運転したときの，1日あたりの運転コストおよび2種類の製品P1，P2の生産量，原料Fの消費量が，表7.4のように与えられたとする．製品P1を30t以上，製品P2を20t以上生産し，かつ原料Fの消費量は40t以下におさえたい．運転コストを最も安くするには，A，Bの操作法で何日運転したらよいか．

表 7.4 運転コストと製品生産量

	コスト[万円/日]	製品P1[t/日]	製品P2[t/日]	原料F[t/日]
操作法A	3.0	0.1	0.2	0.1
操作法B	2.0	0.3	0.1	0.2

[解]

この問題を数式で表せば，式(7.39)～(7.42)の制約のもとで，式(7.38)を最小にする操作法A，Bでの運転日数 x_1，x_2 を求める問題となる．

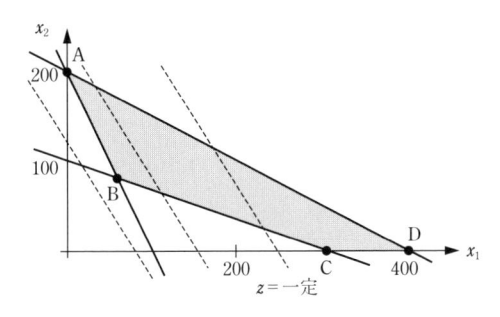

図 7.22 線形計画問題の図的解釈

評価指標

最小化　　$z = 3x_1 + 2x_2$ 　　　　　　　　　　　　　　　　　　　(7.38)

制約条件

原料 F の制約　　$0.1x_1 + 0.2x_2 \leq 40$ 　　　　　　　　　　　　(7.39)

製品 P1 の制約　　$0.1x_1 + 0.3x_2 \geq 30$ 　　　　　　　　　　　(7.40)

製品 P2 の制約　　$0.2x_1 + 0.1x_2 \geq 20$ 　　　　　　　　　　　(7.41)

変数の非負制約　　$x_1 \geq 0, \quad x_2 \geq 0$ 　　　　　　　　　　　(7.42)

式(7.39)〜(7.42)を満たす領域は，図7.22で陰影をつけた部分となる．このように，線形の等式，不等式を満たす領域の共通部分は，凸多面体となる．図中の破線は，評価 z を一定の値とする x_1, x_2 の関係を示している．評価指標が線形であることから，評価は実行可能領域(陰影をつけた部分)の端点(この例では，A, B, C, D)のいずれかで最小(あるいは最大)になる．この例題の場合，z が一定の線を平行移動することにより，点 B で評価が最も小さくなることがわかる．点 B は，$0.1x_1 + 0.3x_2 = 30$ と $0.2x_1 + 0.1x_2 = 20$ の交点である．よって，最適値は，$x_1 = 60$ 日，$x_2 = 80$ 日となり，そのときのコストは，$z = 340$ 万円となる．

式(7.39)〜(7.42)の制約のもとで，式(7.38)を最小にする問題は，制約条件，評価指標ともに線形の不等式，等式で表される最適化問題であり，**線形計画問題**(Linear Programming Problem, LP)と呼ばれる．線形計画問題については，効率的な解法が確立しており，数万，数十万オーダーの変数，制約条件式からなる問題が解ける唯一の問題といってよい．よって現在，生産計画問題

のみならず，最適化の分野で広く使われている手法である．

=⟨発展 7.2：線形計画問題の解法-線形計画法⟩=

線形の等式，不等式で表された制約条件式は，新たにダミー変数(スラック変数と呼ばれる)を追加することにより，以下のような等号制約のみからなる問題に変換できる．

$$\text{最小化} \quad z = c^{\mathrm{T}} x \tag{B1}$$

$$\text{制約条件} \quad Ax = b, \quad x \geq 0 \tag{B2, B3}$$

ここで，x は $m+n$ 次元の変数ベクトル，A は $m \times (m+n)$ の係数行列，b，c はそれぞれ m 次元，$m+n$ 次元の係数ベクトルである．また，上付きの T は転置を表す．

式(B2), (B3)を満たす領域は凸集合であるから，この問題に最適解が存在すれば，それはこの凸集合の端点にあることが，図 7.22 から直感的にわかるであろう．式(B2), (B3)を満たす領域の端点の集合は，x の n 個の要素を 0 とおいた解(x の n 個の要素を 0 とおけば，式(B2)の解は一意に定まる)のなかで，式(B3)を満たす解の集合と一致することが知られている．よって，x の $(m+n)$ 個の要素から n 個の要素を 0 とおいた解をすべて求めれば，そのなかに最適解が存在する．

容易にわかることだが，上述した方法で解を求めることができるのは，問題の規模が小さい場合に限られる．そこで，まず 1 つ端点に対応する解を求め，そこから次々に「端点を渡り歩いて」最適解に到達しようとする方法が，**シンプレックス法**と呼ばれる方法である．

シンプレックス法では，以下の手順で最適解を求める．

① x の n 個の要素を 0 とおいた解で，式(B2), (B3)を満たす解を求める．(式(B3)を満たす解を求めるアルゴリズムが提案されている．)

② 得られた解が最適解か否かを判断する．簡単な計算で判断できる方法が存在する．

③ 手順②で最適解でないと判断されたら，今まで 0 としていた x の 1 つの要素の制約を外し，逆に 1 つの要素を 0 に固定する．シンプレックス法の要点は，簡単な計算で式(B3)を満たし，かつ必ず解の値がよくなる要素の入れ替え方がわかることである．

④ 0 に固定する要素を入れ替えて，方程式を解く(0 に固定してない変数の数と等式の数が等しいので一意に解が求まる)．解が求まったら，手順②

に戻る．

凸集合の1つの端点から出発し，必ず評価がよくなる方向に進むので，すべての端点を探索する場合と比べ，はるかに少ない探索回数で最適解（厳密な最適解）に到達できる．この解法に興味がわいた読者には，「線形計画法」というタイトル，あるいは同名の章のある教科書を読むことを勧める[4]．

7.4.3 スケジューリング

a．スケジューリング問題とは

いくつかの仕事に対して，それらを行う順序や装置，人などに自由度があり，その決め方により何らかの評価が異なるとき，どのように決めることが最も望ましいかという問題が生じる．このような，仕事を行う順序や割り当てを決める問題を，**スケジューリング問題**と呼んでいる．スケジューリング問題は身近にもたくさん存在する．

〈例1〉

夕食に5品の料理をつくりたい．鍋は3つ，ガスコンロは2口しかない．各料理のレシピは与えられ，材料の下準備，調理にかかる時間はあらかじめわかっている．最も短い時間で，すべての料理をつくる手順を示せ．ただし，料理Aは，熱い状態で食卓にのせたい．

〈例2〉

A病院では，50人の看護師が働いており，昼勤には20人，夜勤には10人必要である．看護師から不平がでないように，勤務表を作成せよ．ただし，主任の資格をもつ看護師が，各勤1名は入っていること．

例1は，技術的順序の定まったいくつかの仕事（料理）を，資源（鍋，ガスコンロ，料理人）制約の下で，いかに早く処理するか，という問題である．プラントの建設，土木工事などで多く生じる問題であり，**プロジェクト・スケジューリング問題**と呼ばれている．また，例2は，その名のとおり，**ナーススケジューリング**と呼ばれる問題である．「不平がでないように」という部分を，どの様に定式化するかに，腕の見せ所がある．

化学産業が高度化するにつれ，産業構造は汎用品の大量生産から多品種少量生産に移行している．多品種の製品を生産している工場では，それらの製品を

どの順番で生産するかというスケジューリング問題が頻繁に生じる．このような工場では，スケジュール作成の対象となる各製品の生産量と納期(あるいは需要パターン)が，まず前項で説明した生産計画システム，あるいは受注管理システムによって定められる．そして，その条件下での以下のようなスケジューリング問題を解かねばならない．

各製品の生産要求量が与えられたとき，あらかじめ定められた評価を最適とする，(1) 各製品の生産経路，(2) 各装置での製品の処理順序，(3) 各装置での各製品の処理開始時刻を求めよ．

本節では，このような問題のなかで最も単純な，1工程からなるプロセスを対象とした問題について説明する．

b. 単一装置からなるプロセスのスケジューリング

ここでは，単一装置からなる図 7.23 に示すプロセスのスケジューリング問題を取り上げる．多工程からなるプロセスであっても，ボトルネックになっている工程，重点的にスケジューリングを行わなければならない工程は，1工程である場合も多い．このようなケースも，ここで扱う単一装置からなるプロセスと見なしてよい．一連の作業からなり，スケジューリングの対象となるものを，**仕事**あるいは**ジョブ**と呼ぶ．バッチプロセスのスケジューリングを考える場合，通常1バッチの製品を原料から製品まで処理する過程が，1つのジョブとなる．単一装置からなるプロセスのスケジューリング問題は，N 個のジョブの1つの装置上での処理順を求める問題である．

染料や顔料を生産しているプロセスでは，薄い色の製品から濃い色の製品への切換えには，簡単な洗浄操作でよいが，その逆の場合，丁寧な洗浄操作が要求される．このように，化学プロセスでは装置の洗浄にかかるコストや時間が，続けて処理するジョブの種類に依存するケースが多く存在する．ここでは，単一装置からなるプロセスに対する，**総切換えコスト最小化問題**を取り上げ，その最適化問題がこれまでの最適化問題とどう違うかを説明する．ジョブ

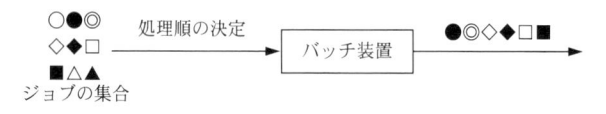

図 7.23　単一装置からなるプロセス

表 7.5　ジョブ間の切換えコスト

from \ to	1	2	3	4	5
1	—	9	3	7	8
2	2	—	1	4	4
3	12	9	—	5	6
4	16	14	4	—	2
5	8	7	9	12	—

の切換えコストでなく，切換えにかかる時間が仕事順に依存する場合の総切換え時間最小化問題も同じ範疇の問題である．

5ジョブ間の切換えコストが，表7.5のように与えられた場合，どの順に生産したら，切換えコストを最小にできるだろうか．1つの方法は，切換えコストの最も小さいジョブのペア（この例では，ジョブ2からジョブ3）をまず選び，次にジョブ3から切換えコストの最も小さいジョブ（この例ではジョブ4），というように，次々にそれまでに選ばれていないジョブから切換えコストの小さいジョブを選んでいく方法である．このようにすれば，

　　　ジョブ2 ⟶ ジョブ3 ⟶ ジョブ4 ⟶ ジョブ5 ⟶ ジョブ1

という処理順が得られ，その切換えコストは16となる．このような経験的なルールを用いた考え方で，ある程度望ましい処理順を得ることができる．では，この処理順より切換えコストの小さな処理順はないのだろうか．ここで問題となるのは，最適性を示すために連続関数のように微分の概念を用いることができないことである．よって，この処理順の最適性を保証するためには，すべての処理順に対して切換えコストを求め，16未満になるものが無いことを示さなければならない．n 個のジョブの処理順は，$n!$ 通り存在する（$5!=120$，$10!≒360$ 万，$20!=2.4×10^{18}$）．ジョブ数が20のとき，1秒間に1万通りの処理順を計算したとしても，すべての組合せを計算するのに770万年かかる．したがって，すべての場合を尽くす解法は，ジョブの数が少し多くなると計算不可能であり，何らかの効率のよい解法が必要となることが理解できるであろう．この問題のように，解の存在領域が離散的な変数の組合せで与えられる最適化問題を，組合せ最適化問題と呼ぶ．組合せ最適化問題の解法としては，**分枝限定法**が広く利用されている．

分枝限定法は，最適解となる可能性のない解の集合を特定し，その集合につ

いての計算を省くという考え方により，計算時間の短縮を図る方法であり，最小値を求める問題に対しては，以下の手順からなる．

① 解の集合をいくつかの部分集合に分割する（分枝操作と呼ぶ）．
② 手順①で得られた各部分集合に対して，制約条件を緩和し解の下界値を求める．
③ 手順②で得られた解によって，以下のように計算をすすめる．
　・下界値となった解が制約を満たす解であれば，その部分集合の計算を終了する．この解は最適解の候補である．
　・下界値となった解が制約を満たす解ではないが，すでに得られている制約を満たす解より評価が悪い場合は，その部分集合のなかに最適解は存在しない．よって，その部分集合の計算を終了する（限定操作と呼ぶ）．
　・下界値となった解が制約を満たす解でなく，かつすでに得られている解より評価がよい場合は，その集合をさらに分割し手順②に戻る．

=⟨発展 7.3：巡回セールスマン問題⟩=

　n 個の都市があり，都市 i から都市 j までの道程 a_{ij} が与えられているものとする．n 個の都市すべてを丁度 1 度ずつ巡って出発した都市に戻ってくる道筋のなかから，通過した道程の総和を最小にするものを求める問題を，**巡回セールスマン問題**と呼ぶ．切換えコスト最小化問題も，ジョブ i からジョブ j への切換えコストを都市 i から都市 j までの道程と見なし，すべての都市との間の距離が 0 のダミー都市を導入すれば，巡回セールスマン問題となる．

　切換えコスト最小化問題を含め，多くの問題が巡回セールスマン問題に帰着されることから，この問題に対しては分枝限定法を用いた効率的な解法が提案されている．100 都市を巡回する問題など，パソコンでも解ける．100 都市を巡回する経路の数を考えると，これは驚異的である．興味をもった読者は，「組合せ最適化」，「巡回セールスマン問題」というタイトル，あるいは同名の章のある教科書を読むことを勧める[6]．

演習問題

7.1 A→C の反応を行う図 7.3 に示す反応器がある．反応速度は式 (7.3) で与えられるとする．今，原料体積流量，原料中の A 成分濃度および反応速度定数が，$1.0\ \mathrm{m^3 \cdot h^{-1}}$，$5.0\ \mathrm{kmol \cdot m^{-3}}$，$0.80\ \mathrm{h^{-1}}$ であるとき，製品中の A 成分濃度を $1.0\ \mathrm{kmol \cdot m^{-3}}$ とするのに必要な装置容積を求めよ．ただし，装置容積は反応器内液容積と等しく，反応器は同容積の 2 つの完全混合槽が直列につながれたものと近似できるとする．

7.2 A→C の反応を行う図 7.3 に示す反応器がある．今，原料体積流量，原料中の A 成分濃度，反応器内液容積が，$1.0\ \mathrm{m^3 \cdot h^{-1}}$，$5.0\ \mathrm{kmol \cdot m^{-3}}$，$5.0\ \mathrm{m^3}$ であるとき，製品中の A 成分濃度は $1.0\ \mathrm{kmol \cdot m^{-3}}$ となった．反応速度が式 (7.3) で与えられるとして，反応速度定数を求めよ．ただし，反応器は同容積の 2 つの完全混合槽が直列につながれたものと近似できるとする．

7.3 ある連続槽型反応器で，原料流量と反応器温度を変えて運転したところ，目的物質の収率が表 7.6 のようになった．収率 (η) を，原料流量 (v_0) と反応器温度 (T) の線形関数として次式で近似したい．

$$\eta = a \cdot v_0 + b \cdot T + c$$

上式の係数 a, b, c を求めよ．また，各測定点における得られた関係式による計算値と実測値の誤差を求めよ．

7.4 式 (7.21)，(7.22) で表される反応のみが生じるプロセスにおいて，$10\ \mathrm{mol \cdot s^{-1}}$ の純粋な原料 D と $x\ \mathrm{mol \cdot s^{-1}}$ の純粋な A をプロセスに供給する．今，原料 D

表 7.6 製品収率

原料流量 [$\mathrm{kmol \cdot h^{-1}}$]	反応器温度 [K]	製品収率 [—]
20.0	351	0.303
20.1	353	0.303
22.0	351	0.202
22.1	355	0.207
21.9	370	0.162
22.1	372	0.247
22.2	380	0.260
22.0	378	0.265
22.5	348	0.173
23.1	355	0.164
23.8	367	0.162
24.1	377	0.171

はすべて反応すると仮定したとき，x と製品 C の選択率 y を与えれば，図 7.6 のすべての流れの組成と流量が決まることを示せ．ただし，$x>10$ とする．

7.5 式(7.21)，(7.22)で表される反応のみが生じるプロセスにおいて，$10\,\mathrm{mol\cdot s^{-1}}$ の純粋な原料 D と $x\,\mathrm{mol\cdot s^{-1}}$ の純粋な A をプロセスに供給する．図 7.7 の各流れの流量と組成を決めるために必要な変数を示せ．ただし，$x>10$ とする．

7.6 フィードバック制御は，日常至る所で行われている原理であり，我々も意識せず使っている．真っ直ぐな道で自動車を運転する場合を例に，制御対象，制御変数，設定値，偏差，操作変数，コントローラ，操作端，検出器，外乱が何に対応するか示せ．

7.7 N 種類の製品を生産している工場がある．この工場では，同時に 1 種類の製品しか生産できない．製品 i の単位量を基準として，その製造所要時間を T_i，各原料 j の所要量を $Q_{ij}(j=1,2,\cdots,K)$，製造利益を P_i とする．また，製品 i に対する生産期間内の許容最大生産量を U_i とする．今，生産期間を H，期間内での原料 j の最大使用可能量を R_j としたとき，総利益を最大にする各製品の生産量を求める問題を定式化せよ．

7.8 5 ジョブ間の切換えコストが，表 7.5 のように与えられた場合，切換えコストが最小となる処理順とその際の切換えコストを試行錯誤で求めよ．

【参考文献】
1) 化学工学会編，"改訂六版　化学工学便覧"，23 章，丸善(1999).
2) 巽浩之，松田一夫，"ピンチテクノロジー"，省エネルギーセンター(2002).
3) J. M. Douglas, "Conceptual Design of Chemical Processes", McGraw-Hill(1988).
4) 金谷健一，"これならわかる最適化数学"，共立出版(2005).
5) 橋本伊織，長谷部伸治，加納学，"プロセス制御工学"，朝倉書店(2002).
6) 山本芳嗣，久保幹雄，"巡回セールスマン問題への招待"，朝倉書店(1997).

付　　　表

付表1　単位換算表

（1）長さ [L]

m	cm	in	ft
1	100	39.37	3.281
0.01	1	0.3937	0.03281
0.02540	2.540	1	0.08333
0.3048	30.48	12	1

（2）質量 [M]

kg	g	lb	t
1	1000	2.205	0.001
0.001	1	0.002205	1×10^{-6}
0.4536	453.6	1	4.536×10^{-4}
1000	1×10^6	2205	1

（3）力および重量 [MLT^{-2}]

N	dyn	kgf	lbf
1	1×10^5	0.1020	0.2248
1×10^{-5}	1	1.020×10^{-6}	2.248×10^{-6}
9.807	9.807×10^5	1	2.205
4.448	4.448×10^5	0.4536	1

(4) 圧力 $[\mathrm{ML^{-1}T^{-2}}]$

Pa	bar	atm	kgf·cm^{-2}	lbf·in^{-2} (psi)	mmHg
1	1×10^{-5}	9.869×10^{-6}	1.020×10^{-5}	1.450×10^{-4}	0.007501
1×10^5	1	0.9869	1.020	14.50	750.1
1.013×10^5	1.013	1	1.033	14.70	760.0
9.807×10^4	0.9807	0.9678	1	14.22	735.6
6895	0.06895	0.06805	0.07031	1	51.72
133.3	0.001333	0.001316	0.001360	0.01934	1

(5) 仕事，エネルギーおよび熱量 $[\mathrm{ML^2T^{-2}}]$

J	kgf·m	lbf·ft	kW·h	PS·h	kcal	Btu
1	0.1020	0.7376	2.778×10^{-7}	3.777×10^{-7}	2.389×10^{-4}	9.478×10^{-4}
9.807	1	7.233	2.724×10^{-6}	3.704×10^{-6}	0.002342	0.009295
1.356	0.1383	1	3.766×10^{-7}	5.122×10^{-7}	3.238×10^{-4}	0.001285
3.6×10^6	3.671×10^5	2.655×10^6	1	1.360	859.9	3412
2.648×10^6	2.700×10^5	1.953×10^6	0.7355	1	632.4	2510
4187	426.9	3088	0.001163	0.001582	1	3.968
1055	107.6	778.2	2.930×10^{-4}	3.986×10^{-4}	0.2520	1

(6) 仕事率および動力 $[\mathrm{ML^2T^{-3}}]$

kW	PS(仏馬力)	HP(英馬力)	kgf·m·s^{-1}	lbf·ft·s^{-1}	kcal·s^{-1}
1	1.360	1.341	102.3	737.6	0.2388
0.7355	1	0.9863	75	542.5	0.1757
0.7457	1.014	1	76.04	550	0.1781
0.009807	0.01333	0.01315	1	7.233	0.002342
0.001356	0.001843	0.001818	0.1383	1	3.238×10^{-4}
4.187	5.692	5.615	426.9	3088	1

(7) 熱伝導度 $[\mathrm{MLT^{-3}\theta^{-1}}]$

W·m^{-1}·K^{-1}	kcal·m^{-1}·h^{-1}·°C^{-1}	Btu·ft^{-1}·h^{-1}·°F^{-1}
1	0.8599	0.5778
1.163	1	0.6720
1.731	1.488	1

(8) 比熱容量 $[\mathrm{L^2T^{-2}\theta^{-1}}]$

J·kg^{-1}·K^{-1}	cal·g^{-1}·°C^{-1}	Btu·lb^{-1}·°F^{-1}
1	2.389×10^{-4}	2.389×10^{-4}
4187	1	1

(9) 粘度[$ML^{-1}T^{-1}$]

Pa·s (=kg·m⁻¹·s⁻¹)	P (=g·cm⁻¹·s⁻¹)	cP
1	10	1000
0.1	1	100
0.001	0.01	1

(10) 動粘度[$L^{2}T^{-1}$]

m²·h⁻¹	St (=cm²·s⁻¹)	cSt
1	2.778	277.8
0.360	1	100
0.00360	0.01	1

付表2 SI接頭語

倍数	10^{-1}	10^{-2}	10^{-3}	10^{-6}	10^{-9}	10^{-12}	10^{-15}	10^{-18}
記号	d	c	m	μ	n	p	f	a
名称	deci	centi	milli	micro	nano	pico	femto	atto
読み方	デシ	センチ	ミリ	マイクロ	ナノ	ピコ	フェムト	アト

倍数	10	10^{2}	10^{3}	10^{6}	10^{9}	10^{12}	10^{15}	10^{18}
記号	da	h	k	M	G	T	P	E
名称	deca	hecto	kilo	mega	giga	tera	peta	exa
読み方	デカ	ヘクト	キロ	メガ	ギガ	テラ	ペタ	エクサ

付表3 重要な数値と換算式

(1)	重力加速度	$g = 9.807 \text{ m·s}^{-2}$
(2)	アボガドロ定数	$N = 6.022 \times 10^{23} \text{ mol}^{-1}$
(3)	ボルツマン定数	$k = R/N = 1.3806 \times 10^{-23} \text{ J·K}^{-1}$
(4)	絶対温度	$T[\text{K}] = t[°\text{C}] + 273.15$
(5)	摂氏温度と華氏温度	$t[°\text{C}] = (t_F[°\text{F}] - 32) \times 5/9$
(6)	プランク定数	$h = 6.626 \times 10^{-34} \text{ J·s}$
(7)	ガス定数	$R = 8.314 \text{ J·mol}^{-1}\text{·K}^{-1}$
		$= 1.987 \text{ cal·mol}^{-1}\text{·K}^{-1}$
		$= 8.205 \times 10^{-5} \text{ m}^3\text{·atm·mol}^{-1}\text{·K}^{-1}$
(8)	標準状態の理想気体のモル体積	$V_0 = 2.24 \times 10^{-2} \text{ m}^3\text{·mol}^{-1}$
(9)	空気の平均分子量	28.97
(10)	真空中の光速度	$c = 2.99792458 \times 10^8 \text{ m·s}^{-1}$

付表4　水，空気のおもな物性値(0〜100℃)

	水					乾燥空気(101.325 kPaにおける)				
温度 [℃]	密度 [kg·m^{-3}]	粘度 [mPa·s]	定圧比熱 [kJ·kg^{-1}·K^{-1}]	熱伝導率 [W·m^{-1}·K^{-1}]	表面張力 [mN·m^{-1}]	温度 [℃]	密度 [kg·m^{-3}]	粘度 [μPa·s]	定圧比熱 [kJ·kg^{-1}·K^{-1}]	熱伝導率 [W·m^{-1}·K^{-1}]
0	999.84	1.7919	4.2173	0.569	75.62	0	1.2928	17.1	1.000	0.0238
10	999.70	1.3069	4.1918	0.592	74.20	10	1.2467	17.6	1.001	0.0249
20	998.20	1.0020	4.1817	0.602	72.75	20	1.2042	18.09	1.003	0.0257
30	995.65	0.7973	4.1784	0.618	71.15	30	1.1645	18.57	1.004	0.0265
40	992.21	0.6529	4.1784	0.632	69.55	40	1.1273	19.04	1.006	0.0272
50	988.05	0.5470	4.1805	0.642	67.90	50	1.0924	19.51	1.007	0.0280
60	983.21	0.4exception								

付表5　飽和水蒸気表

温度 [℃]	圧力 [kPa]	エンタルピー [kJ·kg^{-1}]	蒸発潜熱 [kJ·kg^{-1}]	温度 [℃]	圧力 [kPa]	エンタルピー [kJ·kg^{-1}]	蒸発潜熱 [kJ·kg^{-1}]
0	0.6108	2502	2502	110	144.3	2691	2230
4	0.8129	2509	2492	115	169.1	2699	2216
8	1.0720	2516	2483	120	198.5	2706	2202
12	1.401	2524	2473	125	232.1	2713	2188
16	1.817	2531	2464	130	270.1	2720	2174
20	2.337	2538	2454	140	361.4	2733	2144
24	2.982	2545	2445	150	476.4	2745	2113
28	3.778	2553	2435	160	618.1	2757	2081
32	4.753	2560	2426	170	792.0	2767	2048
36	5.940	2567	2417	180	1003	2776	2013
40	7.375	2574	2407	190	1255	2784	1977
44	9.100	2582	2397	200	1555	2791	1939
48	11.16	2589	2388	210	1908	2796	1899
50	12.33	2592	2383	220	2320	2800	1856
55	15.74	2601	2371	230	2798	2801	1812
60	19.92	2610	2359	240	3348	2801	1765
65	25.01	2618	2346	250	3978	2800	1715
70	31.16	2627	2334	260	4694	2796	1662
75	38.55	2635	2321	270	5506	2790	1605
80	47.36	2644	2309	280	6420	2780	1544
85	57.80	2652	2296	290	7446	2768	1478
90	70.11	2660	2283	300	8593	2751	1406
95	84.53	2668	2270	320	11290	2704	1241
100	101.3	2676	2257	340	14610	2626	1031
105	120.8	2684	2244	360	18680	2486	721.3

付表 6　ガス管(配管用鋼管)の寸法(JIS)

管の呼び方		外形 [mm]	厚さ [mm]	近似内径 [mm]
6 A	1/8 B	10.5	2.0	6.5
8 A	1/4 B	13.8	2.3	9.2
10 A	3/8 B	17.3	2.3	12.7
15 A	1/2 B	21.7	2.8	16.1
20 A	3/4 B	27.2	2.8	21.6
25 A	1 B	34.0	3.2	27.6
32 A	1 1/4 B	42.7	3.5	35.7
40 A	1 1/2 B	48.6	3.5	41.6
50 A	2 B	60.5	3.8	52.9
65 A	2 1/2 B	76.3	4.2	67.9
80 A	3 B	89.1	4.2	80.7
90 A	3 1/2 B	101.6	4.2	93.2
100 A	4 B	114.3	4.5	105.3
125 A	5 B	139.8	4.5	130.8
150 A	6 B	165.2	5.0	155.2
175 A	7 B	190.7	5.3	180.1
200 A	8 B	216.3	5.8	204.7
225 A	9 B	241.8	6.2	229.4
250 A	10 B	267.4	6.6	254.2
300 A	12 B	318.5	6.9	304.7

付表7 ギリシア文字

大文字	小文字	読み方
A	α	アルファ
B	β	ベータ
Γ	γ	ガンマ
Δ	δ	デルタ
E	$\varepsilon(\epsilon)$	イプシロン
Z	ζ	ゼータ
H	η	イータ
Θ	$\theta(\vartheta)$	シータ
I	ι	イオタ
K	κ	カッパ
Λ	λ	ラムダ
M	μ	ミュー
N	ν	ニュー
Ξ	ξ	クシー(グサイ)
O	o	オミクロン
Π	π	パイ
P	ρ	ロー
Σ	σ	シグマ
T	τ	タウ
Υ	υ	ウプシロン
Φ	$\phi(\varphi)$	ファイ
X	χ	カイ
Ψ	$\psi(\psi)$	プサイ(プシー)
Ω	ω	オメガ

演習問題解答

第1章 割愛

第2章

2.1 自由度 (F) = 成分数 (c) − 関与する相の数 (π) + 2 であるので,三重点という「気液固相の3相」が関与する三重点は $F = 1 - 3 + 2 = 0$ となり,物質に固有な状態点である.

2.2 蒸発は,液体→気体,融解は,固体→液体という相変化になる.昇華は,固体→気体の相変化であるので,これを昇華=固体→(液体)→気体のように考えると,昇華熱という状態量は,経路に依らないため,融解熱+蒸発熱=昇華熱ということが理解できる.つまり,2591 kJ·kg^{-1} となる.

2.3 溶解度データより10℃で3gを溶解させるための水の量は
$\dfrac{3.0}{1.11 \times 10^{-2}} = 2.70 \times 10^2$ dm^3,20℃では,270 dm^3 の水に溶解する炭酸カルシウムは2.46 g であるので,その差である 3.0−2.46 = 0.54 g が固体結晶となる.

2.4 (1) 沸点が低い成分が軽質成分であるので,ベンゼンが軽質成分.
(2) 精留塔での物質収支をとり連立方程式を解くと,
全量: $100 = D + W$
ベンゼン: $100 \times 0.4 = D \times 0.98 + W \times 0.03$
$100 \times (0.4 - 0.03) = D \times (0.98 - 0.03)$
$D = 38.9$ kmol·h^{-1}
$W = 100 - D = 61.1$ kmol·h^{-1}

2.5 単位時間あたりの収支をとる.水の量を L_1 [kmol·h^{-1}] とする.空気中のアセトンが,水に吸収されたので,その収支をとる.
$G_1 + L_1 = G_2 + L_2$
$\therefore G_1 - G_2 = L_2 - L_1$
(NH$_3$ 吸収量) = 水中の NH$_3$ 量

G_1 中のアセトンは 2 kmol で,その98%が水に溶解したので溶解した量は $2 \times 0.98 = 1.96$ kmol である.このアセトンが水中に溶解して組成が 0.011 であるので
$0.011 = \dfrac{1.96}{L_1 + 1.96}$
$L_1 = 176$ kmol·h^{-1}

2.6 (1) 反応物投入時の温度,モル数を理想気体の式に代入して,
$PV = nRT$
$P = \dfrac{50 \times 8.314 \times 500}{0.1} = 2.1 \times 10^6$ Pa
$= 2.1$ MPa

(2) 題意から数量を表にすると

	投入時	平衡時	反応量	量論係数
A	40	38	−2	1
B	10	4	−6	3
C	0	4	+4	2
トータル [mol]	50	46	−4	

理想気体なので,圧力はモル数に比例するので
$2.1 \times 46/50 = 1.9$ MPa
組成については
A = 83% B = 8.5% C = 8.5%

第3章

3.1 $\displaystyle\int_{C_{A0}}^{C_A} \dfrac{dC_A}{C_A^2} = -k_2 \int_0^t dt$

$\left[-\dfrac{1}{C_A}\right]_{C_{A0}}^{C_A} = -k_2 [t]_0^t$

$-(1/C_A - 1/C_{A0}) = -k_2 t$

$C_A = C_{A0}/(1 + C_{A0}k_2 t)$

3.2 0次反応: $\int_{C_{A0}}^{C_A} dC_A = -k_0 \int_0^t dt$
$C_A - C_{A0} = -k_0 t$ ∴ $C_A = C_{A0} - k_0 t$

1次反応: (3.24)式より
$-\ln \dfrac{C_A}{C_{A0}} = k_1 t$ ∴ $C_A = C_{A0} e^{-k_1 t}$

2次反応: 3.1 参照

これらの式を用いて,

t[min]	1	3	5	7	10
0次反応 C_A[mol·L^{-1}]	0.800	0.400	0	0	0
1次反応	0.818	0.549	0.368	0.247	0.135
2次反応	0.833	0.625	0.500	0.417	0.333

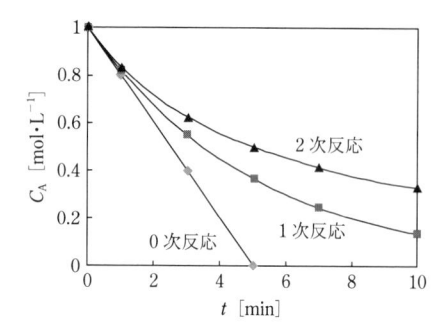

3.3 $C_A = C_{A0} e^{-k_1 t}$
$t = \tau_{1/2}$ では
$1/2 C_{A0} = C_{A0} e^{-k_1 \tau_{1/2}}$
$1/2 = e^{-k_1 \tau_{1/2}}$
$-k_1 \tau_{1/2} = \ln(1/2)$
$\tau_{1/2} = -\ln(1/2)/k_1 = \ln 2/k_1$

3.4 問題 3.1 の結果を用いて
$C_A = C_{A0}/(1 + C_{A0}k_2 t)$
$C_A(1 + C_{A0}k_2 t) = C_{A0}$
$k_2 = (C_{A0} - C_A)/C_A C_{A0} t$
$= (3.45 - 2.34)/\{(3.45)(2.34)(30)\}$
$= 4.58 \times 10^{-3}$ $l \cdot \text{mol}^{-1} \cdot \text{min}^{-1}$

3.5
$k_\text{I} = k_0 e^{-E/RT_\text{I}}$ (1)
$k_\text{II} = k_0 e^{-E/RT_\text{II}}$ (2)

(1)/(2) より,
$k_\text{I}/k_\text{II} = e^{-E/R(1/T_\text{I} - 1/T_\text{II})}$
$\ln(k_\text{I}/k_\text{II}) = -E/R\{(T_\text{II} - T_\text{I})/T_\text{I} T_\text{II}\}$
$E = -R \ln(k_\text{I}/k_\text{II})\{T_\text{I} T_\text{II}/(T_\text{II} - T_\text{I})\}$

3.6 $R = 8.314$ J·K^{-1}·mol^{-1}
$E = -(8.314)[\ln\{(0.37)/(12.8)\}]$
    $[(303)(343)/(343-303)]/1000$
$= 76.6$ kJ·mol^{-1}

3.7 $R = 8.314$ J·K^{-1}·mol^{-1}
$k_\text{I}/k_\text{II} = e^{-E/R(1/T_\text{I} - 1/T_\text{II})}$
$= e^{-E(T_\text{II} - T_\text{I})/RT_\text{I} T_\text{II}}$
$-E(T_\text{II} - T_\text{I})/RT_\text{I} T_\text{II}$
$= -(85.9)(1000)(323-373)/$
  $(8.314)(373)(323)$
$= 4.29$
$k_\text{I}/k_\text{II} = e^{4.29} = 73.0$

したがって 73 倍となる.

3.8 滞留時間 10 s, 転化率 60% のとき
$\dfrac{k\tau}{1+k\tau} = 0.6$ $k\tau = 1.5$ ∴ $k = 0.15$ s^{-1}

転化率 80% とするには,
$\dfrac{0.15\tau}{1+0.15\tau} = 0.8$
$(0.15 - 0.12)\tau = 0.8$ ∴ $\tau = 26.7$ s

3.9 固定層では押し出し流れの反応を行うことができるので,短い滞留時間で高い転化率が得られ,反応器の高さを小さくすることが可能である.しかし,装置内で触媒や反応流体の混合がなく,伝熱性も低いため,発熱反応では反応熱の除去が困難であり,層内に大きな温度分布が生じる.したがって固定層を用いる場合には,細い反応管を多数用い,冷媒で反応管を冷却するなど装置が複雑になる.また,反応管の内部に温度分布が生じるため,触媒の劣化や反応の暴走に注意が必要

となる.

流動層では粒子が流動化して混合するため伝熱性が高く，反応器内にスチーム発生管を設置することで反応熱の除去を容易に行うことができ，また層内を一定の温度に保つことができる．しかし，反応流体の流れ方向の混合が生じるため，高転化率とするのに必要な滞留時間が押し出し流れよりも大きくなるので，固定層に比べ反応器の高さが大きくなる.

実際のプロセスでは，発熱量の大きさ，温度分布が触媒に与える影響，装置コスト，反応操作の容易さなどを考慮して反応器を選択している．

3.10 例題3.7の反応塔のヒートバランス式で，触媒循環量が増大すると，再生触媒による入熱量と使用済触媒による出熱量が増加する．再生触媒の温度の方が反応塔温度(T_R)よりも高いので，入熱量の増加分の方が出熱量の増加分より多い．したがって，反応塔のヒートバランスが成り立つまで反応塔温度が上昇する．また，再生塔の温度は若干下降する.

この効果を利用して，FCCの反応温度の制御は触媒循環量の調整により行うことができる．また，原料油の温度によっても反応塔の温度を制御することができる.

コークの収率が増大すると，再生塔に持ち込むコーク量すなわち再生塔で燃焼するコーク量が増加する．再生塔では触媒上のコークはほぼ完全に除去する必要があるため，空気送入量を増加させる．すなわち，再生塔での燃焼熱が増加し，再生塔温度が上昇し，これに伴い反応塔の温度も上昇する.

コーク生成の多い原料(重質油)を用いる残油FCCプロセスでは，ヒートバランスを成り立たせるために，スチーム発生管を設置した触媒冷却器を再生塔に付設することが多い．

第4章

4.1
$$Re = \frac{(25 \times 10^{-3})(998)}{1.0 \times 10^{-3}} \cdot \frac{0.04/60}{\frac{\pi}{4}(25 \times 10^{-3})^2}$$
$$= 3.39 \times 10^4 \quad \text{ゆえに，乱流}$$

4.2 時刻 t での液面高さを h, 微小時間 dt の間に dh 降下したとすると，
$$-A_1 \frac{dh}{dt} = u_{b2} A_2 \tag{1}$$
$$u_{b2} = \sqrt{2gh} \tag{2}$$
式(2)を式(1)に代入し，積分すると，
$$t = \sqrt{\frac{2}{g}} \cdot \frac{A_1}{A_2} (\sqrt{h_1} - \sqrt{h_2}) = 93.3 \text{ s}$$

4.3 $p2\pi r dr - \left(p + \frac{dp}{dx}dx\right) 2\pi r dr + \tau 2\pi r dx$
$- \left(\tau + \frac{d\tau}{dr}dr\right) 2\pi (r+dr) dx = 0$

二次の微小項を省略し，rdr を乗じて r について積分すると，
$$\int \frac{dp}{dx}(rdr) + \int \frac{d(\tau r)}{dr}dr$$
$$= \frac{dp}{dx} \cdot \frac{r^2}{2} + \tau r = A$$

式(4.12)を代入して，さらに dr/r を乗じて r について積分し，$r=a$ で $u=0$, $r=b$ で $u=0$ の条件を用いると，
$$u = -\frac{1}{4\mu} \cdot \frac{dp}{dx}\left\{a^2 - r^2 + \frac{a^2-b^2}{\ln(b/a)}\ln\left(\frac{a}{r}\right)\right\}$$

4.4 $\tau = \frac{r(p_1-p_2)}{2L} = K\left(-\frac{du}{dr}\right)^n$

積分し，$r=R$ で $u=0$ の条件を用いると，
$$u = u_{max}\left\{1-\left(\frac{r}{R}\right)^{\frac{n+1}{n}}\right\}$$
$$u_b = \frac{1}{\pi R^2}\int_0^R 2\pi r u \, dr = \frac{n+1}{3n+1}u_{max}$$

4.5 管内径を D_1, 流量を Q とすると，
$$f = 0.0791 Re^{-1/4} = 0.0791\left(\frac{4Q\rho}{\pi\mu D_1}\right)^{-1/4}$$
式(4.23)より

$$\Delta p_1 = 4f\left(\frac{L}{D_1}\right)\left(\frac{\rho u_b{}^2}{2}\right) = kD_1{}^{-4.75}$$

$D_2 = 1.5D_1$ より

$$\frac{\Delta p_2}{\Delta p_1} = \frac{k(1.5)^{-4.75}D_1{}^{-4.75}}{kD_1{}^{-4.75}} = 0.146$$

4.6 さび前後の状態をそれぞれ 1, 2 とすると,

$$\frac{Q_2}{Q_1} = \left(\frac{D_2}{D_1}\right)^2 \left(\frac{u_{b2}}{u_{b1}}\right) \qquad (1)$$

式(4.23)より

$$\frac{u_{b2}}{u_{b1}} = \left(\frac{D_2}{D_1}\right)^{1/2} \qquad (2)$$

式(1), (2) より $\dfrac{Q_2}{Q_1} = \left(\dfrac{D_2}{D_1}\right)^{5/2}$

$\dfrac{D_1 - D_2}{D_1} = 0.025 \quad \dfrac{Q_2}{Q_1} = 1 - 0.061$

ゆえに, 流量は 6.1% 減少

$Q_1 = Q_2$ のとき,

$$\frac{u_{b2}}{u_{b1}} = \left(\frac{D_2}{D_1}\right)^{-2} \qquad (3)$$

式(4.23)より

$$\frac{\Delta p_2}{\Delta p_1} = \left(\frac{u_{b2}}{u_{b1}}\right)^2 \left(\frac{D_2}{D_1}\right)^{-1} \qquad (4)$$

式(3), (4) より

$$\frac{\Delta p_2}{\Delta p_1} = \left(\frac{D_2}{D_1}\right)^{-4}\left(\frac{D_2}{D_1}\right)^{-1} = \left(\frac{D_2}{D_1}\right)^{-5}$$
$$= 1 + 0.140$$

圧力差を 14.0% 増す

4.7 式(4.29) より
$$\Delta p = (\rho_m - \rho)g\Delta h = (\rho_m' - \rho)g\Delta H$$
$\rho_m' = \rho_m/4$ より, $\Delta H = 5.25\Delta h$

4.8 式(4.37)で $p_1 = p_2$, $u_{b1} = 0$, $H = h_1 - h_2$, $W = 0$ より
$$H = \left\{1 + (4)(0.006)\left(\frac{85}{0.15}\right) + 0.55 + 1.4\right\}$$
$$\times \frac{(1.6)^2}{2} \cdot \frac{1}{9.8} = 2.16 \text{ m}$$

4.9 式(4.37)で $p_2 = 196 \times 10^3$ Pa, $u_{b1} = u_{b2} = 0$, $H = h_2 - h_1 = 18$ m, $W = 0$ より
$$p_1 = (998)(9.8)(18) + (196 \times 10^3)$$
$$+ (4)(0.005)\left\{\frac{(998)(2.39)^2}{2}\right\}\left(\frac{300}{0.4}\right)$$
$$= 415 \text{ kPa}$$

4.10 式(4.37)で $p_1 = p_2$, $u_{b1} = 0$, $h_2 = 0$, $W = 0$
$$Re = \frac{(0.05)(2.5)(1000)}{(1.0 \times 10^{-3})} = 1.25 \times 10^5$$

ゆえに乱流
$$L = \frac{D\left\{\left(\dfrac{2gh_1}{u_{b2}{}^2}\right) - 1\right\}}{4f}$$
$$= \frac{(0.05)\left[\left\{\dfrac{(2)(9.8)(10)}{(2.5)^2}\right\} - 1\right]}{(4)(0.0055)} = 69 \text{ m}$$

4.11 2 段急拡大の損失ヘッド F_{e2} は
$$F_{e2} = \frac{(u_{b1} - u_b)^2}{2g} + \frac{(u_b - u_{b2})^2}{2g}$$

$\dfrac{dF_{e2}}{du_b} = 0$ より, $F_{e2,\min} = \dfrac{(u_{b1} - u_{b2})^2}{4g}$

1 段急拡大の損失ヘッド F_{e1} は
$$F_{e1} = \frac{(u_{b1} - u_{b2})^2}{2g}$$
$$F_{e2,\min} = F_{e1}/2$$

4.12 式(4.37)で $p_1 = p_2$, $u_{b1} = 0$, $H = h_2 - h_1$ より
$$W = \frac{(1.02)^2}{2} + (9.8)(8) + (4)(0.0065)$$
$$\times \frac{(1.02)^2}{2} \cdot \frac{48 + 0.17 + 2 \times 0.8}{0.025}$$
$$+ (9.8)(2.5) = 130$$
$$P_s = \frac{wW}{\eta} = \frac{(998)(1.8/3600)(130)}{0.70}$$
$$= 91.7 \text{ W}$$

4.13 $D_e = \dfrac{(4)(0.3)(0.5)}{(0.3)(2) + (0.5)(2)} = 0.375$

式(4.37), 式(4.42) より
$$W = \frac{u_{b2}{}^2}{2} + 4f\frac{L_e}{D_e} \cdot \frac{u_b{}^2}{2}$$
$$= \frac{(2.5)^2}{2} + (4)(0.0055)\frac{300}{0.375} \cdot \frac{(2.5)^2}{2}$$
$$= 58.1 \text{ J} \cdot \text{kg}^{-1}$$

$$P_s = \frac{wW}{\eta}$$
$$= \frac{(2.5)(0.5)(0.3)(1.21)(58.1)}{0.6}$$
$$= 43.9 \text{ W}$$

4.14 式(4.48)より
$$d_p = \sqrt{\frac{(18)(1.0\times10^{-3})(2.8\times10^{-4})}{(3500-998)(9.8)}}$$
$$= 14.3 \ \mu\text{m}$$
$$Re = \frac{(1.43\times10^{-5})(2.8\times10^{-4})(998)}{(1.0\times10^{-3})}$$
$$= 0.00400 \leq 2$$

4.15 式(4.57)より,目標値の3倍流速を
$$q_1 = K\frac{(0.45)^3}{(0.55)^2}\cdot\frac{1}{L_1} \quad (1)$$
目標値の流速は
$$q_2 = \frac{q_1}{3} = K\frac{\varepsilon_2^3}{(1-\varepsilon_2)^2}\cdot\frac{1}{L_2} \quad (2)$$
$$L_2 = \frac{1-\varepsilon_1}{1-\varepsilon_2}L_1 = \frac{0.55}{1-\varepsilon_2}L_1 \quad (3)$$
式(2)に式(1),(3)を代入し,$\varepsilon_2 = 0.333$

第5章
5.1 割愛

5.2 (1) Antoineの式(5.5)より純メタノールの蒸気圧:$P_A^* = 236.7 \text{ kPa}$,また純水の蒸気圧:$P_B^* = 64.24 \text{ kPa}$
(2) 理想溶液の分圧の式(5.6)より$x_A=0.1$のときのメタノールの分圧:$p_A=23.7 \text{ kPa}$,また水の分圧:$p_B=57.8 \text{ kPa}$,この系の全圧:$P=p_A+p_B=81.5 \text{ kPa}$,また気相のメタノールのモル分率:$y_A=p_A/P=23.7 \text{ kPa}/81.5 \text{ kPa}=0.291$
(3) Margulesの式より,メタノールおよび水の活量係数はそれぞれ,$\gamma_A=1.786$および$\gamma_B=1.009$.また実在蒸気のメタノールおよび水の分圧はそれぞれ上記の純物質の蒸気圧を用いて,式(5.12)および(5.13)から$p_A=42.3 \text{ kPa}$, $p_B=58.3 \text{ kPa}$,また全圧:$P=100.6 \text{ kPa}$,気相のメタノールのモル分率は $y_A=p_A/P=0.420$(参考:10%のメタノール水溶液の沸点(87.7℃)における蒸気相の組成の実測値は0.418である.)
(4) 分子量M_AのA成分と分子量M_BのB成分からなる2成分系の混合物のモル分率x_Aと質量分率ω_Aの関係は$\omega_A=(M_A\times x_A)/(M_A\times x_A+M_B\times x_B)$で表せるから,メタノール(A)-水(B)系の$x_A=0.1$の場合,$M_A=32$, $M_B=18$, $x_B=0.9$を代入して,$\omega_A=0.165$を得る.

5.3 (1) 塔全体で物質収支をとると$F=D+W$, $0.2F=0.95D+Wx_W$,また回収率が90%なので,$0.2F\times0.9=0.95D$,この連立方程式から缶出液のモル分率:$x_W=0.0247$
(2) 最小理論段数は全還流の場合の段数でその操作線は対角線になるから気液平衡関係と対角線の間で階段作図して図より,$S_m=N_m+1=6$,したがって最小理論段数:$N_m=5$段
(3) 最小還流比は濃縮部の操作線の傾きが最小のときの還流比でそのとき操作線は図5.12でq-線と平衡線の交点Tを通る.原料は沸点液であるから$q=1$,したがってこの場合図から点T(0.2, 0.58)と点P(0.95, 0.95)を結ぶ直線の傾き$m=R_m/(R_m+1)=(0.95-0.58)/(0.95-0.20)=0.493$,これより$R_m=0.97$
(4) $R=2R_m$より,①濃縮部の操作線:$y_E=0.662x+0.321$, ②回収部の操作線:$y_S=2.45x-0.0362$, ③またステップ数Sは平衡線とこれらの2つの操作線の間の階段作図から$S=N+1=8$,したがって理論段数$N=7$.

5.4 割愛

5.5 7.00 mol%のNH_3を含む水500 kgには467 kgの水と33 kgのNH_3を含む.したがって$L_1=25.9 \text{ kmol}\cdot\text{h}^{-1}$.塔頂で気液が平衡にあるとき$NH_3$が水に最も有効に吸収

されたことになり，このとき供給する原料ガスは最も少なく済む．供給ガス流速が小さくなれば，操作線の傾き m=L_1/G_1 は大きくなり，操作線の最大の傾きは塔頂で気液平衡が成立する場合である．(X, Y)座標系で最大の傾き m_{max} は塔底の点 B($X=x/(1-x)$ =0.0753, $Y=y/(1-y)$=0.0870) と塔頂の点 T(X_t, Y_t)を結ぶ直線の傾きで，点 T は平衡線 $Y=0.9X$ 上にある．$x_t=0$ の場合 $X_t=x_t/(1-x_t)=0$ となり，$Y_t=0$ したがって $y_t=0$．このときの傾き $m_{max}=L_1/G_1=0.0870/0.0753=1.16$．したがって $G_{1min}=L_1/m_{max}=25.9/1.16=22.3$ kmol・h^{-1}，$y_B=0.07$ であるから $G_{Mmin}=24.0$ kmol・h^{-1}．理想気体と考え，$pV=nRT$ より，$V=577$ m^3・h^{-1}．

塔頂の供給水が NH$_3$ を 1% 含むものとすれば $x_t=0.01$ と置き，$X_t=x_t/(1-x_t)=0.0101$，そのときのガスの平衡濃度は $Y_t=0.9X_t=0.00909=y_t/(1-y_t)$，したがって $y_t=0.00901$．傾きは $m_{max}=(0.087-0.00909)/(0.075-0.0101)=1.20=L_1/G_1=25.9/G_1$，したがってこのとき $G_1=21.6$ kmol・h^{-1}，$G_M=G_1/(1-y_B)=23.5$ kmol・h^{-1}．理想気体と考え，$pV=nRT$ より，$V=565$ m^3・h^{-1}．

5.6 （1） 見かけの阻止率 R_{obs} および真の阻止率 R_{int} は $c_F=0.05$，$c_P=0.01$，$c_M=0.10$ と置き，それぞれ式(5.92)および(5.91)より $R_{obs}=0.8$，および $R_{int}=0.9$ となる．
（2）と（3）は割愛する．

5.7 （1） $u_F=15$ cm・s^{-1} のとき，$k=0.186\times10^{-3}$ cm・s^{-1}．$u_F=30$ cm・s^{-1} のとき，$k=0.230\times10^{-3}$ cm・s^{-1}．$u_F=60$ cm・s^{-1} のとき，$k=0.273\times10^{-3}$ cm・s^{-1}．
（2） 物質移動係数 k と供給速度 u_F の関係は
$$k=au_F^b$$
なる関係が知られている（式(5.90)）．この経験則にそって両対数グラフ用紙を用いてプロットすると傾き $b=0.3$ の直線が得られる．

第6章

6.1 $r_1=25$ mm および $r_2=25+2=27$ mm なので，式(6.6)より，
$$A_{gm}=4\pi r_1 r_2=(4\pi)(25\times10^{-3})(27\times10^{-3})$$
$$=8.48\times10^{-3} \text{ m}^2$$
式(6.5)より熱流量は，
$$Q=A_{gm}k\frac{T_1-T_2}{b}$$
$$=(8.48\times10^{-3})(398)\frac{100-50}{2\times10^{-3}}$$
$$=8.44\times10^4 \text{ W}$$

6.2 式(6.1)に $A=2\pi rL$ を代入した後に，$T=T_1$ at $r=r_1$ から $T=T_2$ at $r=r_2$ まで積分すれば，
$$-\frac{Q}{2\pi kL}\int_{r_1}^{r_2}\frac{1}{r}dr=\int_{T_1}^{T_2}dT$$
両辺を積分して整理すれば，
$$Q=2\pi kL\frac{T_1-T_2}{\ln(r_2/r_1)}$$
$$=k\frac{2\pi L(r_2-r_1)}{\ln(2\pi r_2 L/2\pi r_1 L)}\frac{T_1-T_2}{r_2-r_1}$$
$$=k\frac{A_2-A_1}{\ln(A_2/A_1)}\frac{T_1-T_2}{b}$$

6.3 内側に巻いた保温材の内外半径をそれぞれ r_1 および r_2，その外側に巻いた保温材の外半径を r_3 とおけば，2層円筒壁の伝熱抵抗は次式で与えられる．
$$R_T=\frac{b_1}{A_{lm,1}k_1}+\frac{b_2}{A_{lm,2}k_2}$$
$$=\frac{\ln(r_2/r_1)}{2\pi Lk_1}+\frac{\ln(r_3/r_2)}{2\pi Lk_2}$$

a)の方法において，$r_1=60$ mm，$r_2=60+85=145$ mm，$r_3=145+42=187$ mm であるから，管長さを 1 m とした場合の伝熱抵抗は，
$$R_T=\frac{\ln(r_2/r_1)}{2\pi Lk_1}+\frac{\ln(r_3/r_2)}{2\pi Lk_2}$$
$$=\frac{\ln(145/60)}{2\pi(1)(0.05)}+\frac{\ln(187/145)}{2\pi(1)(0.1)}$$
$$=3.21 \text{ K・W}^{-1}$$

b)の方法において，$r_1=60$ mm，$r_2=60+72.5=132.5$ mm，$r_3=132.5+54.5=187$

6.4 炉壁外表面から 5 mm および 10 mm の深さの温度差は $415-350=65$ K であるので，多層壁内を通過する熱流量は，

$$\frac{Q}{A}=0.15\times\frac{65}{0.010-0.005}=1950 \text{ W}\cdot\text{m}^{-2}$$

式(6.8)より，炉壁内表面温度 T_1 は，

$$T_1=\frac{Q}{A}\left\{\frac{b_1}{k_1}+\frac{b_2}{k_2}\right\}+T_3$$

$$=1950\left(\frac{0.05}{0.8}+\frac{0.02-0.01}{0.15}\right)+416$$

$$=667°\text{C}$$

6.5 例題 6.6 より，断熱シートがない場合の総括伝熱係数 U_1 は $8.0 \text{ W}\cdot\text{m}^{-2}\text{K}^{-1}$．断熱シートがない場合の総括伝熱係数 U_2 は，

$$U_2=\left(\frac{1}{10}+\frac{0004}{075}+\frac{0001}{0.08}+\frac{1}{50}\right)^{-1}$$

$$=7.26 \text{ W}\cdot\text{m}^{-2}\text{K}^{-1}$$

温度差が同じであれば熱流量は総括伝熱係数に比例するので，この断熱シートを貼ることによって熱損失は $(8.0-7.26)/(8.0)\times(100)=9.1\%$ 減少する．

6.6 伝熱管の長さを L とおけば，$A_1=0.010\pi L$, $A_2=0.012\pi L$ および

$$A_{\text{lm}}=\frac{0.012\pi L-0.010\pi L}{\ln(0.012\pi L/0.010\pi L)}=0.0345L.$$

内表面積基準の総括伝熱係数 U_1 は，式(6.19) の導出と同様にして，

$$U_1=\left(\frac{1}{h_1}+\frac{A_1 b}{A_{\text{lm}} k}+\frac{A_1}{A_2 h_2}\right)^{-1}$$

$$=\left(\frac{1}{2000}+\frac{0.314L\times0.002}{0.0345L\times237}\right.$$

$$\left.+\frac{0.0314L}{0.0377L\times5000}\right)^{-1}$$

$$=1490 \text{ W}\cdot\text{m}^{-2}\text{K}^{-1}$$

外表面積基準の総括伝熱係数 U_2 は，式(6.19) より

$$U_2=\left(\frac{A_2}{A_1 h_1}+\frac{A_2 b}{A_{\text{lm}} k}+\frac{1}{h_2}\right)^{-1}$$

$$=\left(\frac{0.0377L}{0.0314L\times2000}+\frac{0.0377L\times0.001}{0.0345L\times237}\right.$$

$$\left.+\frac{1}{5000}\right)^{-1}$$

$$=1240 \text{ W}\cdot\text{m}^{-2}\text{K}^{-1}$$

6.7 式(6.21)を用いて $\left.\frac{dE_{b\lambda}}{d\lambda}\right|_{\lambda=\lambda_{\max}}=0$ を解けば，

$$e^{C_2/(T\lambda_{\max})}\{5-C_2/(T\lambda_{\max})\}-5=0$$

が得られる．この解は $C_2/T\lambda_{\max}=4.965$ である．これに $C_2=1.439\times10^{-2}$ mK を代入すれば，式(6.22)が得られる．

6.8 金属管はコンクリート製導管に囲まれているので，管表面がアルミニウム箔で覆われていない場合の総括吸収係数 $\mathcal{F}_{12}$ は式(6.27)より，

$$\mathcal{F}_{12}=\left\{\frac{1}{0.7}+\left(\frac{1}{0.9}-1\right)\left(\frac{0.08\pi L}{4\times0.4L}\right)\right\}^{-1}$$

$$=0.692$$

よって，管単位長さあたりの放射熱損失 Q/L は

$$\frac{Q}{L}=5.67\times(0.08\times\pi)\times0.692$$

$$\times\left\{\left(\frac{593}{100}\right)^4-\left(\frac{323}{100}\right)^4\right\}$$

$$=1110 \text{ W}\cdot\text{m}^{-1}$$

管表面がアルミニウム箔に覆われている場合の総括吸収係数 $\mathcal{F}_{12}'$ は，

$$\mathcal{F}_{12}'=\left\{\frac{1}{0.04}+\left(\frac{1}{0.9}-1\right)\left(\frac{0.08\pi L}{4\times0.4L}\right)\right\}^{-1}$$

$$=0.040$$

管単位長さあたりの放射熱損失 Q'/L は，

$$\frac{Q'}{L}=5.67\times(0.08\times\pi)\times0.040$$

$$\times\left\{\left(\frac{593}{100}\right)^4-\left(\frac{323}{100}\right)^4\right\}$$

$$=64.4 \text{ W}\cdot\text{m}^{-1}$$

よって，アルミニウム箔で覆うことによって鋼管表面からの熱損失は $(1110-64.3)/1110\times100=94.2\%$ 減少する．

6.9 アルミニウム箔の温度と放射率を T_c お

mm であるから，同様にして $R_T=2.36$ K・W^{-1} が得られる．a)の伝熱抵抗が大きいので，b)より a)の保温効果が高い．

および ε_c とおけば, a-c 間と c-b 間を伝わる放射熱流量は等しいので, 次式が与えられる.
$$Q' = A\mathcal{F}_{ac}\sigma(T_a^4 - T_c^4)$$
$$= A\mathcal{F}_{cb}\sigma(T_c^4 - T_b^4)$$
上式から T_c を削除すれば,
$$Q' = A\left(\frac{1}{\mathcal{F}_{ac}} + \frac{1}{\mathcal{F}_{cb}}\right)^{-1}\sigma(T_a^4 - T_b^4)$$
式(6.27)を用いれば,
$$Q' = A\left(\frac{1}{\varepsilon_a} + \frac{1}{\varepsilon_c} - 1 + \frac{1}{\varepsilon_c}\right.$$
$$\left. + \frac{1}{\varepsilon_b} - 1\right)^{-1}\sigma(T_c^4 - T_b^4)$$
$$= A\left(\frac{1}{\varepsilon_a} + \frac{1}{\varepsilon_b} + \frac{2}{\varepsilon_c} - 2\right)^{-1}\sigma(T_c^4 - T_b^4)$$
したがって,
$$\frac{Q'}{A} = 5.67 \times \left(\frac{1}{0.8} + \frac{1}{0.9} + \frac{2}{0.04} - 2\right)^{-1}$$
$$\times \left\{\left(\frac{1273}{100}\right)^4 - \left(\frac{873}{100}\right)^4\right\}$$
$$= 2.30 \times 10^3 \text{ W} \cdot \text{m}^{-2}$$
以上より, アルミニウム箔を挿入することによって, 放射伝熱量は $(8.52 \times 10^4 - 2.30 \times 10^3)/(8.52 \times 10^4) \times 100 = 97.3\%$ 減少する.

6.10 油を冷却するのに必要な熱流量 Q と水の出口温度 T_{c2} は変わらない.
(1) $\Delta T_I = 90 - 10 = 80°C$, $\Delta T_{II} = 42 - 21.4 = 20.6°C$ なので,
$$\Delta T_{lm} = \frac{80 - 20.6}{\ln(80/20.6)} = 43.8°C$$
式(6.32)より,
$$A = \frac{Q}{U\Delta T_{lm}} = \frac{48\,000}{540 \times 43.78} = 2.03 \text{ m}^2$$
よって,
$$L = \frac{2.03}{22.2 \times 10^{-3} \times \pi} = 29.1 \text{ m}$$
(2) $T_1 = 10°C$, $T_2 = 21.4°C$, $T_1^* = 90°C$, $T_2^* = 42°C$ なので,
$$P = \frac{42 - 90}{10 - 90} = 0.6, \quad R = \frac{10 - 21.4}{42 - 90} = 0.238$$
図 6.16 より $F_T = 0.955$ が得られる. 2 流体が向流で流れている場合 $\Delta T_{lm} = 48.0°C$ なので, $\Delta T_m = (0.955)(48.0) = 45.8°C$. 式(6.32)より,
$$A = \frac{Q}{U\Delta T_m} = \frac{48\,000}{540 \times 45.8} = 1.94 \text{ m}^2$$
よって,
$$L = \frac{1.94}{22.2 \times 10^{-3} \times \pi} = 27.8 \text{ m}$$

第 7 章

7.1 式(7.13)～(7.18)より, $V = 3.1 \text{ m}^3$ となり, 装置全体を完全混合槽とみなした場合と, 大きく異なった値となる.

7.2 式(7.13)～(7.18)より, $k = 0.49 \text{ h}^{-1}$ となる. 反応速度定数についても, 計算に用いたモデルによってその推定値が異なることに注意しなければならない.

7.3 最小二乗法により係数を求めると, $a = -0.0432$, $b = 0.00173$, $c = 0.545$ となる. このパラメータと実測値を用いて収率を推定すると, 1 つのデータだけその誤差が他に比べ非常に大きいことがわかる. このような結果が得られた場合, そのデータの実験条件で再度実験するなど, 信憑性について検証が必要である.

7.4 1 mol の A から 1 mol の C が生成することから,
製品 C の選択率
= (製品 C の生成量)/(原料 A の反応量)
である. この関係と物質収支より生成量は, 製品 C : $10y$ mol s^{-1}, 副製品 E : $10(1-y)/2$ mol s^{-1}, 燃料用副製品 : $10x$ mol s^{-1} となる.

7.5 反応器では, 原料 D の反応率と製品 C の選択率を与えれば, 出口の状態は定まる. 分離システムでは, 製品 C と副製品 E を完全に分離できると仮定すれば, 新たに何も与えなくても出口の状態は定まる. そして, 未反応ガスをパージする比率(パージ率)を与えればガスリサイクル量が定まり, すべての流れの流量と組成を計算できる.

7.6 制御対象：車，制御変数：車間距離，設定値：30 m(状況によって異なる)，偏差：30 m から現在の車間距離を引いた値，操作変数：アクセルの踏み具合，コントローラ：人の脳，操作端：アクセル，検出器：人の目，外乱：前の車の急な減速や加速や道路の勾配など，同じアクセルの踏み具合であっても車間距離を変える要因すべて．

7.7 製品 i の生産量を x_i，総利益を z で表すと，以下のように定式化される．

〈評価指標〉 $z = \sum_{i=1}^{N} P_i x_i$

〈制約条件〉

総生産時間に関する制約：$\sum_{i=1}^{N} T_i x_i \leq H$

原料使用量に関する制約：
$$\sum_{i=1}^{N} Q_{ij} x_i \leq R_j \quad (j=1, 2, \cdots, K)$$

生産量の上限制約と非負制約：
$$x_i \leq U_i \quad x_i \geq 0 \quad (i=1, 2, \cdots, N)$$

7.8 ジョブ 2→1→3→4→5 の順に処理することでコストは 12 となる．

索　引

A～Z

Arrheniusu の式　57
Bernoulli の式　87
Blasius の式　94
CHR 法　210
CNT　50
CSTR　64
Darcy 式　110
Fanning の式　94
FCC　69
Fenske の式　131
Fick の拡散式　116
filtration　146
Fourier の法則　161
Gibbs の相律　27
Gibbs の標準自由エネルギー変化　56
Hagen-Poiseuille 式　92
Henry の法則　135
HTU　143
Kirchhoff の法則　172
Kozeny-Carman 式　110
Kozeny 定数　110
Langmuir-Hinshelwood の速度式　52
McCabe-Thiele 法　130
MF　146
Moody 線図　95
Newton の粘性法則　84
Newton の冷却の法則　168
Newton 法　201
Newton 流体　84
NF　146
NTU　143
PID 制御　210
Pitot 管　97
Planck の法則　172
Prandtl-Karman の 1/7 乗則　93
q-線　130
Raoult の式　121
Rayleigh の式　124
Reynolds 数　84
　粒子——　109
　臨界——　85
RO　146
Stefan-Boltzmann 定数　172
Stefan-Boltzmann の法則　172
Stokes の沈降速度式　109
Torricelli の定理　89
UF　146
Wien の変位則　172
Z-N 法　210

あ　行

圧縮性流体　82
　非——　82
圧力エネルギー　87
圧力ヘッド　88
アレニウスの式　57
アンモニア合成　49
位置エネルギー　87
位置ヘッド　88
一般濾過　146

移動層　67
移動単位数　143
移動単位高さ　143
運動エネルギー　87
運動量保存　24
液相線　121
エネルギー収支　7, 35
エネルギー保存　24
押し出し流れ　62
オフセット　208

か　行

開口比　100
解析型計算　187
回分蒸留(精留)塔　119
回分反応器　3
回分反応操作　60
外乱　205
化学工学　1
　——科　14
化学蒸着法　51
化学反応　47
化学プロセス　1, 6
化学平衡　52
化学量論関係　7
拡散　4
拡散係数　116
ガス吸収の操作線　137
活性化エネルギー　58
カーボンナノチューブ　50
管オリフィスメータ　99
完全混合　62
管摩擦係数　94
還流　126
機械的エネルギー収支式　101
幾何平均面積　162
気相線　121
北森法　210

ギブスの標準自由エネルギー変化　56
逆浸透　146
凝縮線　125
強制対流伝熱　159
境膜　140
　——伝熱係数　168
　——物質移動容量係数　143
局所物質移動係数　143
空隙率　110
組合せ最適化法　214
グルタミン酸ナトリウム　40
限外濾過　146
検出器　206
現象論モデル　182
抗生物質　14
効率　102
向流　175
黒体　171
コゼニィ・カーマン式　110
コゼニィ定数　110
固定層　66
混合(反応装置内の)　4
コントローラ　206

さ　行

細孔モデル　145
最小還流比　131
最小理論段数　131
最適化問題　186
材料　17
軸動力　102
次元解析　107
シーケンシャルモジュラー法　199
仕事　218
システムバウンダリー　203
自然対流伝熱　159
質量作用の法則　53
質量保存　24

索　引　　241

質量流量　86
収支　24
　——式　25
　エネルギー——　7, 35
　熱——　35
修正係数　177
自由対流伝熱　159
充填層方式　119
自由度　27
終末沈降速度　109
出力変数　182
巡回セールスマン問題　220
状態変数　182
蒸留　119
　単——　119, 123
　フラッシュ——　119, 122
　連続——　125
触媒　3, 49
ジョブ　218
所要動力　102
シンプレックス法　216
推進力　141
スケジューリングシステム　213
スケジューリング問題　217
スケールアップ　5
静圧　88
制御変数　205
制御量　205
生産管理システム　212
生産計画システム　213
生産計画問題　214
静的モデル　183
精密濾過　146
精留　119
積分時間　209
積分動作　208, 209
設計型計算　185
設計変数　182

設定値　205
全圧　88
全還流　127
線形計画法　214
線形計画問題　215
線形最小自乗法　187
せん断応力　83
全ヘッド　88
総圧　88
総括吸収係数　174
総括伝熱係数　169
総括物質移動係数　143
総括物質移動容量係数　143
総切換えコスト最小化問題　218
操作型計算　186
操作信号　206
操作線　129
操作端　206
操作変数　182, 205
操作量　205
相対(比)揮発度　120
相対粗度　94
相当直径　105
相当長さ　104
層流　84
　——速度分布　91
速度ヘッド　88
損失係数　103

た　行

対数平均温度差　176
対数平均面積　162
体積流量　86
滞留時間　62
　——分布関数　64
対流伝熱　159
ダルシー式　110
単位操作　6

段型接触分離装置　134
段型連続蒸留(精留)塔　119
段効率　130
単蒸留　119, 123
単色放射能　171
断熱操作　5
段方式　119
地球温暖化　15
調節計　206
直接代入法　201
沈降　107
抵抗係数　108
抵抗力　107
定常状態　160, 183, 206
　非——　160
定常偏差　208
定常モデル　183
　非——　183
定常流　85
てこのルール　123
電荷保存　24
電気透析　148
電磁流量計　101
伝導伝熱抵抗　164
動圧　88
透過率　110
動的平衡　52
動的モデル　183
トリチェリーの定理　89

な　行

流れ(反応装置内の)　4
ナーススケジューリング　217
ナノ材料　50
ナノ濾過　146
二重境膜説　141
入出力構造　195
入力変数　182

熱移動　159
　——プロセス　7
熱交換器　157, 175
熱収支　35
熱線流速計　101
熱伝達係数　168
熱伝導　159
　——度　161
　——率　161
熱放射　159
熱流量　160
粘性　83
粘度　83

は　行

バイオテクノロジー　20
バイオプロセス　20
バイオマス　50
バイオマテリアル　18
灰色体　172
ハーゲン・ポアズイユ式　92
ハーバー・ボッシュ法　12
パラメータ　182
　——推定　187
半導体圧力センサ　100
反応器　3
　回分——　3
　連続式管型——　3
　連続式槽型——　3
反応工学　6
反応操作　47
　回分——　60
　連続——　60
反応速度　2
　——定数　2
反応熱　5
反応プロセス　7
反応モデル　68

非圧縮性流体　82
ひずみゲージ式圧力センサ　100
非定常状態　160
非定常モデル　183
ピトー管　97
非 Newton 流体　84
比表面積　110, 143
　　──径　111
微分時間　209, 210
微分接触型分離装置　133
微分動作　209
評価指標　186
比例・積分・微分制御　210
比例・積分制御　210
比例ゲイン　207
比例制御　207
比例動作　207
ピンチ・ポイント　131
頻度因子　58
ファニングの式　94
フィードバック制御　205
フェンスキーの式　131
複合材料　51
物質移動係数　117, 142
物質移動容量係数　143
物質収支　7, 29
　　物理的操作における──　29
　　化学反応を伴う──　31
沸騰線　125
物理モデル　182
ブラジウスの式　94
ブラックボックスモデル　191
フラッシュ蒸留　119, 122
プラントル・カルマンの 1/7 乗則　93
フーリエの法則　161
ブルドン管圧力計　100
プロジェクト・スケジューリング問題　217

プロセス合成　193
プロセスシミュレータ　198
プロセス制御　8, 204
プロセス設計　8, 192
ブロック線図　206
分枝限定法　219
分縮　119
平滑管　94
平均滞留時間　62
並流　175
偏差　206
ヘンリーの法則　135
放射能　172
放射率　172
保存則　23
ポンプ　101

ま　行

マノメータ　96
見かけ流速　110
ムーディー線図　95
メタノール合成　49
目的関数　186
モデリング　181

や　行

溶解拡散モデル　145

ら　行

ラウールの式　121
ラングミュアー-ヒンシェルウッドの速度式　124
乱流　84
理想溶液　120
律速段階　55
粒子 Reynolds 数　109
粒状層　110
流束　41

流体　82
流動　82
　──層　67
　──プロセス　7
流量係数　100
理論所要動力　102
臨界 Reynolds 数　85
レイノルズ数　84
　粒子──　109
　臨界──　85

レーザー流量計　101
レーリーの式　124
連続式管型反応器　3
連続式槽型反応器　3
連続蒸留　125
連続蒸留(精留)塔　119
連続の式　86
連続反応操作　60
ロータメータ　101
ローディング速度　139

はじめての化学工学 -プロセスから学ぶ基礎-

平成 19 年 9 月 20 日　発　　　行
令和 5 年 11 月 20 日　第 10 刷発行

編　者　　公益社団法人
　　　　　化学工学会　高等教育委員会

発行者　　池　田　和　博

発行所　　丸善出版株式会社
　　　　　〒101-0051 東京都千代田区神田神保町二丁目 17 番
　　　　　編集：電話（03）3512-3262／FAX（03）3512-3272
　　　　　営業：電話（03）3512-3256／FAX（03）3512-3270
　　　　　https://www.maruzen-publishing.co.jp

© The Society of Chemical Engineers, Japan, Higher
　Education Committee, 2007

組版印刷・中央印刷株式会社／製本・株式会社 松岳社

ISBN 978-4-621-07884-6 C 3058　　　　Printed in Japan

本書の無断複写は著作権法上での例外を除き禁じられています.

元素の

周期/族	1	2	3	4	5	6	7	8	9
1	1 H 1.008 水素								
2	3 Li 6.941[1],† リチウム	4 Be 9.012 ベリリウム							
3	11 Na 22.99 ナトリウム	12 Mg 24.31 マグネシウム							
4	19 K 39.10 カリウム	20 Ca 40.08 カルシウム	21 Sc 44.96 スカンジウム	22 Ti 47.87 チタン	23 V 50.94 バナジウム	24 Cr 52.00 クロム	25 Mn 54.94 マンガン	26 Fe 55.85 鉄	27 Co 58.93 コバルト
5	37 Rb 85.47 ルビジウム	38 Sr 87.62 ストロンチウム	39 Y 88.91 イットリウム	40 Zr 91.22 ジルコニウム	41 Nb 92.91 ニオブ	42 Mo 95.96 モリブデン	43 Tc* (99) テクネチウム	44 Ru 101.1 ルテニウム	45 Rh 102.9 ロジウム
6	55 Cs 132.9 セシウム	56 Ba 137.3 バリウム	57〜71 ランタノイド	72 Hf 178.5 ハフニウム	73 Ta 180.9 タンタル	74 W 183.8 タングステン	75 Re 186.2 レニウム	76 Os 190.2 オスミウム	77 Ir 192.2 イリジウム
7	87 Fr* (223) フランシウム	88 Ra* (226) ラジウム	89〜103 アクチノイド	104 Rf* (267) ラザホージウム	105 Db* (268) ドブニウム	106 Sg* (271) シーボーギウム	107 Bh* (272) ボーリウム	108 Hs* (277) ハッシウム	109 Mt* (276) マイトネリウム

57〜71 ランタノイド	57 La 138.9 ランタン	58 Ce 140.1 セリウム	59 Pr 140.9 プラセオジム	60 Nd 144.2 ネオジム	61 Pm* (145) プロメチウム	62 Sm 150.4 サマリウム	63 Eu 152.0 ユウロピウム
89〜103 アクチノイド	89 Ac* (227) アクチニウム	90 Th* 232.0 トリウム	91 Pa* 231.0 プロトアクチニウム	92 U* 238.0 ウラン	93 Np* (237) ネプツニウム	94 Pu* (239) プルトニウム	95 Am* (243) アメリシウム

原子番号
元素記号[注1]
原子量[注2]
元素名

[注1] 安定同位体が存在しない元素には元素記号の右肩に＊を付す．そのような元素については，放射性同位体の質量数の一例を（　）に示す．ただし，Bi, Th, Pa, U については天然で特定の同位体組成を示すので原子量が与えられる．

[注2] 有効数字4桁で示す．原子量の信頼性は4桁目で±1以内であるが，‡1 を付したものは